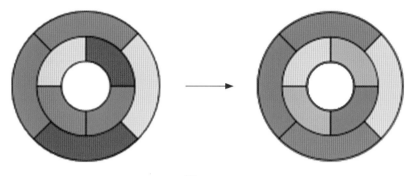

图 1-17

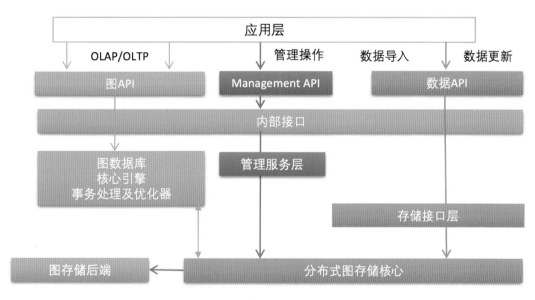

图 3-15

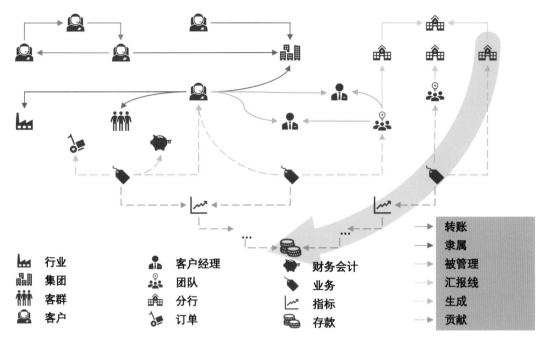

图 3-27

🏭	行业	👨‍💼	客户经理	🐷	财务会计
🏢	集团	👥	团队	📈	业务
👨‍👩‍👧	客群	🏫	分行	📊	指标
🎧	客户	🛒	订单	🪙	存款

转账
隶属
被管理
汇报线
生成
贡献

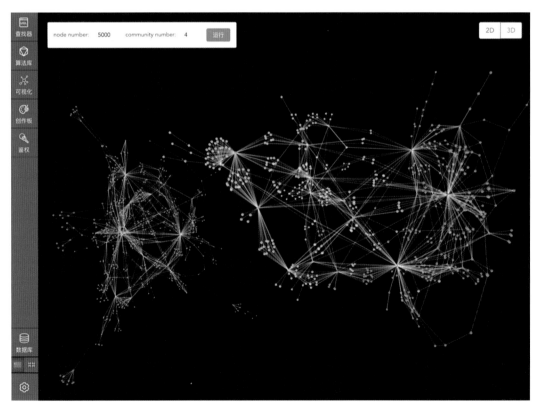

图 6-21

数据库 技术丛书

The Essential Criteria of Graph Database

图数据库
原理、架构与应用

赢图团队 著

机械工业出版社
China Machine Press

图书在版编目（CIP）数据

图数据库原理、架构与应用 / 赢图团队著 . -- 北京：机械工业出版社，2022.7
（数据库技术丛书）
ISBN 978-7-111-70810-0

I. ①图… II. ①赢… III. ①图像数据库 IV. ① TP311.135.9

中国版本图书馆 CIP 数据核字（2022）第 097703 号

图数据库原理、架构与应用

出版发行：机械工业出版社（北京市西城区百万庄大街 22 号 邮政编码：100037）
责任编辑：陈　洁　　　　　　　　　　　　　　责任校对：殷　虹
印　　刷：三河市宏达印刷有限公司　　　　　　版　　次：2022 年 7 月第 1 版第 1 次印刷
开　　本：186mm×240mm　1/16　　　　　　　印　　张：19　　插　页：1
书　　号：ISBN 978-7-111-70810-0　　　　　　定　　价：99.00 元

客服电话：（010）88361066　88379833　68326294　　　投稿热线：（010）88379604
华章网站：www.hzbook.com　　　　　　　　　　　　　读者信箱：hzjsj@hzbook.com

为什么要写这本书

过去的 10 年是移动互联网飞速发展的 10 年。仅仅 10 年时间，我们大多数人的生活已经彻底互联网化，我们的出行、餐饮、购物、社交、协同办公几乎全部可以通过移动互联网完成。过去的 10 年也是大数据与云计算技术蓬勃发展的 10 年，大数据的 4V[⊖]与公有云、私有云、SaaS 的概念如此深入人心，以至于所有行业都无可避免地或拥抱这些新的技术理念或被这些新的技术理念所洗礼。如果说移动互联网和互联网关注更多的是如何在业务应用层创造并满足用户的需求，云计算和大数据就是在基础架构层与数据处理科技上通过技术革新来支撑上层的互联网化的业务需求。说到过去 10 年的技术革新，AI（人工智能）是我们无法忽视的，它已经远远超越了概念的范畴。我们的生活与工作在互联网化的同时，也被逐步 AI 化。例如，信息的获取、出行数据的使用、购物，任何通过互联设备（手机、电脑、智能终端）完成的工作都已经或即将经历 AI 化。

我们用技术栈的视角来层次化地分析问题，云计算所代表的是最底层的基础架构；以大数据为代表的数据处理技术（DT）处于中间层，其中最主要的就是数据库（这也是为什么从 20 世纪 90 年代开始，数据库被称作中间件，近年提出的中台概念在本质上正是 30 年前的中间件，这是后话），本书的主题——图数据库也处于这个承上启下的中间层；最上层解决的则是移动互联网应用问题。

AI 技术贯穿以上 3 层技术栈，因此，了解 AI 有助于了解一门正在从根本上改变科技、改变行业、改变我们所处世界的重要技术——图数据库技术。在这里我们先前置一个概念：人工智能发展的终极目标是实现强人工智能，强人工智能指的是让机器和算法像人类一样具备图的思维方式。图思维方式的本质是用高维图的方式 100% 映射和还原世界——实际上是一种图计算与分析的方式（或者说是依托图数据库的计算模式）。如果人脑是终极的数据库，图数据库就是迈进并实现它的最佳路径。

为什么图数据库是终极数据库，而业界常见的关系型数据库（分布式数据库）、NoSQL

⊖　4V 代表体量、种类、速度与真实性，这 4 个特性的英文首字母都是 V。

类数据库、数据仓库、数据湖泊、湖仓一体数据库不是呢？要想弄清楚这个问题，就需要了解如下两个问题：

- ❏ 烟囱系统（siloed system）
- ❏ 浅层计算（shallow computing）

过去的 40 年间，随着关系型数据库的发展，几乎每一家企业，特别是大中型企业中形成了一个又一个像烟囱一样的系统，互相之间存在着"部门墙""系统壁垒""业务藩篱"，不同的业务部门与系统之间的通信与数据共享非常困难，而任何一个新的业务需求或需求的变动即意味着关系型数据库层面上的一整套复杂开发流程的变动，甚至是又一套新的系统的出现。随着数据量的增大，越来越多的 $T+1$⊖甚至 $T+N$ 类型的批处理操作开始出现。随着过去 10 年间大数据、数据仓库、数据湖等系统陆续出现，虽然其初衷是把全量的数据集中进行处理，但是和关系型数据库一样，这些系统天然地只具备浅层计算的能力，让数据一入湖仓即沉底，很难及时对深度下钻、关联、归因分析等不断变化的需求做出反应。而图数据库与实时图计算技术可以通过对多源、多维的数据进行深度下钻、关联、归因分析，在提供深层计算能力的同时，打破了系统间、数据间存在藩篱的现状。

中国人工智能奠基人之一、中国科学院院士、清华大学人工智能研究院院长张钹教授提出：以深度学习为代表的第二代人工智能技术在世界范围内已经触及天花板，后续突破可能的途径就是跨入第三代人工智能，包括知识图谱、图计算（图数据库）等新的体系架构的发展。这番话背后的逻辑是清晰的：人类庞杂的知识体系的逻辑化、结构化与可视化表达最好的途径就是知识图谱（关系图谱），而对知识图谱进行逻辑推理、推导、演算、查询，尤其是进行深度、高效、智能化、可解释的运算与查询最可行的工具就是实时、深度的图计算引擎。而当计算引擎与存储引擎、知识图谱有机统一的时候就形成了图数据库。可以进行深度、实时、高并发、白盒化可解释的图计算与分析的图数据库是推动 AI 向前发展的核心武器。图数据库所具备的区别于传统数据库或 AI 系统的能力，称为"图增强智能"（graph augmented intelligence）。图增强智能不是黑盒化的暴力计算，或缺乏可解释性的深度学习与神经网络，它通过释放机器的算力，让算法得以高效执行，并通过知识图谱以白盒化可解释的方式忠实、高效地完成工作。

在数据库与人工智能的发展历程中，笔者结合自己过去二十几年间作为一名硅谷 IT 老兵和中关村科技创业者的亲身经历，预见到图数据库与（实时）图计算技术不仅会占有一席之地，更会成为一种主流的甚至终极的数据库，并赋能新一代的人工智能蓬勃发展。本书是笔者对过去几年间沉浸图数据库研究的感悟与阶段性总结的梳理，希望分享给更多志同道合的朋友。

读者对象

本书的读者对象包括：

⊖ $T+1$ 表示任务处理的时耗为 1 天以上，即第 2 天才能运行完毕。

❏ 图数据库、图计算项目与产品的开发者、使用者、决策者；

❏ 数据库技术爱好者，任何对图技术感兴趣的人；

❏ 任何没有限制性思维、秉持终身学习信念的人。

勘误和支持

由于笔者水平有限，书中难免会出现一些错误或者表述不准确的地方，恳请读者耐心批评指正。如果你有任何宝贵意见，也欢迎发送邮件至邮箱 ricky@ultipa.com，期待能够得到朋友们的真挚反馈。

致谢

首先要感谢我亲爱的家人和同事们，在本书的创作过程中，笔者得以在相当长的一段时间内进入"闭关"的状态，我的家人分担了本属于我的家务劳动，我的同事们完成了原本分配给我的任务。

此外，我得到了很多亲友与同事的建议与纠错，在此特别对张磊、孙婉怡、张建松、封军雷、王昊、刘思燕、林晓芳、章砚之、陈亮宇、薛鸿城、苏昌钦、李家文、贺瑞君表示感谢。还有很多其他朋友也提供了帮助，恕笔者不能一一列出，再次一并感谢。

感谢我的天才的同事们、客户们、合作伙伴们，没有你们的鞭策、鼓励、真知灼见、慧眼和超越平凡的认知，我们不会创造出颠覆性的、令人振奋的图数据库产品。

感谢机械工业出版社华章分社的编辑杨福川老师和他的同事们始终支持我写作，你们的鼓励和帮助引导我顺利完成了全部书稿。

谨以此书献给我最亲爱的家人，以及众多热爱新技术，秉持终身学习信念和具有成长性思维（图思维）的朋友们！

记住下面这张图，让我们一起进入图（数据库）的世界。

图数据库

图计算与图数据库的历史

你发现了吗？从交通路网、电话交换网到社交网络、电网、金融网络，在我们的生活和工作的场景中，用"图"来诠释远比其他形式更直观、易用、立体及充分。

1.1　到底什么是图

"图"是什么？"图"从哪里来？为什么以图计算或图数据库为代表的图技术从鲜为人知到如今广泛应用于金融、医疗、能源、媒体等诸多领域，并以爆炸式的速度繁荣发展？其实，图数据库的伟大之处在于其本身并不是一个全新的事物，而是人类在追求科学与技术发展的探索中对图思维方式的一次伟大复兴。

1.1.1　被遗忘的艺术：图思维方式 I

在前言中，我们提到了一个大胆的想法和对未来的预测：图数据库技术是 AI 走向强人工智能的必经之路和重器。因为图数据库（含知识图谱）最大限度地还原（模拟）了人的思维和思考方式。

那么，人类是如何思考的呢？

显然，这是一个没有标准答案（或者说很难形成共识）的问题。有人说大多数人是线性思考的；也有人说是非线性思考的；还有人说是聚焦型思考、发散型思考的，或两者、多者兼而有之。如果我们把这个问题提炼成一个数学问题，并用数学的语言来描述它，可以说，人类在本质上是用图的方式来思考的。我们身处的世界是高维的、关联的、不断延展的，从来到这个世界到离开它的那一刻，我们一直在与这个世界互动——我们每时每刻都会接触很多实体（一个个人、一件件事、一条条新闻或旧闻、一个个知识点、一本本书，甚至一缕缕情绪），这些实体都存储在我们的大脑（记忆）中。人脑很像一台设计精密的计算机，当我们需要从中抽取一条信息、一个知识点的时候，可以快速地定位并获取它。而当我们发散思维的时候，会从一个知识点或多个知识点出发，沿着知识点之间关联的路径、网络遍历、搜索，抽丝剥茧得到一条条路径或一张张小网，形成相互交织的信息网络。人类思维有无远弗届的能力。什么是"无远弗届"？即没有思绪到不了的地方，这其实是一种超深度的图关联、图遍历、图搜索的能力。早在 20 世纪 40 年代，社交网络的概念还没有发明出来之前，研究人员就已经试图用图网络的模型来描述和解释大脑的运作机制，如图 1-1 所示。

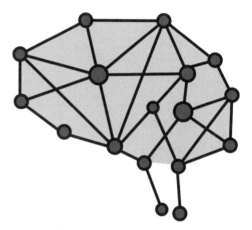

当我们需要对任意一个知识点进行详细描述的时候，可以赋予它很多属性，知识点之间的关联关系同样也可以带有属性，通过这些属性可以加深对每一个知识点、每一条关系的理解。例如，我们从小到大填写了很多家庭关系表，如爸爸、妈妈、兄弟姐妹、祖籍、年龄、性别、单位、联系方式、教育程度等。在我们填这些表的

图 1-1 用图网络的模型来解释大脑的运作机制

时候，实际上调用的是一张"家庭关系子图"，主要节点有爸爸张三、妈妈李四、哥哥张小五、姐姐张小六等，每个节点都会有一些属性，如年龄、电话号码，当然还有一个不言而喻的节点是自己——张小七（小七也有自己的属性，如籍贯、性别等），它会指向所有的近亲，关系名称为爸爸、妈妈……显然这张图可以以一种迭代的方式延展，如果聚焦在爸爸节点上，他的近亲关联图谱又包含他的父母、兄妹等，以此类推。

这些实体与关系组成的网络，我们称之为图。当这种网络图中的点、边带有一些属性，可以帮助我们进行信息的筛选过滤、聚合或传导计算的时候，我们称之为属性图。

可以用带有属性的图来表达世间一切事物，无论它们是关联的还是离散的。当事物是关联的时候，它们形成一张网络；而当它们是离散的时候，就是这些事物（节点）罗列的一张表，就像关系型数据库的表中的一行行数据（这里要表达的要点是：图是高维的，高维可以向下兼容并表述低维空间的内容，反之则不成立。或者说用低维的关系型数据库来表达高维的图极其困难，通常会事倍而功半甚至无功而返。后面的章节会具体分析为什么关系型数据库在处理一些复杂的场景时会存在严重的效率问题）。

图的这种表达方式和人类大脑神经元网络存储与认知事物有极大的相通性。我们总是不断地在关联、发散、再关联、再发散。当我们需要定位并搜索某个人或事物的时候，找到

它并不代表搜索的结束，而常常是一连串搜索的开始。例如我们进行举一反三式的发散思维的时候，相当于在图或网络上进行某种实时过滤或动态遍历搜索。当我们说一个人上知天文下知地理的时候，当我们在"旁征博引"的时候，我们似乎让思绪从一张图跳到了另一张图上。而我们的大脑存储了很多张图，这些图或联动或互动，根据需要随时提供服务。如果在图数据库上可以实现人脑同样的运作方式，那么有什么理由不相信图数据库就是终极的数据库呢？当然，前提是我们得在这一点上达成共识：人脑就是终极的数据库。我们甚至可以说，在强人工智能实现之前，让图数据库先成为终极的数据库或许是一条必经之路。

举个例子，脑海中想你最喜欢的一道菜——红烧肉，你是怎么想到它的？按照现代 Web 搜索引擎技术，输入"红"字，推荐出"烧"字，再输入"烧"字，推荐出包含"红烧肉"字样的列表——或许人类的大脑并不是严格意义上用了这种倒排索引的搜索技术，但是这并不重要，因为定位到"红烧肉"只是我们的一个起点，在图思维方式中，如何延展到后续的诸多节点才是关键。从红烧肉开始，你或许会想到湖南红烧肉、东坡肉、苏东坡、宋词、李清照、岳飞、文天祥……所谓举一反三，大抵如此。当我们的思绪定位在某一个知识点的时候，只要我们想，它就可以一步步地关联下去——从红烧肉到湖南红烧肉是一个细化分类的一步关联操作，从湖南红烧肉到苏东坡也是如此。以此类推，上面例子中的一连串联想实际上是一个在图数据库（或知识图谱）中不断关联（属性图过滤或剪枝）操作的过程。

在图 1-2 中，从坦博拉火山爆发到滑铁卢之役、自行车发明、印象主义的诞生，凡此种种的跨越时空的"蝴蝶效应"揭示了万物皆关联的本质。直面大脑是如何思考的这类问题最直接的回答就是——我们天然使用的是图的思维方式！

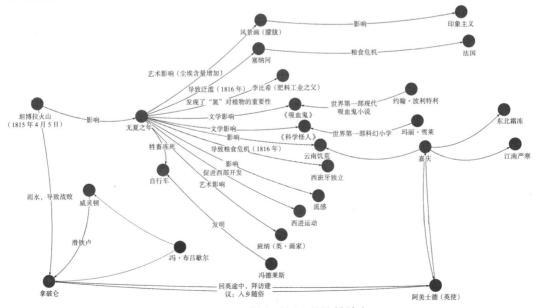

图 1-2　从火山爆发延展出的蝴蝶效应

我们学到的每一个知识点都不是孤立的，这些与日俱增的知识点构建起了庞大的知识网络，让我们随时可以从中抽取、归纳、整理、推导和关联。人类历史上所有的智者、文豪、天才、贩夫走卒、路人甲乙，他们每一次惊世骇俗的灵光乍现或平常之极的循规蹈矩都是用图的思维在实践。灵光乍现是因为在图思维的道路上延展得更深、更广、更快；循规蹈矩只是在图思维上走得太浅。太容易被别人看懂，太容易形成共识和被预测，就会被定义为"循规蹈矩"甚至缺乏创新。

为了更好地说明问题，我们以《三字经》为例来分析一下人是如何以图的方式阅读思考的（见图 1-3）。

图 1-3　传统启蒙读物《三字经》中"孟母三迁"的故事

读到"昔孟母，择邻处"这句话时，短短的 6 个字在我们脑海中形成一张简单的网络（图），其中包括孟母、孟子的形象，并从孟母与孟子之间的母子关系发散、推导到更多关联的实体，最终形成一张"显而易见"的多步关联图谱，如图 1-4 所示（对于那些初次接触《三字经》或孟母故事的读者，了解一个个知识点的过程就是构造关联知识图谱的过程，一旦图谱形成，就可以像调用图数据库一样随时对所存储的图谱进行查询与分析）。

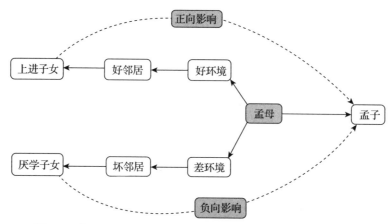

图 1-4　由孟母三迁推演出"择邻（教育环境）处"的决策路径

类似地，"融四岁，能让梨"的历史名人故事（图1-5），在我们的脑海中也是以一张简单的图的形式存在的。我们无时不在将每个文字、每个词组关联、发散、再关联……从孟母择邻处的故事中，我们的大脑推演出了很多字面上没有直接表达的内容，从孟母的居所选择分化出：好邻居与坏邻居、上进子女与厌学子女……这种推演让我们从逻辑层面清晰地理解了孟母"择邻处"的决策。而孔融让梨的故事则是一种图上的行为模式的对比分析：4岁的孔融与4岁的普通孩子，如图1-6所示，由此或可引出中国人的一句老话：三岁看小，七岁看老。

图 1-5　传统启蒙读物《三字经》中"孔融让梨"的故事

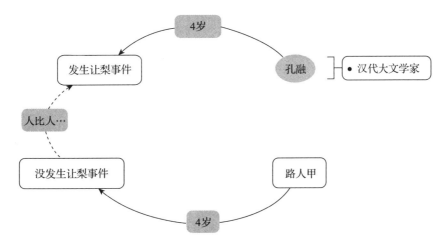

图 1-6　孔融 4 岁与普通孩子 4 岁

我们再来看一个《三字经》中的例子："有古文大小篆，隶草继不可乱"（图1-7），从大篆到小篆，再到隶书、草书，中国书法史的沿革与脉络清晰可见。

很多人觉得不可思议，但是如果仔细读问题中的先决条件，A、B 是两个账户，账户之间可以存在多笔交易，这个其实已经在暗示读者解题的思路了。

那么，按照这个思路继续探寻下去，如何构造一个使用最少的点和边的图来解之前的题目呢？

如图 1-12 所示的解决方案是仅使用 4 个顶点与 7 条边构成的 5 个三角形。增加了边 8 之后，形成了 5 个新的三角形。这个解法中最巧妙之处是在顶点 A、C、B 之间由 1~5 号边所形成的 4 个三角形复用了 1、2、3、4 这几条边。

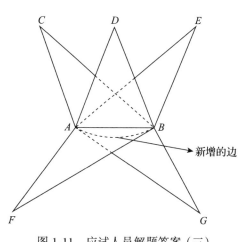

图 1-11 应试人员解题答案（三）

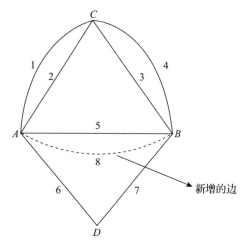

图 1-12 应试人员解题答案（四）

目前已知的最精简的构图如图 1-13 所示，它只用了"3 个顶点 +8 条边"。聪明的读者如果想到更极致的方案，欢迎联系笔者。

现在让我们探究一下这个题目背后所蕴含的图的意义。在银行业中，以零售转账为例，在大型的银行中有数以亿计的借记卡账户，这些账户每个月有数以亿计的交易（通常交易的数量会数倍于账户数量），如果以卡账户为顶点，账户间的交易为边，就构成了一张数以亿计的点边的大图。如何衡量这些账户之间的紧密程度呢？或者说如何去判断这张图的拓扑空间结构呢？类似地，在一张 SNS 的用户社交网络图中，顶点为用户，边为用户间的关联关系，如何衡量这张社交图谱的拓扑结构或紧密程度呢？

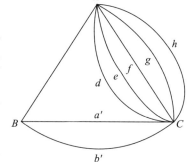

图 1-13 应试人员解题答案（五）

三角形是表达紧密关联关系的最基础的结构。如图 1-14 的社交网络图谱（局部）所示，两个框内的 4 个顶点间都构成了 16 个（$2 \times 2 \times 2 + 2 \times 2 \times 2$）三角形。从空间结构上看，它们之间的紧密程度也更突出。

　　上面提到的银行转账账户间所形成的三角形关系的个数，在很大程度上可以表达银行账户之间的某种关联关系的紧密程度。某股份制银行的账户间在 2020 年某三个月中转账数据形成了 2 万亿个三角形，而顶点与边的个数都在 10 亿以内，也就是说平均每个顶点都参与到了上千个转账三角形关系中。这个数字是非常惊人的，例如 A、B、C 三个顶点，两两之间存在 100 条边，那么它们总共就构成了 100 万个三角形关系。类似地，A 与 B 两个顶点之间存在一条关系，它们各自分别与另外 1000 个账户存在转账关系，这时只要 AB 之间再增加 1 条边，图上就会增加 1000 个三角形，每增加一条 AB 之间的边就会增加至少 1000 个三角形。是不是有一点神奇？

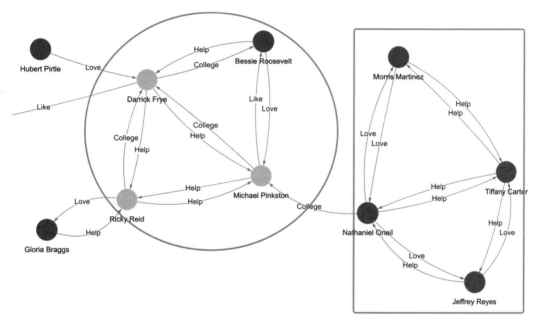

图 1-14　社交网络图谱（局部）

　　当然，无论是转账交易数据、社交网络数据、电商交易数据还是信用卡交易数据，数据所形成的网络（图），用数学语言来定义就是一个拓扑空间。在这个拓扑空间中，我们关心的是数据之间的关联性、连通性、连续性、收敛性、相似度（哪些节点的行为、特征更为相似）、中心度、影响力，以及传播的力度（深度、广度）等。用拓扑空间内数据关联的方法来构造的图可以 100% 还原并反映真实世界中我们是如何记录并认知世界的。如果一个拓扑空间（一张图）不能满足对异构数据的描述，就构造另一张图来表达。每一张图可以看作从一个（或多个）维度或领域（如知识领域、学科知识库等）对某个数据集的聚类与关联，区别于传统关系型数据库的二维关系表的方式，每一张图可以是多个关系表的有机关联组合。

在图上不再需要传统的关系表操作中的表连接操作，而用图上的路径或近邻类操作取代。我们知道表连接的最大问题是不可避免地会出现笛卡儿乘积的挑战，尤其是在大表中，这种乘积的计算代价极大，参与表连接的表越多，它们的乘积就越大（如 3 个表 X、Y、Z，它们的笛卡儿乘积的计算量是 $\{X\}*\{Y\}*\{Z\}$，如果 X、Y、Z 各有 100 万、10 万、1 万行，计算量是 1000 万亿）。在很多情况下，关系型数据库批处理缓慢的一个主要原因就是需要处理各种多表连接的问题。我们说这种低效性实际上是因为关系型数据库（以及它配套的查询语言 SQL）没有办法在数据结构层面做到 100% 反映真实世界。

人类大脑的存储与计算从来不会在遍历和穷举甚至笛卡儿乘积上浪费时间，但是当我们被迫使用关系型数据库以及 Excel 表格的时候，经常需要极为低效地做反复遍历和乘积的事情，在图上则不会出现这种问题——在最坏的情况下，你可能需要以暴力的方式在图上遍历一层又一层的邻居，但是它的复杂度依然远远低于笛卡儿乘积（例如 1 张图有 1000 万个点和边，遍历它的复杂度最大则为 1000 万——任何高于其最大点和边数量的计算复杂度都是数据结构、算法或系统架构设计败笔的体现）。

在上一节中，我们提到了一个关键的概念、愿景：图数据库是终极的数据库，所有人工智能的终极归宿就是强人工智能，也就是具有人的智能。而我们可以确定的是，人的思维方式就是 100% 图的思维方式，而可以比拟、还原人的思维方式的图数据库或图计算的方式称为原生图（native graph）。通过原生图的计算与分析，我们可以让机器具备人类一样的高效关联、发散、推导、迭代的能力。

所谓原生图，是相对于非原生图而言的，在本质上指的是图数据如何以更高效的方式进行存储和计算。非原生图采用的可能是关系型数据库、列数据库、文档数据库或键值数据库来存储图数据；而原生图需要使用更高效的存储（及计算）方式来为图计算与查询服务。

原生图首先构建的是数据结构，这里要引入一个新的概念——无索引近邻（index-free adjacency）。这个概念既和存储有关，又和计算相关。在第 2 章中我们会详细地介绍这种数据结构。在这里，简而言之，无索引近邻数据结构相对于其他数据结构的最大优势是在图中访问任一数据所需的时间复杂度为 $O(1)$。例如，从任一数据点出发去访问它的 1 度近邻的时间复杂度也是 $O(1)$，反之亦然。而这种最低时间复杂度的数据访问恰恰就是人类在大脑中搜寻任何知识点并关联发散出去时所采用的方式。这种数据结构显然和传统数据库中常见的基于树状索引的数据结构不同，从时间复杂度上看是 $O(1)$ 与 $O(\log N)$ 的区别，而在更复杂的查询或算法实现中，这种区别会放大为 $O(K)$ 与 $O(N \log N)$ 或者更大的差异性（$K \geqslant 1$，通常小于 10 或 20，但一定远远小于 N，假设 N 是图中顶点或实体的数量）。这就意味着在复杂运算的时效性上会有指数级的区别，图上如果是 1 秒钟完成，传统数据库则可能需要 1 个小时、1 天或者更久（或者无法完成）来完成，这意味着传统数据库或数据仓库中的那些动辄 $T + 1$ 的批处理操作可以以 $T + 0$ 甚至纯实时的方式瞬间完成。

当然，数据结构只是解决问题的一个方面，我们还需要从体系架构（例如并发、高密度计算）、算法并发优化、代码工程优化等多个维度让（原生）图数据库真的腾飞。有了原生图存储与高并发、高密度计算在底层算力上的支撑，图上的遍历、查询、计算与分析可以得到进一步的飞跃。如果传统的图数据库比关系型数据库快 1000 倍，那么飞跃之后的图要快 100 万倍。

1.1.3　图技术发展简史

图数据库技术的本质是图计算与存储技术（事实上所有 IT 技术在本质上都是计算、存储与网络，因为计算有网络计算、分布式计算，存储有网络存储、分布式存储，因此我们经常省略网络而只说计算和存储），而图计算（图分析）的理论基础是图论。本节通过回顾图论相关学科与技术的发展历史来更好地了解图技术。

1. 图计算溯源

图计算最早可以追溯到 250 年前，欧拉（Leonhard Euler）被认为是人类历史上最伟大的数学家，他是图论与拓扑学的开创人，生于瑞士巴塞尔（金融领域中的"巴塞尔协议 Ⅲ"就得名于此地——这种小知识的延展就是典型的 2 步关联）。

欧拉通过对哥尼斯堡七桥（Seven Bridges of Konigssberg）问题的描述而开创了图论学科。在哥尼斯堡（现俄罗斯的加里宁格勒市，于 1946 年改名）的一个公园里，有七座桥将普雷格尔河（Pregel）中两个岛及岛与河岸连接起来（图 1-15a）。问是否可能从这四块陆地中任一块出发，恰好通过每座桥一次，再回到起点呢？欧拉于 1736 年研究并证明了此问题，他把问题归结为"一笔画"问题，证明一笔画的走法是不可能的。

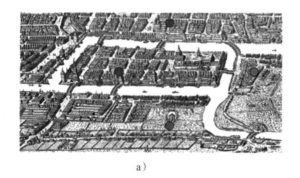
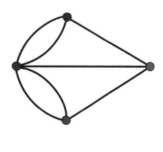

a)　　　　　　　　　　　　　　　　　　b)

图 1-15　欧拉开创了数学的一个新分支——图论与几何拓扑

a）哥尼斯堡七桥示意图　b）哥尼斯堡七桥抽象图

定的学术高度，但在工业界并没有获得巨大的成功，倒是催生了不少互联网搜索引擎的巨头，先是 90 年代中后期如日中天的 Yahoo!，随后是基于 PageRank 算法（一种高度并发的浅层的图算法）的谷歌公司，再之后就是基于社交图计算而构建起来的社交平台 Facebook（后改名为 Meta），可以毫不夸张地说，Facebook 的社交图计算的理念核心就是 6 度分隔理论，即任意两个人之间的关联关系不会超过 6 步，该理念在社交网络的蓬勃发展中至关重要，Twitter、微博、微信、LinkedIn（领英）、eBay、PayPal 可以说或多或少是依托这个理念构建而成的。

5. 关系型数据库和非关系型数据库

图计算系统或图数据库一般被认为是 NoSQL 数据库的子集。NoSQL 是相对于以 SQL 为中心的关系型数据库而言的，它确切的涵义是 Not Only SQL，也就是说在 SQL 之外的广阔天地是 NoSQL 数据库所覆盖的范畴。众所周知，自 20 世纪 80 年代开始成为主流的 SQL 关系型数据库，至今还在各种大小公司的 IT 环境中广泛应用，它的核心理念是关系表，用二维表以及表与表之间的关联关系来对纷繁复杂的问题进行数据建模。图数据库的理论基础是图论，它的核心理念是用高维的图来表述、还原同样高维的世界——用最简单的顶点与边来表达任意复杂的关联关系。在大数据计算领域，图论有许多应用场景，例如导航、地图染色、资源调度、搜索和推荐引擎，然而这些场景所对应的大数据框架及解决方案并没有真正意义上使用原生化的图的存储与计算模式。换句话说，人们依然在用关系型数据库、列数据库甚至文档数据库来解决图论的问题，也就是说低效、低维的工具被用来强行解决复杂、高维的问题，那么它的用户体验可能很差或投入产出比极为糟糕。最近几年，发明互联网 40 年后，随着知识图谱逐步深入人心，图数据库和图计算的发展才开始重新受到重视。

近半个世纪，有很多图计算的算法问世，包括从知名的 Dijkstra 算法（图最短路径问题，1956 年），到谷歌创始人 Larry Page 在 20 世纪末发明的 PageRank 算法，以及更复杂的各类社区发现算法（用于检测社区、客群、嫌疑人之间的关联）。简而言之，今天许多大型互联网企业、金融科技公司都是基于图计算技术而诞生的，例如：

❑ 谷歌。PageRank 是一种大规模页面（或链接）排序的算法，可以说，谷歌早期的核心技术就是一种浅层的并发图计算技术。

❑ Facebook。Facebook 的技术框架核心是它的社交图谱（Social Graph），即朋友关联朋友再关联朋友。Facebook 开源了很多东西，但是这个核心的图计算引擎与架构从未开源过。

❑ Twitter。Twitter 2014 年曾经短暂地在 GitHub 上开源了 Flock DB，但随后就下线了，原因很简单，图计算是 Twitter 的商业与技术核心，开源模式并没有增加其商业价值。换句话说，任何商业公司的核心技术与机密如果构建在开源之上，其商业价值形同虚设。

❑ LinkedIn。LinkedIn 是专业职场社交网络，最核心的社交特点是推荐距离你 2 步至 3 步的职场人，提供这种推荐服务必须使用图计算引擎（或图数据库）。

❑ 高盛集团。在 2007—2008 年爆发的世界金融危机中，莱曼兄弟公司破产，高盛集团却能全身而退，背后的真实原因是高盛集团应用了强有力的图数据库系统 SecDB，它成功计算并预测到即将发生的金融危机。

❑ 全球最大的私募基金管理机构黑石集团。该集团最核心的 IT 系统阿拉丁（Aladdin）——即资债管理系统在本质上是通过构建流动性风险要素间的依赖图（dependency graph）来完成对全球超过 20 万亿美元资产的管理的。这一数额超过了全球金融资产的 10%。

❑ PayPal、易趣和许多其他金融或电子商务公司。对于这些技术驱动的新型互联网公司，图计算并不罕见，图的核心竞争力可以帮助他们揭示数据的内部关联，而传统的关系型数据库或大数据技术实在太慢了，它们在设计之初就不是用来处理数据间的深度关联关系的。

6. 图计算与后关系型数据库时代

任何一项技术的发展都会经历技术的萌芽、发展、膨胀、过热、降温、再发展的一个曲线周期，在这个过程中通常会有一些规范或既定事实的标准出现，并以此来增强业界的合作与互通（参见 1.2.1 节）。图计算的规范有两种。

1）RDF：W3C 规范；

2）LPG → GQL：从既成事实的业界实践标准 LPG 演进到第二个数据库查询语言标准 GQL（Graph Query Language）。

W3C 的 RDF 规范（2004 年发布 v1.0 版本，2014 年发布 v1.1 版本）最初是用来描述元数据模型（meta-data）的，通常被用来进行知识管理。今天学术界和相当一部分知识图谱公司都在使用 RDF 来描述图谱当中的"元数据"。RDF 默认的查询语句是 SPARQL，但 RDF 和 SPARQL 存在逻辑复杂、冗长等问题，很难维护。很快，开发者就不喜欢它了。打个比方，你更喜欢 XML 还是 JSON？可能是 JSON，因为它更简单、便捷，毕竟轻量和快速是互联网时代的主旋律。

与 RDF 同时间也催生了 LPG，顾名思义，LPG 是带有属性的图，也就是说图中的两大基础数据类型——点和边都可以带有属性，如名称、类型、权重、时间戳等。LPG 代表着新一代图技术与产品，而其中最早也最知名的一个是 Neo4j，它是由瑞典团队成立的公司在 2011 年发布的第一款 LPG 图数据库产品。这个领域也出现了不少竞争者和新的玩家，如 TitanDB（2016 年退出市场）、JanusGraph（Titan 的衍生品）、AWS 的 Neptune、百度的 HugeGraph、DGraph、TigerGraph、ArangoDB、Ultipa Graph 等。这些图数据库产品的特征各不相同，例如它们在技术底层所采取的架构构建方式，它们触达用户的服务模式、商业模式、可编程 API 与 SDK 都有所差异。很显然，图数据库的发展处于一个百花齐放的阶段，市场的发展极为迅速，且用户的需求五花八门，如果某一种图数据库是为了适应某些具体的场景而搭建起来的，那么它在通用性上就难免会存在问题。

好消息是在 SQL 成为数据库领域唯一国际标准的 40 年之后，终于将迎来第二个国际标准 GQL。有趣的是，在过去 10 年大数据领域中 NoSQL 的发展都没有催生任何国标，反而是图数据库的发展迎来了属于自己的国际标准，这恰恰说明图数据库的（标准化的）未来可期。

1.2 大数据的演进和数据库的进阶

时至今日，大数据已无处不在，所有行业都在经受大数据的洗礼。但同时我们也发现，不同于传统关系型数据库的表模型，现实世界是非常丰富、高维且相互关联的。此外，我们一旦理解了大数据的演进历程以及对数据库进阶的强需求，就会真正理解为什么"图"无处不在，以及为什么它会具有可持续的竞争优势，并最终成为新一代主流数据库标准。

1.2.1 从数据到大数据、快数据，再到深数据

大数据的发展方兴未艾。我们通常把大数据元年定为 2012 年，但是大数据相关技术的出现远早于 2012 年。例如 Apache Hadoop 是由 Yahoo! 在 2006 年发布并捐赠给 Apache 基金会的，而 Hadoop 这个项目肇始则是受到了谷歌 2003 年的 GFS（Google File System，谷歌文件系统）与 2004 年的 MapReduce 两篇论文的启发。如果我们再往前追溯，那么 GFS 与 MapReduce 之所以能出现是因为谷歌的互联网搜索引擎业务的发展，而其搜索引擎最核心的技术大概要属 PageRank 算法了。以谷歌联合创始人 Larry Page 名字命名（且与 Web Page 一语双关）的 PageRank 算法是一种典型的图算法。很显然，我们回到了终点，它同时还是起点——大数据技术的发展竟然源自一种图计算技术，而它的发展趋势也伴随着图计算技术的全面发展——从大数据到快数据，最终到深数据（图数据）。

从宏观来看，大数据的发展史基本上就是数据科技（Data Technology）的发展史，纵观过去近半个世纪的发展历程，大体可以分为三个阶段：

1）以关系型数据库为核心的传统数据库时代（1975 年至今）。

2）以非关系型数据库框架涌现为代表的时代（2010 年至今）。

3）超越关系或非关系型数据库的新时代——后关系型数据库时代（2015 年后）。

这三个阶段都产生了用于高效进行数据库、数据仓库查询与计算的查询语言，对应关系如下：

❏ 关系型数据库：SQL。

  ❑ 非关系型数据库：NoSQL。

  ❑ 后关系型数据库时代：NewSQL、GQL……

如果按每个阶段所对应的数据特征和维度来衡量，可以这样解读图 1-19：

  ❑ 关系型数据库＝数据、前大数据时代

  ❑ 非关系型数据库＝大数据、快数据时代

  ❑ 后关系型数据库时代＝深数据、图数据时代

数据 → 大数据 → 快数据 → 深数据　实时关联发现成为深数据时代的核心需求

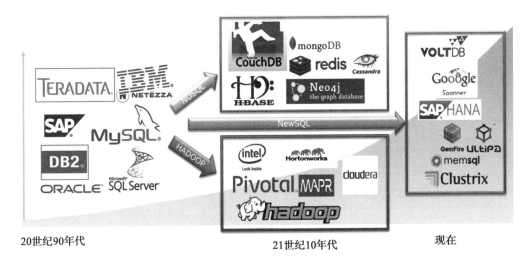

图 1-19　大数据发展史

  显然，每一代都是对前一代的超越。当我们说大数据的时候，它包含了数据时代的特征，但是又出现了 IBM 提出的被业界广泛传播的 4V 特性，即 Volume（规模）、Variety（多样性）、Velocity（时效性、速度）和 Veracity（真实性）。

  而在深数据时代，在 4V 基础上还要加上"深度关联关系"（Deep penetration and correlation）这一条，可以总结为：4V+D。

  为什么我们会这么在意数据之间的关联关系，而且是深度关联关系呢？有两个维度可以很好地解释各行各业遇到的挑战。

  ❑ 商业维度：关联关系＝商业价值；

  ❑ 技术维度：传统数据库＜＞关联发现的能力。

  随着大数据的发展，越来越多维度的数据被采集，而越来越多的商用场景需要分析这些多维的数据，例如反洗钱、反欺诈这类的风控场景，以及智能推荐、营销、用户行为模式分析的场景，只有将数据以网络的方式组合起来并深度分析它们之间的关联关系，我们

才能摆脱之前传统数据库算力缺失的束缚——传统架构无法通过多表关联来快速发现实体之间的深层关联关系。

还以上面提到的 Hadoop 为例，在 Yahoo! 内部孵化 Hadoop 项目的 2004—2006 年间，并行于 Hadoop 还有其他的海量数据处理项目，在 2004 年的时候，Yahoo! 仍旧拥有世界上最大的服务器集群，有数万台 Apache Web 服务器，每天生产的海量 Web 日志需要被分析处理。有趣的是，从分布式系统的处理能力（数据吞吐率、操作延时、功能性等）上来看，Hadoop 较其他系统而言并没有优势（需要澄清的一点是，Hadoop 创立伊始的目标就是用一堆廉价、低配置的机器来分布式地处理数据，它从来不是高效的，很多所谓的分布式系统都缺乏高效、及时处理数据的能力），这直接导致了 Yahoo! 在 2006 年初决定把在内部找不到出路的 Hadoop 项目捐献给 Apache 基金会开源社区。这件事情告诉我们，一个有内在生命力、高性能、能创造巨大商业价值的系统，几乎是不会被开源的。当然，从另一个维度来分析，Hadoop 解决了数据量与数据多样性存储和分析的问题，尤其对低配置机器的集群化利用，是 Hadoop 最大的优势，但是它在数据的处理速度和深度方面则极度欠缺。

2014 年，Apache Spark 横空出世，很显然 Spark 背后的加州大学 Berkeley 分校的开发团队对于业界广为诟病的 Hadoop 性能问题颇有心得，在分布式系统处理性能上，通过内存加速的 Spark 可以达到 Hadoop 的 100 倍，Spark 还集成了 GraphX 等组件来实现一些图分析能力，例如 PageRank（网页排序）、Connected Component（连通子图）、Triangle Counting（三角形计算）等。Spark 相对于 Hadoop 框架而言，在速度上有很大进步，特别是对浅层的图计算与分析颇有意义。然而 Spark 过于学院派的设计思路导致系统不可以实时更新，也就是说不善于处理动态、实时变化的数据集，这样就限定了它只能作为一款仅具有离线分析能力的 OLAP 系统。距离我们所说的实时、动态、深数据处理的终极目标仍有很大的差距。

所谓深数据，就是在最短时间内通过挖掘多层、多维数据间的关联关系，挖掘出数据间所蕴藏的价值。特别是在这个数据互联的时代，可以以一种通用的方式实现深数据关联分析与计算的平台就是本书的主角——图数据库。在不同的场景下，我们也称其为图分析系统、图中台、图计算引擎等。所有的这些其实都是指一件事——按照图论的方式构造关联数据所形成的高维网络，并在其上进行计算与分析。例如鲁汶（Louvain）社区识别算法在实时图数据库上运行后，隶属于不同社区的实体间所构成的社区通过 3D 可视化的方式直观地呈现在我们面前，如图 1-20 所示。你无法从其他类型的 NoSQL、大数据框架或关系型数据库中找到类似的实时、深度数据关联的解决办法，即便存在，那个方法的代价肯定不小，而且不会以一种通用化的方式完成。也就是说，每当业务诉求改变的时候，就需要大幅调整底层架构来支撑，这种模式如何能够有长久的生命力呢？键值存储、列数据库、

Hadoop 分布式计算或 Spark 集群计算、MongoDB 文档数据库在处理数据关联问题上都是不完善的。正是以上提到的这些瓶颈和挑战，才使图数据库得以诞生并蓬勃发展。

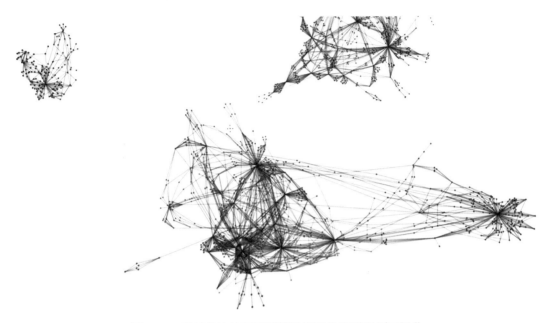

图 1-20　通过鲁汶社区识别算法实现的客群识别可视化

在本书中，笔者将会从市场与业务需求、技术实现本质的视角带领读者一同纵览图数据库的历史以及未来的发展趋势。

1.2.2　关系型数据库与图数据库

图数据库创造之初的目的非常单纯，就是通过（深度）挖掘不同来源的数据，以网络化分析（network analytics）的方式来攫取数据关联中所蕴藏的巨大价值。关系型数据库的数据存储是以表来聚类（同类）数据，并将这些实体聚合在同一张表中，不同表中存放不同类型的实体。当需要进行实体关联的时候就需要多张表之间进行连接。而关系型数据库的设计理念和数据结构的限制导致当进行表连接（table join）操作的时候，尤其当表的内容很多的时候，操作的耗时会较单表操作呈指数级上升，甚至在多表关联的时候，因耗时过长、系统资源消耗过多而导致系统崩溃或无法返回。

举个经典的例子：员工、部门与公司，在关系型数据库中会用三个表来存储这些不同类型的实体，如果想要查找哪些员工在哪家公司的哪个部门工作，就需要动用三个表相互连接来实现——这个过程不但效率低下，而且非常不直观。如图 1-21a 所示，从员工表中查到员工属于哪个部门，再从部门表中查到每个部门隶属于哪家公司，最终再从公司表中查

环，其中蕴含的知识体量与密度（熵值）远高于传统的基于倒排索引和 PageRank 算法的互联网搜索引擎。并且，以上所有过程在图数据库支撑下都是实时完成，返回最优（不一定是最短）路径。如果用户对展望未来更感兴趣，可以改变筛选过滤和调整条件，例如设置相关顶点（或节点）与边的参数（或属性），并按照一定的模板逻辑来实现搜索等，如图 1-25 所示。

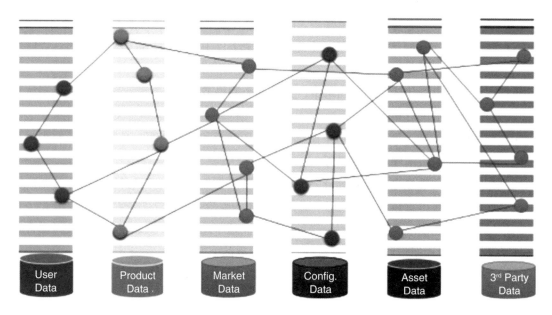

图 1-22　使用图进行网络分析，它将高于所有其他类型的数据源

图 1-23　实时搜索最短路径：从牛顿到成吉思汗（表单模式）

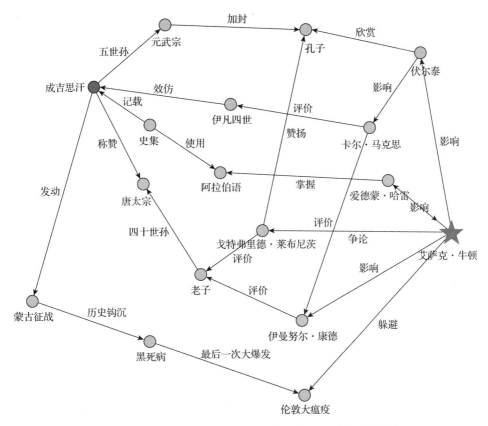

图 1-24　实时搜索最短路径：从牛顿到成吉思汗（图形模式）

　　很显然，随着过滤条件变得更苛刻，搜索返回结果的路径变得更长了（从 5 层增加为 7 层），但是搜索时间并没有指数级增长。这是实时图计算引擎的一个很重要的能力——对子图的动态剪枝能力，一边搜索，一边过滤（剪枝）。缺乏这种能力的图数据库绝无可能成为有商业应用前景的实时图数据库。

　　图 1-26 展示了由以上路径动态生成的子图的 2D 空间可视化效果。

　　另一个实例是通过对转账、汇款、取现等交易的数据流进行追踪来实现实时反洗钱监测。图 1-27 中左边最大的点是资金流出方，经过 10 层中间账号不断转账转发，最终汇聚在右边的小点（账户）位置。除非经过 10 层以上的深层挖掘，否则你很难发现数据（资金）的真正流向，以及它们背后的真正意图。对于各国的金融监管机构而言，实时图数据库与图计算的意义不言而喻——当犯罪分子在以图的方式规避监管的时候，他们会通过构造深层的图模型来逃避反洗钱追踪，而监管机构只有使用具备深度穿透分析能力的图数据库才能让犯罪分子无处遁形。

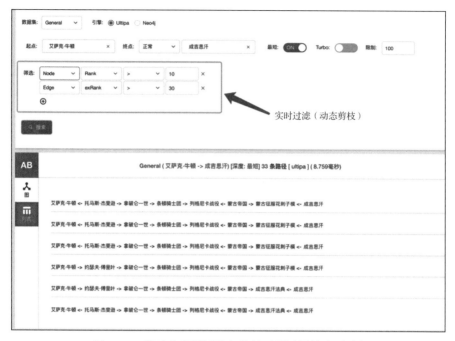

图 1-25　实时动态图过滤与剪枝（通过图搜索过滤）

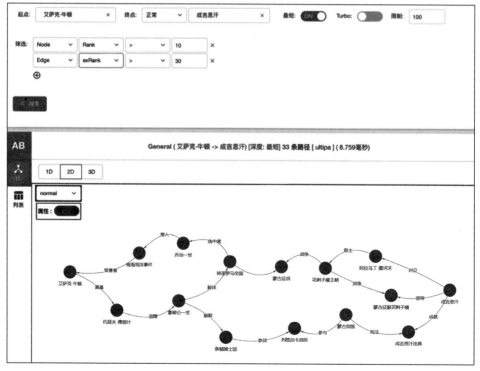

图 1-26　通过图过滤后形成的多层关联

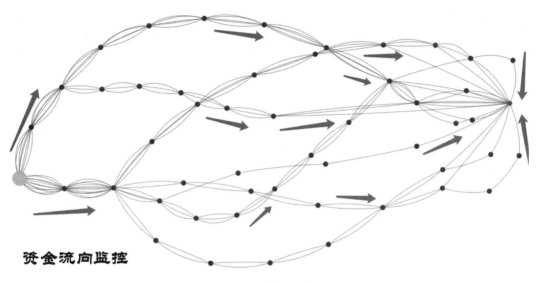

图 1-27　资金流向图

绝大多数人都知道"蝴蝶效应"，就是在数据和信息的海洋中捕捉从一个（或多个）实体到遥远的另外一个（或多个）实体间微妙的关联关系。从数据处理框架的角度来看，如果没有图计算的帮助，蝴蝶效应是极难被发现的。有人会说随着算力的指数级增强，未来总有一天我们会实现，笔者以为，这一天已经到来！实时图数据库就是进行蝴蝶效应计算、查询的最佳工具。

在 2017 年，知名数据分析公司 Gartner 提出了一个 5 层的数据分析模型，如图 1-28 所示。

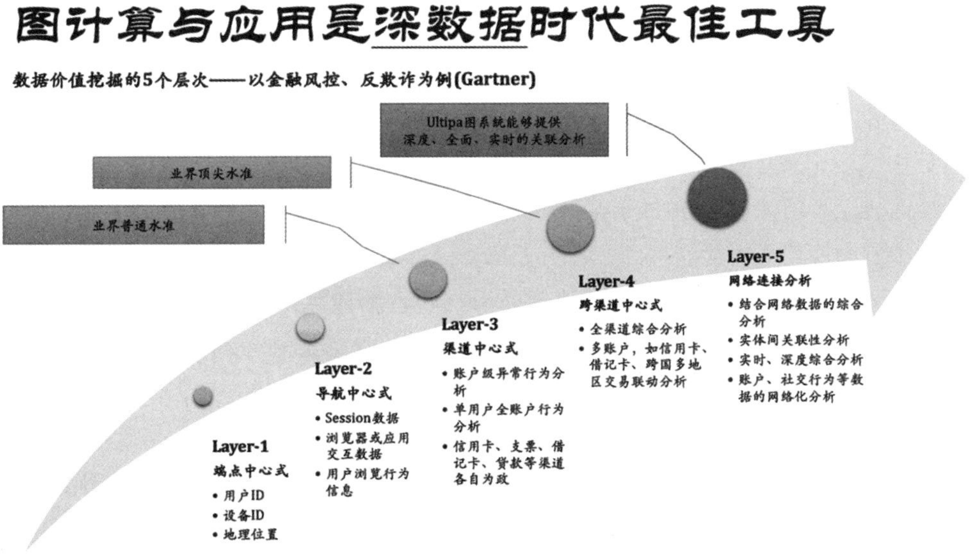

图 1-28　Gartner 5 层数据分析模型

在图 1-28 中，数据分析的未来在于"网络分析"，或称为实体链接分析，建立这个系统只能依赖图数据库。图计算系统把数据以网络拓扑结构的方式构建，并搜寻网络内的关联关系，它的效率远超关系型数据库管理系统。关系型数据库通过表连接来进行计算，它可能永远无法完成类似的任务。

数据分析（技术）的发展是商业发展的必然结果，它提高了数据处理的科技水平。在图 1-28 中，从第 1 层到第 2 层可以视为数据分析领域内从单机应用到互联应用的提升；第 3 层是渠道中心化数据分析，它经常发生在一个公司的渠道或部门的内部；第 4 层的特点是跨渠道，它要求大型公司内的不同渠道进行数据分享，从而最大程度挖掘数据的价值，你必须合并各个渠道搜集到的不同类数据，并把它们视为一个整体，由此来进行网络化分析（例如社交网络分析）。这种通用的、跨部门、跨数据集的多维数据间关联分析需求的挑战，只有图数据库才能完美实现。

1.3.2 图计算与图数据库的差异

图计算（graph computing）与图数据库（graph database）之间的差异是很多刚接触图的人不容易厘清的。尽管在很多情况下，图计算可以和图数据库混用、通用。但是，它们之间存在很多不同，笔者认为有必要单独做个介绍。

图计算可以简单地等同于图处理框架（graph processing frameworks）、图计算引擎（graph computing engines），它的主要工作是对已有的数据进行计算和分析。图计算框架多数都出自学术界，这个和图论自 20 世纪 60 年代与计算机学科发生学科交叉并一直不断演化有关。

图计算框架在过去 20 年中的主要发展是在 OLAP（Online Analytical Processing，联机分析处理）场景中进行数据批处理。

图数据库的出现要晚得多，最早可以称之为图数据库的也要到 20 世纪 90 年代，而真正的属性图或原生图技术在 2011 年后才出现。

图数据库的框架主要功能可以分为三大部分：存储、计算与面向应用的服务（例如数据分析、决策方案提供、预测等）。其中计算部分，包含图计算，但是图数据库通常可以处理 AP 与 TP 类操作，也就是说可以兼顾 OLAP 与 OLTP（Online Transactional Processing，在线事务处理），两者的结合也衍生出了新的 HTAP 类型的图数据库，第 3 章会详细介绍它的原理。简言之，从功能角度上看，图数据库是图计算的超集。

但是，图计算与图数据库有个重要的差异点：图计算通常只关注和处理静态的数据，而图数据库则能处理动态的数据。换言之，图数据库在数据动态变化的同时能保证数据的一致性，并能完成业务需求。这两者的区别基本上也是 AP 和 TP 类操作的区别之所在。

多数图计算框架都源自学术界，其关注的要点和场景与工业界的图数据库有很大的不同。前者在创建之初大都面向静态的磁盘文件，通过预处理、加载入磁盘或内存后进行处理；而后者，特别是在金融、通信、物联网等场景中，其数据是不断流动、频繁更新的。静态的计算框架不可能满足各类业务场景的需求，这也催化了图数据库的不断迭代，从以 OLAP 为主的场景开始，直至发展到可以实现 OLTP 类型的实时、动态数据处理。

另一方面，由于历史原因，图计算框架所面对的数据集通常都是一些路网数据、社交网络数据。在社交网络中的关系类型非常简单（例如：关注），任何两个用户间只存在一条边，这种图也称为单边图（simple graph），而在金融交易网络中，两个账户之间的转账关系可以形成非常多的边（每一条边代表一笔交易），这种图称为多边图（multi-graph）。显然，用单边图来表达多边图会造成信息缺失，或者通过增加大量点、边来实现从而达到同样的效果（得不偿失，且会造成图上处理效率低下）。

再者，图计算框架一般只关注图本身的拓扑结构，并不需要理会图上的点和边的复杂属性问题，而这对于图数据库而言则是必须关注的。例如在上一节提到的 9 个"不可能"的场景中，几乎都需要面向点、边进行过滤、剪枝。

图计算与图数据库的另外两个差异点如下：

1）图计算框架中能提供的算法一般都比较简单，换言之，在图中的处理深度都比较浅，例如 PageRank、LPA 标签传播、联通分量、三角形计数等算法，图计算框架可能会面向海量的数据，并且在高度分布式的集群框架上运行，但是每个算法的复杂度并不高。图数据库所面对的查询复杂度、算法丰富度远超图计算框架，例如 5 层以上的深度路径查询、K 邻查询、复杂的随机游走算法、大图上的鲁汶社区识别算法、图嵌入算法、复杂业务逻辑的实现与支持等。

2）图计算框架的运行接口通常是 API 调用，而图数据库则需要提供更丰富的编程接口，例如 API、各种语言的 SDK，可视化的图数据库管理及操作界面，以及最重要的图查询语言。熟悉关系型数据库的读者一定不会对 SQL 陌生，而图数据库对应的查询语言是 GQL，通过 GQL 可以实现复杂的查询、计算、算法调用和业务逻辑。

图计算与图数据库的差异梳理见表 1-1。

表 1-1　图计算与图数据库的差异

	图计算	图数据库
静态或动态数据	多为静态	需支持实时变化的数据
OLAP 或 OLTP	OLAP	OLTP+OLAP
单边图或多边图	多为单边图模式	支持多边图
是否支持属性过滤	一般不支持	必须支持

（续）

	图计算	图数据库
是否支持持久化数据	一般不支持	必须支持
应用场景	以学术界为主	以工业界为主
数据一致性	—	需支持 ACID
图算法丰富度	常见的简单图算法	更丰富、复杂的图算法与查询
查询语言	非 GQL	GQL

通过本章的背景介绍，希望读者能够做好准备，更好地进入图数据库的世界。

第 2 章 *Chapter 2*

图数据库基础与原理

本章旨在帮助读者厘清图数据库框架中的基础概念和原理，以区别于传统的关系型数据库、数据仓库甚至是其他类型的 NoSQL 类数据库。在图数据库中有三大组件——图计算、图存储以及图查询语言，其中的图计算组件至关重要。传统数据库架构以存储为中心，计算通常是依附存储引擎而存在的。在图数据库中，因为要解决高性能计算、复杂遍历查询计算的效率问题，所以图计算的重要性不言而喻，本章会在第一节中着重介绍；接着介绍图存储的概念以及相关的数据结构和构图逻辑；最后介绍图数据库查询语言 GQL 的相关概念。值得指出的是，在数据库发展的 40 年中，GQL 是 SQL 之后的第二个全球化数据库标准，这足以看出图数据库的重要性。

2.1　图计算

一般情况下，图计算可以等同于图数据库，毕竟图数据库最重要的工作就是图计算。然而，从图论以及数据库的发展历程来看，在相当长的一段时间内，图计算框架基本是独立发展的，而图数据库是近 20 年内才开始形成的。最早的图计算的内容是研究一些基于图论的算法，例如 1959 年发表的 Dijkstra 算法（一种在道路网络中寻找最短路径的算法）。在图数据库的语境下，图计算关注的是如何高效地完成数据库的查询、计算、分析，以及对数据的动态调整。

❑ 仅返回第 K 跳邻居;

❑ 返回从第 1 跳到第 K 跳的全部邻居。

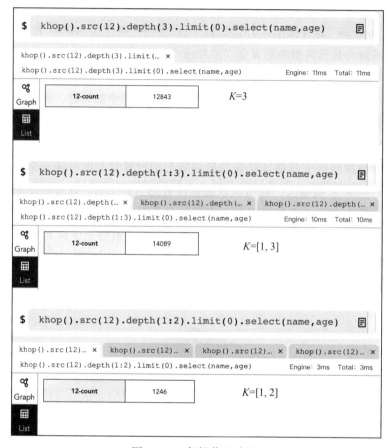

图 2-2 K 邻操作示意图

其中第 K 跳邻居指的是距离原点最短路径为 K 的全部邻居数量。以上两种操作的区别仅仅在于到底第 K 跳邻居是只包含当前层的邻居,还是包含前面所有层的邻居。

例如 $K = 3$ 时,仅返回第 3 层邻居,但当 K 是一个范围值 [1, 3] 时,该操作的返回值显然大于前者,因为它还额外包含了 $K = 1$ 和 $K = 2$ 情况下的最短路径邻居的数量。

如果把 $K = [1, 2]$ 和 $K = 3$ 的 K 邻返回数值相加,总和应等于 $K = [1, 3]$ 的 K 邻值。这也是通过 K 邻计算来验证一个图数据库或图计算系统准确性的一种典型手段。笔者注意到,由于图计算的复杂性而造成的系统性的图计算准确性问题是普遍存在的,例如第 $K - 1$ 层的顶点重复出现在第 K 层,或者第 K 层中出现同一个顶点多次,这都属于典型的图计算的广度优先遍历算法实现存在 Bug 的情况。

图 2-3 展示的是典型的 BFS 与 DFS 在遍历一张有向图时经过节点的顺序差异。

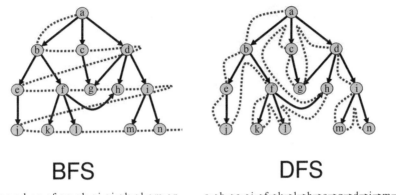

图 2-3　BFS 与 DFS 示意图

深度优先算法常见于按照某种特定的过滤规则从图中某个顶点出发寻找另一个或多个顶点之间的联通路径。例如，在银行的交易网络数据中，寻找两个账户之间全部单一方向的按时序降序或升序排列的转账路径。

理论上，广度优先和深度优先算法都可以完成同样的查询需求，区别在于算法的综合复杂度与效率，以及对计算资源的消耗。另外，图 2-3 中的遍历算法是典型的单线程遍历逻辑，在多线程并发遍历的情况下，每个顶点被遍历时的途径顺序会产生变化，这在后面的章节中再详细剖析。

2. 数据结构与计算效率

可以用来进行图计算的数据结构有很多种，前面已经提到过一部分，这里将梳理得更为清晰。我们通常把数据结构分为原始数据结构和非原始数据结构，如图 2-4 所示。

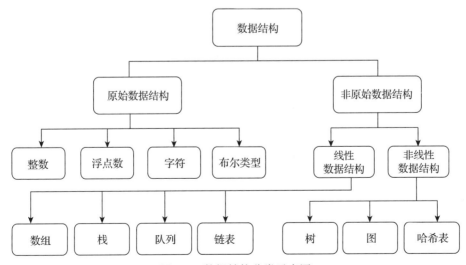

图 2-4　数据结构分类示意图

原始数据结构是构造用户定义数据结构的基础，在不同的编程语言中对原始数据结构的定义各不相同，例如，短整型（short）、整数（int）、无符号整数（unsigned int）、浮点数（float、double）、指针（pointer）、字符（char）、字符串（string）、布尔类型（boolean）等，这里不再赘述，有兴趣的读者可以查询相关的工具书和资料，本书关注更多的是用户系统（图计算框架或图数据库）定义的线性（linear）或非线性（nonliniear）数据结构。

在不考虑效率的前提下，几乎任何原始数据结构都可以被用来组合和完成任何计算，然而它们之间的效率差距是指数级的。如图 2-4 所示，图数据结构被认为是一种复合型、非线性、高维的数据结构，用来构造图数据结构的原始或非原始数据结构有很多种，例如常见的数组（array）、栈（stack）、队列（queue）、链表（linked list）、向量（vector）、矩阵（matrix）、哈希表（hash table）、Map、HashMap、树（tree）、图（graph）等。

在具体的图计算场景中，到底使用哪些数据结构需要具体分析，主要考虑以下两个维度：

❑ 效率及算法复杂度；

❑ 读写需求差异。

以上两个维度经常是交织在一起的，例如只读的条件下意味着数据是静态的，那么显而易见连续的内存存储可以实现更高效的数据吞吐及处理效率；如果数据是动态的，数据结构就需要支持增删改查操作，那么就需要更复杂的存储逻辑，也意味着计算效率就会降低，我们通常说的用空间换时间就是这种情况。这里再次重申，在不同的上下文中，图计算的涵义可能大相径庭，图数据库的图计算引擎组件毫无疑问需要支持动态、不断变化的数据；学术界实现的图计算框架则大多只考虑静态数据。这两种图计算所适用的场景和各自能完成的工作差异巨大，本书所涉及的内容属于前者——图数据库，对于后者，有兴趣深入了解的读者可以参考 GAP Benchmark 及其他图计算实现。

很多现实世界中的应用场景都用图数据结构来表达，尤其是这些应用可以被表达为网络化的模式时，如交通道路网络、电话交换网络、电网、社交网络、金融交易网络。业界范围内很多赫赫有名的公司（例如谷歌、脸书、高盛、黑石）都是基于图技术而构建的。

图 2-5 展示了一个典型的社交图网络的局部。它实际上是在一张大图上进行的实时路径查询所生成的一张子图。A 节点为初始顶点，B 节点为终止顶点，两者有 15 层间隔，并有 100 条关联路径，每条路径上有不同类型的边连接着两两相邻的顶点，其中不同类型（属性）的边以不同的色彩来渲染，以表达不同类型的社交关系（帮助、喜欢、爱情、合作、竞争等）。

图的数据结构大体包含以下 3 种类型的数据：

1）顶点，也被称作点、节点。顶点可以有多个属性，下面的边也一样，有鉴于此，某个类型顶点的集合可以看作传统数据库中的一张表，而顶点间基于路径或属性的关联操作则可看作传统关系型数据库中的表连接操作，区别在于图上的连接操作效率指数级高于传统数据库。

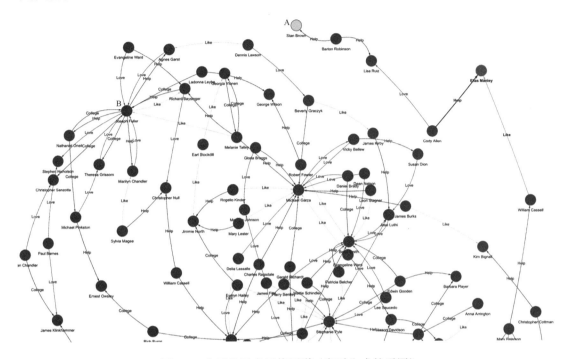

图 2-5　典型的社交网络图谱（实时生成的子图）

2）边，也被称作关系。一般情况下，一条边会连接 2 个顶点，2 个顶点的排列顺序可以表明边的方向，而无向边通常通过双向边来表达，所以 A – B = A←→B = A→B + B→A。而那种特殊类型的关联多个（≥3）顶点的边，一般都被拆解为两两顶点相连的多条边来表达。

3）路径，表达的是一组相连的顶点与边的组合，多条路径可以构成一张网络，也称作子图，多张子图的全集合则构成了一张完整的图数据集，我们称之为"全图"。很显然，点和边两大基础数据类型的排列、组合就可以表达图上的全部数据模型。

在图中，数据类型的表达如下。

❏ 顶点：u、v、w、a、b、c……

❏ 边：(u, v)……

❏ 路径：(u, v)、(v, w)、(w, a)、(a, b)……

注意，边的表达形式 (u, v) 通常代表有向边，也就是说边是存在方向的，即括号中的 u 和 v 指代不同的涵义，方向是从 u 指向 v，我们也称 u 为 out-node（出点），v 为 in-node（入点）。如果是无向图，则括号中的出点、入点顺序并不重要。在实际的数据结构设计中，也可以使用额外的字段来表明边的方向，例如 (u, v, 1) 和 (v, u, –1) 表达了 u→v 这条边的正向与反向边，即从 u 出发到 v 是正向边，而从 v 到 u 存在一条反向边。之所以要表达反向边是因为如果不存在从 v 到 u 的边，那么在图上（路径）查询或遍历的时候，将不会找到从 v 出发可以直接到达 u 的任何边，也就意味着图的连通度受到了破坏，或者说数据结构的设计和表达没有 100% 反映出真实的顶点间的路网连接情况。

传统意义上，用来表达图的数据结构有 3 类：相邻链表（adjacency list）、相邻矩阵（adjacency matrix）、关联矩阵（incidence matrix）。

相邻链表以链表为基础数据结构来表达图数据的关联关系，如图 2-6 所示，左侧的有向图（注意带权重的边）用右侧的相邻链表表达，它包含了第一层的"数组或向量"，其中每个元素对应图中的一个顶点，第二层的数据结构则是每个顶点的出边所直接关联的顶点构成的链表。

注意，图 2-6 中右侧的相邻链表中只表达了有向图中的单向边，如果从顶点 4 出发，只能抵达顶点 5，却无从知道顶点 3 可以抵达顶点 4，除非用全图遍历的方式搜索，但那样的话效率会相当低下。当然，解决这一问题的另一种方式是在链表中也插入反向边和顶点，类似于上面提及的用额外的字段来表达边的方向，进而来表达反向边。

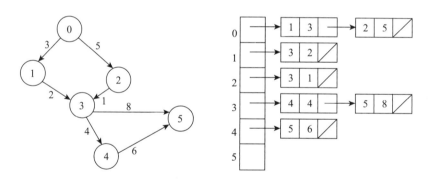

图 2-6　用相邻链表（右）来表达单边有向图（左）

相邻矩阵是一个二维的矩阵，我们可以用一个二维数组的数据结构来表达，其中每个元素都代表了图中两个顶点之间存在一条边。有向图用相邻矩阵 AM 来表达，如表 2-1 所示，每条边需要用矩阵中的一个元素来对应行、列中的一个顶点，矩阵是 6×6 的，并且其中只有 7 个元素（7 条边）是被赋值的。很显然，这是一个相当稀疏的矩阵，占满率只有 (7 / 36) < 20%，它所需要的最小存储空间则为 36B（假设每个字节可以表达其所对应的一条边的权重）。如果是一张有 100 万顶点的图，其所需的存储空间至少为 100GB（1M × 1MB），而在工业界中动辄亿万量级的图中，这还只是属于占比仅 1% 的小图。

表 2-1　用相邻矩阵来表达有向图

AM	0	1	2	3	4	5
0		3	5			
1			2			
2				1		
3					4	8
4						6
5						

也许读者会质疑以上相邻矩阵的存储空间估算被夸大了，那么我们来探讨一下。如果每个矩阵中的元素可以用 1 个比特位来表达，那么 100 万顶点的全图存储空间可以降低到 12.5GB。然而，我们是假设用 1B 来表达边的权重，如果这个权重的数值范围超过 256，我们或许需要 2B、4B 甚至 8B，如果边还有其他多个属性，那么对于存储空间就会有更大的甚至不可想象的需求。现代 GPU 是以善于处理矩阵运算而闻名的，不过通常二维矩阵的大小被限定在小于 32K（32 768）个顶点。这是可以理解的，因为 32K 顶点矩阵的内存存储空间已经达到 1GB 以上了，而这已经占到了 GPU 内存的 25%～50%。换句话说，GPU 并不适合用于大图上面的运算，除非使用极其复杂的图上的 Map-Reduce 方式来对大图进行切割、分片来实现分而治之、串行的或并发的处理方式。但是这种处理方式的效率会很高吗？

关联矩阵是一种典型的逻辑矩阵，它可以把两种不同的图中的元数据类型顶点和边关联在一起。例如每一行的行首对应顶点，每一列的列首对应边。仍以上面的有向图为例，我们可以设计一个 6×7=42 元素的二维带权重的关联矩阵，如表 2-2 所示。

表 2-2　关联矩阵示意图

IM	E1	E2	E3	E4	E5	E6	E7
0	3	5					
1			2				
2				1			
3					8	4	
4							6
5							

表 2-2 的二维矩阵仅能表达无向图或有向图中的单向图，如果要表达反向边或者属性，这种数据结构显然是有缺陷的。

事实上，工业界的图数据库极少用以上三种数据结构，原因如下：

❏　无法表达点、边的属性；

❑ 无法高效利用存储空间（降低存储量）；

❑ 无法进行高性能（低延迟）的计算；

❑ 无法支持动态的增删改查；

❑ 无法支持复杂查询的高并发。

综合以上几点原因，我们可以对上面提及的相邻链表数据结构进行改造，或许就可以更好地支持真实世界的图计算场景。下面结合计算效率来评估与设计图计算所需的数据结构。

存储低效性或许是相邻矩阵或关联矩阵等数据结构的最大缺点，尽管它有着 $O(1)$ 的访问时间复杂度。例如通过数组下标定位任何一条边或顶点所需的时间是恒定的 $O(1)$，相比而言，相邻链表对于存储空间的需求要小得多，在工业界中的应用也更为广泛。例如Facebook 的社交图谱（其底层的技术架构代码为 Tao/Dragon）采用的就是相邻链表的方式，链表中每个顶点表示一个人，而每个顶点下的链表表示这个人的朋友或关注者。

这种设计方式很容易被理解，但是它可能会遇到热点问题，例如如果一个顶点有 1 万个邻居，那么链表的长度有 10 000 步，遍历这个链表的时间复杂度为 $O(10\ 000)$。在链表上的增删改查操作都是一样的复杂度，更准确地说，平均复杂度为 $O(5000)$。另一个角度来看，链表的并发能力很糟糕，你无法对一个链表进行并发（写）操作。事实上，Facebook 的架构中限定了一个用户的朋友不能超过 6000 人，微信中也有类似的朋友人数限制。

现在，让我们思考一个方法，一种数据结构可以平衡以下两件事情。

❑ 存储空间：相对可控的、占用更小的存储空间来存放更大量的数据。

❑ 访问速度：低访问延迟，并且对并发访问友好。

在存储维度，当面对稀疏的图或网络时，我们要尽量避免使用利用率低下的数据结构，因为大量的空数据占用了大量的空闲空间。以相邻矩阵为例，它只适合用于拓扑结构非常密集的图，例如全连通图（所谓全连通指的是图中任意两个顶点都直接关联）。前面提到的有向图，如果全部连通，则至少存在 30 条有向边（$2 \times 6 \times 5/2$），若还存在自己指向自己的边，则存在 36 条边，那么用相邻矩阵表达的数据结构是节省存储空间的。

然而，在实际应用场景中，绝大多数的图都是非常稀疏的［我们用公式“图的密度 =（边数 / 全联通图的边数）× 100%”来衡量，大多数图的密度远低于 5%］，因此相邻矩阵就显得很低效了。另一方面，真实世界的图大多是多边图，即每对顶点间可能存在多条边。例如交易网络中的多笔转账关系，这种多边图不适合采用矩阵数据结构来表达（或者说矩阵只适合作为第一层数据结构，它还需要指向其他外部数据结构来表达多边的问题）。

相邻链表在存储空间上是大幅节省的，然而链表数据结构存在访问延迟大、并发访问不友好等问题，因此突破点应该在于如何设计可以支持高并发、低延迟访问的数据结构。

在这里，我们尝试设计并采用一种新的数据结构，它具有如下特点：

- ❑ 访问图中任一顶点的时耗为 $O(1)$；
- ❑ 访问图中任意边的延迟为 $O(2)$ 或 $O(1)$。

以上时耗的复杂度假设可以通过某种哈希函数来实现，最简单的例如通过点或边的 ID 对应的数组下标来访问具体的点、边元素来实现。顶点定位的时间复杂度为 $O(1)$；边仅需定位 out-node 和 in-node，时耗为 $O(2)$。在 C++ 中，面向以上特点的数据结构最简单的实现方式是采用向量数组（array of vectors）来表达点和边：

```
Vector <pair<int,int>> a_of_v[n];
```

动态向量数组可以实现极低的访问延迟，且存储空间浪费很小，但并不能解决以下几个问题：

- ❑ 并发访问支持；
- ❑ 数据删除时的额外代价（例如存储空白空间回填等）。

在工业界中，典型的高性能哈希表的实现有谷歌的 SparseHash 库，它实现了一种叫作 dense_hash_map 的哈希表。在 C++ 标准 11 中实现了 unordered_map，它是一种锁链式的哈希表，通过牺牲一定的存储空间来得到快速寻址能力。但以上两种实现的问题是，它们都没有和底层的硬件（CPU 内核）并发算力同步的扩张能力，换句话说是一种单线程哈希表实现，任何时刻只有单读或单写进程占据全部的表资源，这或许可以算作对底层资源的一种浪费。

在高性能云计算环境下，通过并发计算可以获得更高的系统吞吐率，这也意味着底层的数据结构是支持并发的，并且能利用多核 CPU、每核多线程，并能利用多机协同，针对一个逻辑上的大数据集进行并发处理。传统的哈希实现几乎都是单线程、单任务的，意味着它们采用的是阻塞式设计，第二个线程或任务如果试图访问同一个资源池，它会被阻塞而等待，以至于无法（实时）完成任务。

从上面的单写单读向前进化，很自然的一个小目标是单写多读，我们称之为 single-writer-multiple-reader 的并发哈希，它允许多个读线程去访问同一个资源池里的关键区域。当然，这种设计只允许任何时刻最多存在一个写的线程。

在单写多读的设计实现中通常会使用一些技术手段，具体如下。

- ❑ versioning：版本号记录。
- ❑ RCU（Read-Copy-Update）：读 - 拷贝 - 更新。
- ❑ open-addressing：开放式寻址。

在 Linux 操作系统的内核中首先使用了 RCU 技术来支持多读，在 MemC3/Cuckoo 哈希实现中则使用了开放式寻址技术，如图 2-7、图 2-8 所示。

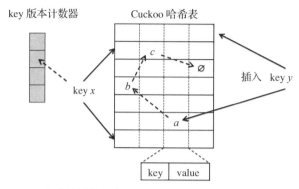

图 2-7 Cuckoo 哈希的键被映射到了 2 个桶中以及使用了 1 个版本计数器

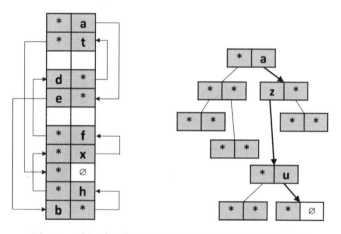

图 2-8 随机放置与基于 BFS 的双向集合关联式哈希

沿着上面的思路继续向前迭代，我们当然希望可以实现多读多写的真正意义上的高并发数据结构。但是，这个愿景似乎与 ACID（数据强一致性）的要求相违背——在商用场景中，多个任务或线程在同一时间对同一个数据进行写、读等操作可能造成数据不一致而导致混乱的问题。下面把以上的挑战和问题细化后逐一解决。

实现可扩展的高并发哈希数据结构需要克服上面提到的几个主要问题：

❑ 无阻塞或无锁式设计；

❑ 精细颗粒度的访问控制。

要突破并实现上面提到的两条，两者都和并发访问控制高度相关，有如下要点需要考量。

1）核心区域（访问控制）。

❑ 大小：保持足够小。

❑ 执行时间（占用时间）：保持足够短。

2）通用数据访问。

❑ 避免不必要的访问。

❑ 避免无意识的访问。

3）并发控制。

❑ 精细颗粒度的锁实现：例如 lock-striping（条纹锁）。

❑ 推测式上锁机制：例如交易过程中的合并锁机制（transactional lock elision）。

对于一个高并发系统而言，它通常至少包含如下三套机制协同工作才能实现充分并发，此三者在图数据库、图计算与存储引擎系统的设计中更是缺一不可。

❑ 并发的基础架构；

❑ 并发的数据结构；

❑ 并发的算法实现。

并发的基础架构包含硬件和软件的基础架构，例如英特尔中央处理器的 TSX（Transactional Synchronization Extensions，交易同步扩展）功能是硬件级别的在英特尔 64 位架构上的交易型内存支持。在软件层面，应用程序可以把一段代码声明为一笔交易，而在这段代码执行期间的操作为原子操作。像 TSX 这样的功能可以实现平均 140% 的性能加速。这也是英特尔推出的相对于其他 X86 架构处理器的一种竞争优势。当然这种硬件功能对于代码而言不完全是透明的，它在一定程度上也增加了编程的复杂度和程序的跨平台迁移复杂度。此外，软件层面更多考量的是操作系统本身对于高并发的支持，通常我们认为 Linux 操作系统在内核到库级别对于并发的支持要好于 Windows 操作系统，尽管这个并不绝对，但很多底层软件实现（例如虚拟化、容器等）降低了上层应用程序对底层硬件的依赖。

另一方面，有了并发的数据结构，在代码编程层面，依然需要设计代码逻辑、算法逻辑来充分利用和释放并发的数据处理能力。特别是对于图数据集和图数据结构而言，并发对程序员来说是一种思路的转变，充分利用并发能力，在同样的硬件资源基础、同样的数据结构基础、同样的编程语言实现上，可能会获得成百上千倍的性能提升，永远不要忽视并发图计算的意义和价值。

图 2-9 展示了在 Ultipa Graph 上一款高性能、高并发实时图数据库服务器，通过高并发架构、数据结构以及算法实现了高性能 K 邻操作。

在商用场景中，图的大小通常在百万、千万、亿、十亿以上数量级，而学术界中用于发论文的图数据集经常在千、万的数量级，两者之间存在着由量变到质变的区别，特别对于算法复杂度和数据结构的并发驾驭能力而言，读者需要注意区分和甄别。以 Dijkstra 最短路径算法为例，它的原生算法完全是串行的，在小图中或许还可以通过对全图进行全量计算来实现，在大图上则完全不具有可行性。类似地，鲁汶社区识别算法的原生实现是利用了 C++ 代码的串行方法，但是对于一张百万以上量级的点、边规模的图数据集，如果用串行的方法迭代 5 次，使得模块度达到 0.0001 后才停止迭代，可能需要数个小时或者 $T+1$，甚至更长的时间（如 $T+2$、$T+7$）。

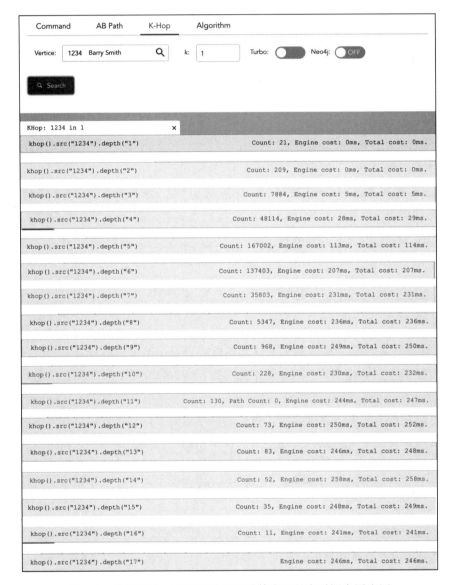

图 2-9　基于 Ultipa 高密度并发图计算实现的实时深度图遍历

图 2-10 展示的是在 700 万"点＋边"规模且高度联通的一个图数据集上，通过高密度并发实现的鲁汶社区识别算法的效果，毫秒级完成鲁汶社区识别算法的全量数据的迭代运算（engine time）且 1～2s 内完成数据库回写以及磁盘结果文件回写等一系列复杂操作（total time）。

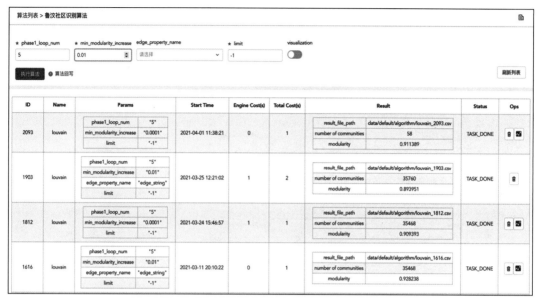

图 2-10　鲁汶社区识别算法

表 2-3 很好地示意了不同版本系统性能所出现的指数级差异，是两位图灵奖获得者大卫·帕特森（David Patterson）与约翰·轩尼诗（John Hennessey）于 2018 年在图灵会议的演讲中所展示的。

表 2-3　用不同版本的系统进行矩阵乘法的速度比较

系统版本（18 核 Intel）	速度提升	优化项
Python	1	—
C	47	使用了静态、编译后的语言
并行 C	366	进行了并发处理
内存优化、并行 C	6727	进行了并发处理、内存访问
Intel AVX 指令集	62806	使用了特定于域的硬件

❑ 以基于 Python 实现的系统的数据处理速度为基准；

❑ C/C++ 系统的处理速度为其 47 倍；

❑ 并发实现的 C/C++ 系统的处理速度为其 366 倍；

❑ 增加了内存访问优化的、并发实现的 C/C++ 系统，处理速度为其 6727 倍；

❑ 利用了 X86 CPU 的 AVX（高级矢量扩展）指令集的系统，处理速度为其 62 806 倍。

回顾前面的鲁汶社区识别算法，如果提升 6 万倍的性能，时间从 T+1（约 10 万 s）变为约 1.7s，就可以实现完全实时。这种指数级的性能提升与时耗的相应减少所带来的商业价值是不言而喻的。

图 2-11 形象地解析了如何在图中实现 BFS 算法并发。以基于 BFS 的 K 邻算法为例，为读者解读如何实现高并发。

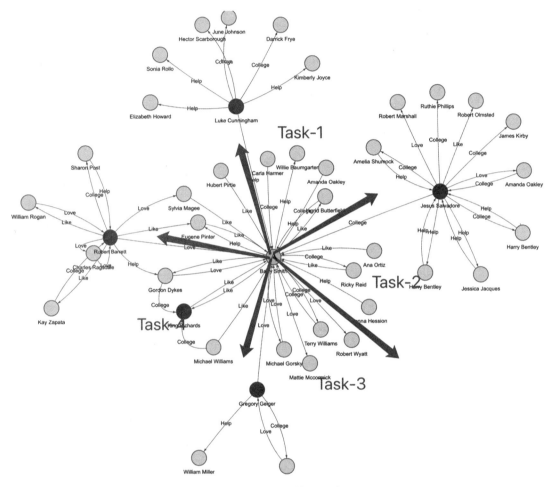

图 2-11　K 邻并发算法示意图

①在图中定位起始顶点（图中的中心顶点 A），计算其直接关联的具有唯一性的邻居数量。如果 $K=1$，直接返回邻居数量；否则，执行下一步。

②$K \geqslant 2$，确定参与并发计算的资源量，并根据第一步中返回的邻居数量决定每个并发线程（任务）所需处理的任务量大小，进入第三步。

③每个任务进一步以分而治之的方式，计算当前面对的（被分配）顶点的邻居数量，以递归的方式前进，直到满足深度为 K 或者无新的邻居顶点可以被返回而退出，算法结束。

基于以上的算法描述，我们再来回顾一下图 2-11 中的实现效果，当 K 邻计算深度为 1~2 层的时候，内存计算引擎在微秒级内完成计算。从第 3 层开始，返回的邻居数量呈现指数级快速上涨（2-Hop 邻居数量约 200，3-Hop 邻居数量约 8000，4-Hop 邻居数量接近 5 万）的趋势，这就意味着计算复杂度也等比上涨。但是，通过饱满的并发操作，系统的时延保持在了相对低的水平，并呈现了线性甚至亚线性的增长趋势（而不是指数级增长趋势），特别是在搜索深度为第 6～17 层的区间内，系统时延稳定在约 200ms。第 17 层返回的邻居数量为 0，由于此时全图（联通子图）已经遍历完毕，没有找到任何深度达到 17 层的顶点邻居，因此返回结果集合大小为 0。

我们做一个 1:1 的对标，同样的数据集在同样的硬件配置的公有云服务器上用经典的图数据库 Neo4j 来做同样的 K 邻操作，效果如下：

❑ 1-Hop：约 200ms，为 Ultipa 的 1/1000；

❑ 从 5-Hop 开始，几乎无法实时返回（系统内存资源耗尽前未能返回结果）；

❑ K 邻的结果默认情况下没有去重，有大量重复邻居顶点在结果集中；

❑ 随着搜索深度的增加，返回时间和系统消耗呈现指数级（超线性）增长趋势；

❑ 最大并发为 400%（4 线程并发），远低于 Ultipa 的 6400% 并发规模。

基于 Neo4j 的实验（图 2-12），我们只进行到 7-Hop 后就不得不终止了，因为 7 跳的时候系统耗时超过 10s，从 8 跳开始 Neo4j 几乎不可能返回结果。而最大的问题是计算结果并不正确，这种不正确包含两个维度：重复顶点未被去重、顶点深度计算错误。

图 2-12　Neo4j 的图遍历（K 邻去重）查询

K 邻操作中返回的应该是最短路径条件下的邻居，那么如果在第一层的直接邻居中已经被返回的顶点，不可能也不应该出现在第二层或第三层或其他层级的邻居列表中。目前市场上的一些图数据库产品在 K 邻的实现中并没有完全遵循 BFS 的原则（或者是实现算法的代码逻辑存在错误），也没有实现去重，甚至没有办法返回（任意深度）全部的邻居。

在更大的数据集中，例如 Twitter 的 15 亿条边、6000 万顶点、26GB 大小的社交数据集中，K 邻操作的挑战更大，我们已知的很多开源甚至商业化的图数据库都无法在其上完成深度（≥3）的 K 邻查询。

到这里，我们来总结一下图数据结构的演化：更高的吞吐率可以通过更高的并发来实现，而这可以贯穿数据的全生命周期，如数据导入和加载、数据转换、数据计算（无论是 K 邻、路径还是……）以及基于批处理的操作、图算法等。

另外，内存消耗也是一个不可忽略的存储要素。尽管业内不少有识之士指出内存就是新的硬盘，它的性能指数级高于固态硬盘或磁盘，但是，它并不是没有成本的，因此谨慎使用内存是必要的。减少内存消耗的策略有：基于数据加速的数据建模；数据压缩与数据去重；算法实现与代码编程中避免过多的数据膨胀、数据拷贝等。

2.1.2 图计算的适用场景

图计算的适用场景非常广泛。在早期阶段，图计算仅限于学术界以及工业界资深的研究机构内部，随着计算机体系架构的发展，图计算在更广泛的行业和场景中得到应用。按照时间维度大体可以把图计算的发展及适用范围分为如下几个阶段。

- ❑ 20 世纪 50—60 年代：最短路径算法、随机图理论研究、早期交易系统 IBM IMS。
- ❑ 20 世纪 80—90 年代：图标签、逻辑数据模型、对象数据库、关系型数据库的关系模型等。
- ❑ 20 世纪 90 年代中叶至 21 世纪前 10 年：互联网索引技术、网页搜索引擎。
- ❑ 21 世纪第 2 个 10 年：最早的图数据库出现、大数据与 NoSQL 的蓬勃发展、各类图计算框架及多模式数据库的涌现、社交网络的爆发及社交网络分析。
- ❑ 21 世纪第 3 个 10 年：更广泛的业务场景、创新场景对于图计算及高性能图数据库的应用。

图计算在过去半个多世纪的发展是伴随着其他主流技术的发展而不断迭代的。以最著名的 Dijkstra 最短路径算法为例，它是位于荷兰阿姆斯特丹的数学中心于 1955—1956 年间构造的第三代计算机 ARMAC，而该机构唯一的计算机程序员迪杰斯特拉在思考荷兰的两座城市鹿特丹与格罗宁根之间的最短路径问题时仅用了 20min 就想到了解决方案（一种典型的带权重的有向图中的广度优先算法），并在 ARMAC 上编程验证其算法的准确性（见图 2-13）。该最短路径算法在寻路、交通、导航、路径及资源规划等场景中广泛应用。

图 2-13　阿姆斯特丹数学中心的 ARMAC 计算机运行了最早的最短路径算法（1956 年）

事实上，解决最短路径问题不仅仅局限于 Dijkstra 算法，还有如 Bellman-Ford 算法（1955—1959 年）、A* 算法（著名的 A 星算法，1968 年）、Floyd-Warshall 算法（1962 年）、Johnson's 算法（1977 年）等。

以 A* 算法为例，它是 1968 年国际斯坦福研究所（SRI International）在研制世界上第一个"通用"移动机器人（the shakey project）时发明的"寻路"算法，属于 Dijkstra 算法的延展算法。而这些算法所解决的都属于典型的动态规划（Dynamic Programming，DP）问题。在管理科学、经济学、信息生物学、航空航天等领域大量使用动态规划来解决问题，简而言之就是把原始、复杂的问题拆分为较为简单的问题，以某种"递归"的方式解决，在这个过程中找到"最优解"，例如旅行时间最小化、利润最大化、效用最大化等。在动态规划中最核心的是动态规划方程或称贝尔曼方程（bellman equation），有兴趣的读者可以深入研究。

图标号（graph labeling）源自 Alexander Rosa 在 1967 年发表的一篇论文。我们可以简单理解为对图中的点、边进行了标识赋值，例如对顶点、边进行具有唯一性的整数赋值，如图 2-14 所示。

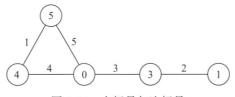

图 2-14　点标号与边标号

这种整型赋值的方式对于人类而言显然是不友好的，因为我们很快就会无法区分到底1~5 指的是顶点还是边，所以图上的标号被扩展为支持字符串（在存储数据结构上依然可以对应整数值以获得更高的存储、索引与计算效率），如图 2-15 所示。

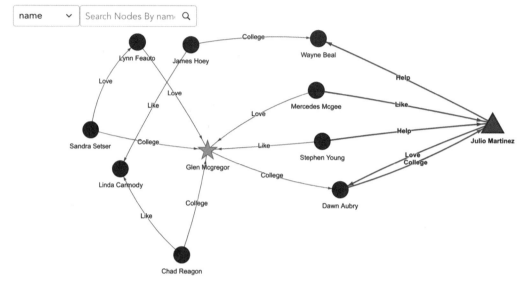

图 2-15　可视化人际关系网络图谱中的标号

图标号的应用场景随着图计算与图数据库的发展变得随处可见。在早期，它最知名的应用场景是地图上色。当我们把地图中的不同国家抽象为点或边的时候，相邻的顶点采用不同的颜色，相邻的边也采用不同的颜色以示区分。另外一个典型的应用场景是使用标签来参与计算的图算法，例如标签传播算法（LPA）、鲁汶社区识别算法以及带权重（标签）的全图出入度计算等。在第 4 章中会更详细地介绍图标号的应用。

图论的一个重要分支是网络理论，在第 1 章中提到的欧拉对于哥尼斯堡七桥的证伪问题就是网络理论最早的证明。网络理论的应用场景非常广泛，从各种网络分析到网络优化场景，例如社会网络分析、生物网络分析、鲁棒性分析、中心性分析、链接性分析等。网页排名算法就是典型的网络链接分析，例如谷歌搜索引擎中核心算法之一的网页排序PageRank（PR）算法、社交及金融反欺诈中的 SybilRank 排序算法等。

谷歌的 PageRank 算法把 Web 上所有网页作为顶点，把网页间的超链接作为边，通过计算每个节点的权重值来表达每个网页的重要性，权重值大小通过当前节点的入边及入边所关联的顶点的权重递归计算而得出。PR 算法公式如下：

$$PR(P_i) = \frac{d}{n} + (1-d) \times \sum_j PR(P_j) / L(j)$$

其中，d 为阻尼系数，取值范围为 $0.1\sim0.15$；n 为所有页面数；$L(j)$ 为页面的出链数。在有的 PR 算法公式中，d 也可能被设为 0.85（相当于对 $d=0.15$ 取余）。为了方便计算，所有网页的初始 PR 值为 1 且每次迭代中全部的网页节点都参与计算，在经过足够多次的迭代后（例如 5 次），PR 值会稳定（收敛）下来，也就是说更多次的迭代并没有意义。很多图算法都有类似的特点，例如社区识别中的鲁汶算法，虽然比 PR 算法的计算复杂度要大得多，但也可以经过一定次数的迭代后让模块化度（louvain modularity）产生收敛。在满足业务需求的精度条件下运行最少次数的迭代来获得图算法结果（输出参数）是图计算的一个重要特点。

在图计算逐步融入图数据库后，其应用场景得到了大范围的增加，本节简要罗列一下不同行业的应用（图 2-16），在后面的章节中会详细地介绍其中一些应用场景和实现原理。

图 2-16　图计算与图数据库的一些应用场景

❑ 反欺诈：金融行业为主、全行业适用。

❑ 反洗钱：金融监管、银行、大型企业。

❑ 风控：全行业适用。

❑ 金融风险管理：信用风险、交易风险、操作风险、风险偏好、量化、科技风险、风险战略、合规与审计、风险穿透与预警等，多行业适用（以金融行业最为显著）。

❑ 资债管理、流动性管理等：银行、财务公司等。

❑ 商务智能、实时决策系统等：全行业适用。

❑ 基于多源数据的图谱分析系统等：全行业适用。

❑ 智能营销、推荐系统、客服机器人：全行业适用。

❑ 药物研制分析：生物制药。

❑ 潮流分析：电力行业。

❑ 网络监控：运营商与公有云服务商等。

以上面提到的金融风险为例，有学者已经把风险管理在管理理论层面进行了归类与划分。中国人民大学财政金融学院的陈忠阳教授把金融行业的风险管理分为如图 2-17 所示的12 个子类。

图 2-17　金融风险管理的 12 板块（陈忠阳）

风险的本质是与（收入、回报）预期的偏离和不确定性，而这种偏离和不确定性是需要尽可能地进行量化穿透、精准计量，以及场景模拟和压力测试的。这也是图计算相较于之前的传统风险管理技术手段更具有优势的地方。

2.2　图存储

图存储的全称是图数据库存储引擎（graph storage engine）或图数据库存储层（组件）。在功能层面，它负责图数据库或图数据仓库（graph data warehouse）的数据的持久化存储。因为存储距离用户层的应用较图计算层（或组件）更为遥远，过往很少有论著会专门讲述图存储环节。为了给读者呈现更为完整的全景图，图存储是图数据库不可或缺的环节。

2.2.1　图存储的基础概念

在介绍图存储的原理之前，我们先了解下通用的数据库存储引擎，如图 2-18 所示。数据库存储引擎最主流的有两大类：基于 B-Tree 的存储引擎和基于 LSM-Tree 的存储引擎。

这两类之外，当然还有很多其他类型的存储方式。

- ❑ 基于文件的：有序或无序的。
- ❑ 基于堆的（也是一种文件）。
- ❑ 基于哈希桶（hash buckets）的。
- ❑ 基于索引顺序存储（ISAM）文件系统的。

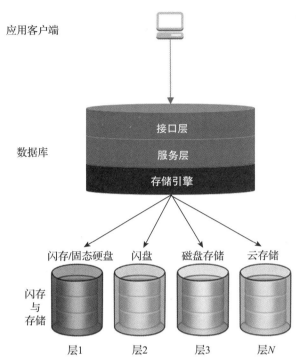

图 2-18　通用数据库存储引擎示意图

如果按照数据存储的排列方式，其还可以分为行存储、列存储、KV 存储、关联存储等类型。

B-Tree 是一种自平衡的树状、有序数据结构，它源自 20 世纪 70 年代初的波音实验室（Boeing Research Labs）的研究院发明的数据结构，但是 B 到底代表什么从来没有定论。B-Tree 在数据库存储引擎端通常会实现如下功能：

- ❑ 保证键排序以支持顺序遍历；
- ❑ 使用层级化索引来最小化磁盘读操作次数；
- ❑ 通过块操作来对插入和删除进行加速；
- ❑ 通过递归算法来保持索引平衡性。

B-Tree 可以让数据查找、顺序访问、插入及删除等操作的时间复杂度控制在对数时间内。换句话说，如果数据记录量为 100 万，以二叉搜索树（binary search tree）的方式，从根节点出发到叶子节点的时间复杂度为 $O(20)$，因为 $2^{20} \approx 1\,000\,000$。在数据库查询中，数据通常以记录的方式存储在外存中（如磁盘），磁盘上的寻址时间远超 CPU 计算的时耗（后者的时耗相对而言可以被忽略）。以 7200 转的磁盘为例，如果磁盘读写的机械臂的换道和平均寻址时间为 10ms，并且假设 20 次操作都需要换道和寻址，那么 20 次磁盘读操作的最大时耗就是 200ms（0.2s）。实际情况中，可能一部分数据记录在 B-Tree 中是可以做到连续存储的，会节省一部分磁盘寻址、换道操作的时间。

实际上，工业界的 B-Tree 索引通常都采用辅助索引（auxiliary index）的方式来进行加速。上面描述的二叉搜索树通过辅助索引的递归加速，可以把上面的 100 万条记录的定位复杂度从 $O(20)$ 降低到 $O(3) = \log_{100} 1000000$。B-Tree 的这种索引加速的特性让其成为几乎所有关系型数据库的默认索引实现方式，当然大多 NoSQL 类数据库也可以使用，对图数据库的存储引擎而言也一样适用。我们熟知的很多关系型或非关系型数据库如 Oracle、SQL Server、IBM DB2、MySQL InnoDB、PostgreSQL、SQLite、MongoDB（早期）、Couchbase 等都能看到 B-Tree 的身影。

图 2-19 示意的是在一棵扁平的树状结构中，B-Tree 如何存储排好序的数据，注意叶子节点的列表索引寻址加速作用。B-Tree 对于顺序读写而言是非常高效的，但是维护一个动态平衡的有序数据结构涉及大量的随机写操作，而一个简单的行更新操作可能会让其所在的整个磁盘块都要进行读－改－写操作，成本太高了。因此我们需要介绍第二种树状索引架构：LSM-Tree。

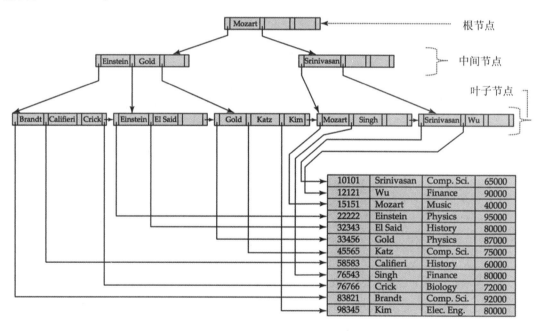

图 2-19　B-Tree 存储逻辑示意图

LSM-Tree（Log-Structured Merge-Tree，日志结构化合并树，以下简称 LSMT）诞生的背景是大数据情况下，数据量日益增大，写操作较之前的关系型数据库更为频繁，非关系型数据库迅速崛起，这些新兴的数据库和大数据框架更多地用于分析和决策支撑。它设计之初的目标就是提供对磁盘文件的高写入性能索引。LSMT 最早是由帕特里克·奥尼尔

（Patrick O'Neil）等在 20 世纪 90 年代初加州的 DEC 公司进行数据库研发时发明的，并最终于 1996 年发布。今天几乎所有的 NoSQL 数据库实现中都可以看到它的身影：Bigtable、HBase、LevelDB、SQLite、RocksDB、Cassandra、InfluxDB、ScyllaDB 等。

LSMT 的发展历程如图 2-20 所示。

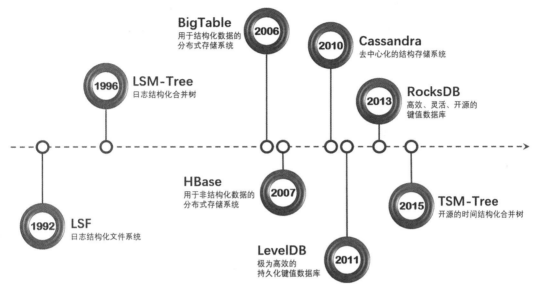

图 2-20　LSMT 发展历程

LSMT 的设计理念用最简单的语言描述为构造了两套大小不同的树状（tree-like）数据结构，一套是较小的内存数据结构 C_0，另一套数据结构 C_1、C_2、C_3……持久化在硬盘上。新的记录先插入 C_0，当其大小超过一定阈值后，C_0 中一部分连续的数据会被清除并归并入 C_1，同理当 C_1 足够大之后会裁剪并入 C_2，以此类推，逻辑示意图如图 2-21 所示。

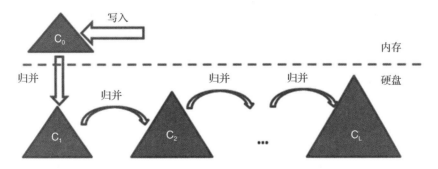

图 2-21　LSMT 工作原理示意图

LSMT 展现给我们最核心的理念是分层存储加速。充分利用内存加速，当内存空间不够的时候再利用硬盘加速，特别是随着新型存储硬件如 SSD、NVMe-SSD、持久化内存

PMEM 的不断推陈出新，LSMT 的理念至今仍然深具影响力。

LSMT 并非没有缺点，实际上，它相比 B-Tree 有两个问题：

❑ 读性能瓶颈（CPU 资源消耗更高）；

❑ （更高的）读以及空间放大效果（占用更多内存、硬盘空间）。

在实际应用中，LSMT 与 B-Tree 通常是同时被使用的。LSMT 的读性能问题通过布隆过滤器（Bloom Filter）得到了大幅提升。

布隆过滤器（图 2-22）最核心的数据结构是 bit-array（位数组，m 位），这决定了它的空间占用很小，同时也意味着潜在的速度优势（如果能充分利用数组下标访问的话）。它的主要操作流程涉及多个（k 个）哈希函数。在图 2-22 中，$m=18$，$k=3$。

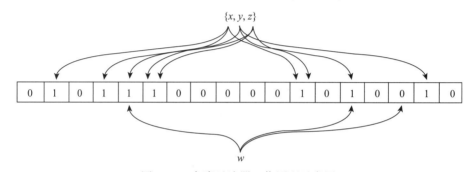

图 2-22　布隆过滤器工作原理示意图

布隆过滤器的优点和缺点共存，它的时间和空间优势是占用空间小、速度快，缺点是存在可能的一类错误（伪阳性）。

显然，布隆过滤器的实际运行效果如何，与 m 和 k 的设置直接相关，一方面要让空间占用不要过高，另一方面不要设置过多、过于复杂的哈希函数，以此来保证索引查询效率以及降低伪阳性发生的概率。

相比 B-Tree 而言，LSMT 结合了布隆过滤器可以更广泛地应用在分布式系统架构中，因为其聚合函数（aggregate functions）更适合在完全去中心化的条件下发挥效用。

前面用了不小的篇幅介绍传统数据库的存储引擎，现在来剖析一下图数据库的存储引擎原理。图 2-23 所示的是图存储引擎、计算引擎、数据管理、操作管理等组件有机地结合成为一个相对完整的产品时的样子。

在前面的章节中，我们介绍过图数据库的计算引擎数据结构，这些数据在逻辑上都是源自持久化存储的数据，或者需要与存储引擎保持某种一致性，以实现数据库的事务正确性（即 ACID，原子性、一致性、隔离性与持久性对应的四个英文单词的首字母）。

图的存储无非是最主要的两种基础数据结构——顶点和边，其他所有数据结构都是在这两者的基础上衍生而来的，例如各类索引、中间、临时的数据结构，用来实现查询与计算加速等，以及那些需要异构返回的数据结构，如路径、子图等。

图 2-23　图存储与图计算组件在图数据库框架内的层级逻辑关系

我们来分析一下顶点和边的数据结构及其适合的存储方式。

❑ 顶点：每个顶点可以看作内部元素有着某种规则排列的数组，多个顶点的组合就是一个二维数组。如果考虑到顶点的动态变化（增删改查等涉及读、更新、插入等操作）的需求，向量数组是一种可能的方式。

❑ 边：边的数据结构较顶点更为复杂，因为边不仅有一个 unique ID，还需要起点、终点的 ID，边的方向以及其他可能的属性，例如权重、时间戳等。显然用二维数组也可以满足边的存储，剩下需要关注的问题是效率，如存储空间占用率、访问效率、索引数据结构的效率等。

支持点、边结合的数据类型如果是完全静态的，也就是说点或边的数量不会变化，不会增加、减少或更新，也不会发生它们各自属性的变化，那么映射到文件系统上的数据结构就可以作为图存储的核心数据结构。如果真是这样的话，我们可以复用传统数据库的存储引擎，例如 MySQL 的 InnoDB 或 MyISAM（ISAM 的变种）引擎，更有甚者，只使用磁盘文件就可以支持静态的图数据库。

然而，效率在大多数情况下是不可或缺的。上面"静态"数据的假设在商业场景中是极少成立的，因为无论是交易系统还是业务管理系统，数据都是动态的、流动的。任何贴近真实业务场景的系统都需要支持对数据（存储引擎）的更新操作。

因此，图存储引擎的架构设计中有一对重要的概念：非原生图与原生图。所谓非原生图是指它的存储与计算是以传统的表结构（行或列数据库）的方式进行的；而原生图则采用更能直接反映关联关系的方式构造而成，也因此会有更高效的存储和计算效率。

如果用关系型数据库 MySQL、宽列数据库（wide-column）HBase 或二维的 KV 数据库 Cassandra 来作为底层存储引擎，也可以把点、边数据以表（或列表）的方式存储起来，它们在进行图查询与计算时的逻辑大体如图 2-24 所示。举个例子，查询某位员工隶属于什么部门，返回该员工姓名、员工编号、部门名称、部门编号等信息。用关系型数据库来表达，这个简单的查询要涉及 3 张表之间的关联关系：员工表、部门表和员工部门对照表。

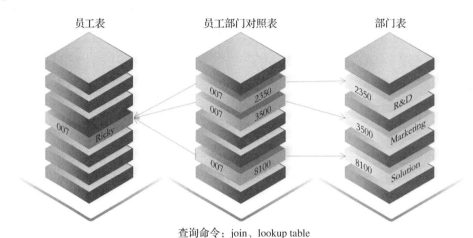

图 2-24 非原生图（关系型、SQL 类数据库）存储查询模式示意图

整个查询过程分为如下几步：

①在员工表中，定位 007 号员工；

②在对照表中，定位 007 号员工所对应的全部部门 ID；

③在部门表中，定位步骤②中的全部 ID 所对应的部门名称；

④组装以上①～③步骤中的全部信息，返回。

本节前面介绍过数据库存储加速的概念，上面每个步骤的时间复杂度如表 2-4 所示。

表 2-4 SQL 查询复杂度

步骤编号	步骤描述	最低复杂度	解释
①	定位员工	$O(\log N) + O(1)$	N 为表中行的数量；构造树状索引会形成一棵扁平树，深度约为 4 层，即 $O(4) + O(1)$
②	定位 ID	$3 \times [O(\log N) + O(1)]$	通过索引定位复杂度为 $O(\log N)$，假设根据员工 ID 定位记录最低复杂度为 $O(1)$；该操作需要执行 3 次
③	定位部门	$3 \times [O(\log N) + O(1)]$	逻辑同上
④	数据组装	—	—
总计	—	$> O(35)$	—

上面的查询（时间）复杂度并没有考虑任何硬盘操作的物理延迟或文件系统上的定位寻

址时间，实际的时间复杂度在这样简单的一个查询操作中，如果数据量在千万以上，可能会以分钟计。如果是更复杂的查询，涉及多表之间复杂的关联，则可能会出现多次扫表操作，试想在硬盘上这个操作的复杂度和时延会是何等量级。

如果用原生图的"近邻无索引"模式来完成以上查询，整个流程如图 2-25 所示。

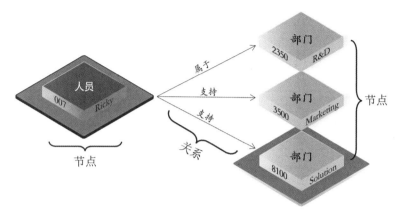

图 2-25　原生图查询逻辑示意图

在原生图上的查询步骤细分如下：

①在图存储数据结构中定位员工；

②从该员工顶点出发，通过员工 - 部门关系，找到它所隶属的部门；

③返回员工、员工编号、部门、部门编号。

以上第一步的时间复杂度与非原生图（SQL）基本相当，但是第二步会有明显的缩短。因为近邻无索引的数据结构，员工顶点通过 3 条边直接链接到 3 个部门。如果 SQL 查询的方式最优解是 $O(35)$，原生图则可以做到 $O(8)$，分解如表 2-5 所示。

表 2-5　原生图查询复杂度

步骤编号	步骤描述	最低复杂度	解　释
①	定位员工	$O(\log N) + O(1)$	假设索引逻辑同 SQL，$O(5)$
②	定位部门	$3\,O(1)$	因从员工到部门间的边（关联关系）采用近邻无索引结构，定位每个部门复杂度为 $O(1)$
③	数据组装	—	—
总计	—	$>O(8)$	—

以上的例子显示，原生图与非原生图在事件复杂度上存在较大的性能差异。以较简单的 1 度（1-Hop）查询为例，有 330% 的性能提升。如果是更为复杂、深度更大的查询，则会产生乘积的效果，也就是说随着深度增加而性能差异指数级飙升，如表 2-6 所示。

表 2-6 非原生图与原生图性能落差示意

查询复杂度	非原生	原 生	性能落差
0 层	$O(5)$	$O(5)$	0%
1 层	$O(35)$	$O(8)$	330%
2 层	$\gg O(100)$	—	1000%（10 倍）
3 层	$\gg O(330)$	—	3300%（33 倍）
5 层	无法返回	—	33 000%（330 倍）
8 层	无法返回	—	1 万倍以上
10 层	无法返回	—	10 万倍以上
20 层	无法返回	—	100 亿倍

2.2.2 图存储数据结构与构图

在实际应用场景中，SQL 类数据库很少用来做 2 层或以上的查询，这是由它的存储结构和计算模式决定的。例如，在一个工商图谱中，从某个企业顶点出发，以递归的方式查询它的投资人（上游），找到所有持股比例大于 0.1% 的股东，穿透 5 层，并返回全部的持股路径（及完整的子图）。

显然，这个问题如果用 SQL 来解决会非常复杂，代码量大，而且因"递归穿透"问题而导致代码可读性低。当然，最大的问题是计算复杂度高，时效性变得很差（性能会指数级地差于基于原生图的图计算系统）。

另外一个方面，SQL 非常不善于处理异构的数据，例如持股路径，一条路径上有点、边，而且是不同类型的点（公司和人），从数据组装角度来看，还需要在 SQL 之外封装如 XML、JSON 之类的数据结构，才可能支持如此复杂的查询逻辑（业务逻辑）。

在一个有 1 万条持股关系的表中进行 5 层查询的耗时为 38s，SQL 代码如图 2-26 所示。对比而言，用图数据库在 5 亿~6 亿量级点、边（2.2 亿实体、3.3 亿条关系）的数据集上完成相应的操作，耗时 7ms，两者间相差高达 5000 倍以上。在实际的场景中，SQL 在亿万量级的数据集上操作，是不可能以秒级（例如 1000s 以内）穿透 3 层以上再返回的。5 层以上的穿透深度，对于 SQL 类型的数据库而言，只能"望洋兴叹"了。

上面的持股路径查询场景可以概括为一种典型的"工商关系图谱"，它的应用场景较为广泛，如查老板、查关系、KYC（Know Your Customer，银行开户用户尽职调查）、行业研究、投资研究等。

另外，图数据库区别于 SQL 类数据库的一个很大的特点是对于异构数据的处理，从存储、计算、查询、计算、分析到可视化呈现，不一而足。因为数据流经或持久化在图数据库中最重要的一步就是存储，所以我们就以原生图的模式存储为例来解释一下异构数据的图存储逻辑和场景。

```
-- 创建插入测试数据存储过程
CREATE DEFINER=`root`@`%` PROCEDURE `InitData`(companyNum int,levelnum int)
BEGIN
    DECLARE i INT DEFAULT 1;
    DECLARE j INT DEFAULT 1;
    WHILE i<=companyNum DO
        SET j = 1;
        WHILE j<=levelnum do
            INSERT INTO InvestRelation(CompanyID,InvestorID) VALUES (i+j,i);
            set j = j+1;
        END WHILE;
        SET i = i+1;
    END WHILE;
END
-- 执行存储过程，插入测试数据，1000家企业，每个企业投资10家企业，
CALL `InitData`(1000,10);
-- 创建工具函数func_get_splitStringTotal
CREATE DEFINER=`root`@`%` FUNCTION `func_get_splitStringTotal`(
f_string varchar(10000),f_delimiter varchar(50)
) RETURNS int(11)
BEGIN
    return 1+(length(f_string) - length(replace(f_string,f_delimiter,'')));
END
-- 创建工具函数 func_splitString
CREATE DEFINER=`root`@`%` FUNCTION `func_splitString`( f_string varchar(1000),f_delimiter varchar(5),f_order int) RETURNS varchar(255) CHARSET utf8
BEGIN
    declare result varchar(255) default '';
    set result = reverse(substring_index(reverse(substring_index(f_string,f_delimiter,f_order)),f_delimiter,1));
    return result;
END
-- 创建工具函数func_splitStringLast
CREATE DEFINER=`root`@`%` FUNCTION `func_splitStringLast`( f_string varchar(1000),f_delimiter varchar(5)) RETURNS varchar(255) CHARSET utf8
BEGIN
    declare result varchar(255) default '';
    set result = func_splitString(f_string,f_delimiter,func_get_splitStringTotal(f_string,f_delimiter));
    return result;
END
-- 创建查询存储过程queryChildrenInfo(srartID 开始节点, levelnum 层级数)
CREATE DEFINER=`root`@`%` PROCEDURE `queryChildrenInfo`(startId INT,levelnum INT)
BEGIN
    DECLARE i INT;
    SET i = 0;
    create temporary table if not exists mytmpA(data varchar(200),level Int)  ENGINE = MEMORY;
    create temporary table if not exists mytmpB(data varchar(200),level Int)  ENGINE = MEMORY;
    INSERT INTO mytmpA values(CAST(startId AS CHAR),0);
    WHILE i < levelnum DO
        delete from mytmpB;
            insert into mytmpB select * from mytmpA;
            delete from mytmpA;
        insert into mytmpA select concat_ws(',',b.data,inv.companyID),i+1 from InvestRelation inv inner join (select data,func_splitStringLast(data,',') as id From mytmpB) b on inv.InvestorID=b.id;
        SET i = i + 1;
    END WHILE;
    select * from mytmpA;
    DROP TEMPORARY TABLE IF EXISTS mytmpA;
    DROP TEMPORARY TABLE IF EXISTS mytmpB;
END
```

图 2-26　用 SQL 来实现深度穿透查询

原生图存储最先关注的数据是元数据，其次是次生数据（auxiliary-data），再次是衍生数据或组合数据（combo-data），它们的详细描述如下：

1）元数据。

❑ 实体数据（顶点）。

❑ 关联关系数据（边）。

2）次生数据（辅助数据）。

❑ 实体属性数据。

❑ 关系属性数据。

3）高维、组合数据（衍生数据）。

❑ 多点组合。

❑ 多边组合。

❑ 路径：单路径、多路径、环路等。

❑ 子图、森林。

❑ 跨子图组合数据等。

很显然，从存储的复杂度和计算（穿透或聚合）能力的需求维度上看，以上列表中的数据从上至下由浅及深、由易变难。换言之，存储更多关注的是元数据及离散类型的数据，而高维的组合数据是需要图计算引擎来生产的。如图 2-27 和图 2-28 所示的数据，如果一次性、实时生成并呈现，图算力引擎（或图数据库）的支撑必不可少。

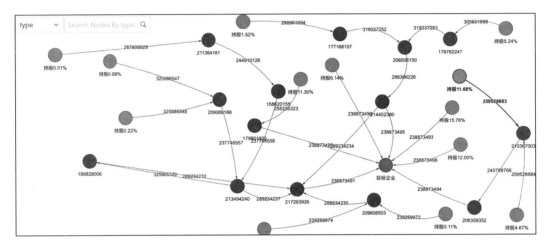

图 2-27　原生图上实现的深度穿透及可视化呈现

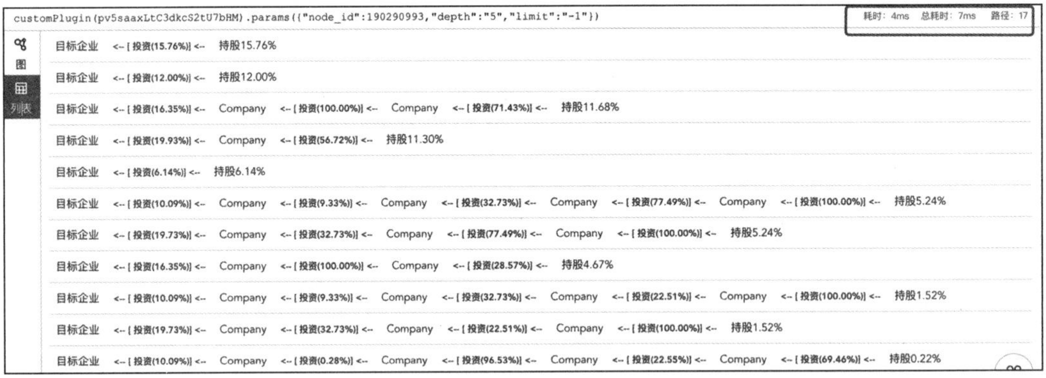

图 2-28　原生图上实现的深度穿透的异构路径列表

元数据与辅助数据的存储的最核心诉求是让顶点、边及其属性可以尽快落盘（持久化），并且在进行读取（查询）的时候有足够高的效率。这个流程用我们最熟悉也最容易的行存储的方式来理解，可以综合为两个部分："顶点存储 + 顶点属性存储"和"边存储 + 边属性存储"。

它们的数据结构见表 2-7 和表 2-8。

表 2-7　原生图元数据（实体）存储结构

顶点	属性 1	属性 2	属性 3	...
顶点 1	属性值	属性值	属性值	...
顶点 2	属性值	属性值	...	...
顶点 3	属性值	...	...	...
⋮	⋮	⋮	⋮	⋮
顶点 N	属性值	...	...	...

当然，顶点及其属性也可以分离存储，这样处理的优点和缺点同样明显。一方面，分离意味着以顶点 ID 为骨架的数据结构非常精简，可以获得极高的索引加速、读写加速的效果；另一方面，属性可能有很多个（列），分离后更方便在分布式架构中以分布式的方式存放，如以多文件、多实例多文件等方式存放，以此获得更高的并发写入速度。缺点在于增加了额外的寻址、跳转等操作的时耗，以及数据结构与架构的整体设计复杂度。

边及其属性也可以用类似的逻辑，无论是整体存储还是分离存储。边的存储比顶点存储更复杂的地方在于，边的属性设计更为复杂，我们可能需要考虑如下几点：

- ❏ 边是否需要方向？
- ❏ 边的方向如何表达？
- ❏ 边的起点和终点如何表达？
- ❏ 边能否关联多个起点或多个终点？
- ❏ 边为什么需要其他属性？

表 2-8　原生图元数据（关系）存储结构

边	属性 1	属性 2	属性 3	...
边 1	属性值	属性值	属性值	...
边 2	属性值	属性值	...	...
边 3	属性值	...	...	...
⋮	⋮	⋮	⋮	⋮
边 N	属性值	...	...	...

以上问题没有唯一的标准答案。在前面的章节中已经涉及其中一部分问题的答案，例如边的方向问题，我们可以通过在一条以行存储模式（row-store）连续存储的边记录中向后放置起点 ID 与终点 ID 来表达边的方向。当然，这个问题很快就会引发另一个问题：如何表达反向边（逆边）？这是图计算、图数据库的存储与计算中一个非常重要的概念。假设在记录中存放了如下的一条边：

边 ID	起点 ID	终点 ID	其他属性

当通过索引加速数据结构找到边的 ID 或起点的 ID 时，可以顺序读取其后的终点 ID，然后在图中继续进行遍历查询。但是，如果先找到终点的 ID，如何反向（逆向）读取到起点的 ID 来同样地进行遍历查询呢？

这个问题的答案不止一个，我们可以设计不同类型的数据结构来解决，例如，在边记录中设置一个方向标识属性，然后每一条边记录会正反方向各存储一遍：

边 ID-X	点 A	点 B	边方向标识	其他属性
边 ID-Y	点 B	点 A	边方向标识	其他属性

当然，还有其他很多种解决方案，例如：以顶点为中心的方式存储，包含点自身的属性，以及与它关联的顶点及属性的序列，这种方式同样也可以被看作近邻无索引存储，并且不再需要设置单独的边数据结构。这种方式的优缺点不在此展开论述，有兴趣的读者可以进行独立的延展分析。

反之，我们也可以以边为中心设计存储数据结构。实际上这种结构在学术界和社交网络图分析中非常常见，例如 Twitter 的用户关注关系网络仅使用一个边文件即可以表达，文件中的每一行记录仅两列，其中第一列为起点，第二列为终点，每一行记录表达的是第二列用户关注第一列用户，见表 2-9。

表 2-9 边中心存储结构（以 Twitter 用户关系网络为例）

用户 1	用户 2
用户 1	用户 3
用户 1	用户 10
用户 2	用户 3
用户 2	用户 5
用户 3	用户 7
用户 5	用户 1
用户 10	用户 6
……	……

在表 2-9 的基础上，每一行记录的存储逻辑可以得到大幅扩展，例如加入边的唯一化 ID 来进行全局索引定位，加入更多的边的属性，加入边的方向，或以自动扩展的方式对每一条原始的表达关注关系的边，自动增加一条反向的表达被关注关系的边。

在表 2-7 的顶点实体列表中，细心的读者一定会提出一个问题，如何存放异构类型的实体（顶点）数据？因为在传统的数据中，不同类型的实体会以不同的表的形式聚合，如我们之前讨论的员工表、部门表、公司实体表，以及不同实体间的关联关系映射表等。在图数据库的存储逻辑中，异构的数据（以实体为例）是可以融合在一张大表中的，这也是为什么图被称作高维的数据库。

下面以金融行业中的卡交易数据为例来说明异构的数据如何存储和查询，在表 2-10 中示例的是用关系型数据库表达的卡交易的 3 张核心表的记录结构。

表 2-10　银行卡交易场景中的关系型数据表（3 张）

账户表

PID	Name	Gender	Category	
P001	Ricky Sun	M	1	
P002	Monica Liu	F	2	
P003	Abrham L.	M	3	
……				

卡账户表

CID	Type	Level	Open_Branch	Phone	PID
c001	debit	regular	San Fran	415××××××	p001
c002	credit	/	Shenzhen	139××××××	p002
c003	debit	vip	Dubai	868××××××	p003
……					

交易表

TrxID	Pay_Card_ID	Recv_Card_ID	Amt	DeviceID	
t001	c001	c00×	12 000	uuid-123	
t002	c002	c01×	24 000	uuid-234	
t003	c003	c02×	3600	uuid-4321	
……					

如果上面的关系表中的实体与关联关系用图数据库来表达，可视化呈现后效果如图 2-29 所示。

在图 2-29 的银行卡交易的异构网络中，有 4 类实体与 2 类关系，它们的定义分解如下：

❑ 实体：包括账户、卡［包含一个子类或属性（电话）］、设备和交易。

❑ 关系：包括交易关联关系和拥有关系（或账户层级关系）。

显然，图 2-29 中的这种实体分类（建模）方式并不是唯一的，我们还可以以更精简的方式来实现建模，例如只有 2 类实体和 1 种关系。

❑ 实体：直接发生交易的卡（卡的属性包含账号、电话）、商户（商户属性信息）。

❑ 关系：交易（属性包括交易时间、设备、环境信息等）。

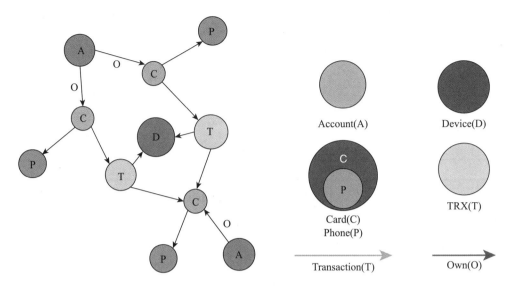

图 2-29　银行卡交易网络（图）中异构实体与关系定义（schema）

细心的读者一定会发现，后面这种建模思路与前面的区别在图论中被概括为：多边图和单边图。也就是说，在多边图的任意一对顶点（银行卡）中，可以直接有多条交易关联关系（边），而在单边图的任意一对顶点中，最多只能表达一条边（一条关系）。另外，在单边图中，边上所承载的属性很少，通常只有一个标签（label），而多边图上，边因为表达的是交易，它可能有很多属性信息。

事实上，在工业界的图数据库实现中，不同的厂家确实采用了不同的实现方式。笔者倾向于认为多边图可以向下兼容单边图，并且多边图的实现显然更贴近真实的场景和人类的思维方式。另外，虽然多边图的存储设计会更为复杂，但是它可能会节省更多的存储空间。

以两个账户之间有 1 万笔交易为例：如果用单边图，它需要 10 002 个实体，以及 20 000 条边来表达；如果用多边图，只需要 2 个实体和 10 000 条边。两者的存储有 3 倍的差异，多边图比单边图存储空间占用节省了 2/3（67%）。

不过，在某些场景下，单边图的查询模式有其存在的道理。例如在反欺诈场景中，常见的是查找是否有两个信用卡申请或贷款申请使用了同样的电话号码与地址，单边图的构图如图 2-30 所示。

这样构图的优势在进行"模式"查询的时候才会体现出来，因为判断（任意）一个申请是否存在欺诈，是先在图中查找该申请与任意其他可触达的申请之间是否形成了某种环路的拓扑结构，两个申请间通过电话与地址关联，形成了一个深度为 4（4 步或 4 层）的环路，即从申请 A 出发，沿电话可达申请 B，再通过地址可返回申请 A，算作一条环路。如果从该申请出发，可以找到很多类似的环路（设定一个阈值，例如 >5），那么该申请为欺诈的可能性高，进而可以拒绝该卡（贷款）申请。

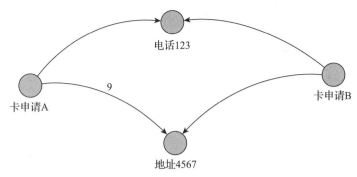

图 2-30　金融反欺诈场景中的单边图构图与查询逻辑

如果是多边图，电话、地址等信息是附属于卡申请之下的属性，反欺诈的查询逻辑就完全不同于上面的环路查询了。

本节为大家提供了一些真实场景中的例子，以及可能的多种构图方式，在进行任何图数据库的设计过程中，没有所谓的唯一方案。图数据库非常贴近业务，它的建模直接反映了业务逻辑。存储位于图数据库的最底层，存储的效率与灵活性决定了在其之上的计算和查询的效率与灵活性。后面的章节将进行更深入的探讨和剖析。

2.3　图查询语言的进化

了解了图数据库的计算与存储原理，大家一定会提出一个问题，图数据库该如何操作和查询呢？我们知道关系型数据库用的是 SQL，它也是数据库领域第一个国际标准，是在大数据库和 NoSQL 类型数据库广泛发展之前的唯一一个数据库查询语言国际标准。在过去大数据库和 NoSQL 风起云涌的 10 年中，尽管 SQL 是被广泛兼容的，但是通过 API 的方式来调用也越来越常见。相比 SQL 而言，API/SDK 调用的方式非常简单，例如键值数据库（KV Store），几乎只能通过简单的 API 来调用，也因此很多人认为键值数据库不是完整的数据库。

本节介绍数据库查询语言的基础概念和图查询语言 GQL，以及 GQL 与 SQL 之间的差异。

2.3.1　数据库查询语言的基础概念

我们正处于一个大数据的时代，互联网和移动互联网络的快速发展带来了数据产生速率的极大增长。每天每时每刻都有数以十亿量级的设备（有人预计在 2030 年前，会有超过千亿量级的联网传感设备）在产生巨大体量的数据。数据库是被人们创造出来解决这种不断增长的数据利器。还有其他类似的概念、工具和解决方案，如数据仓库、数据集市、数据湖泊等，来解决我们日常所面对的数据存储、数据转换、数据分析、汇总、报表等一系列工作，当然，比起数据库而言，后面这些相对新型的"赛道"的规模远不足以匹敌数据库赛道（数据库是接近千亿美元的单一赛道，以业界龙头 Oracle 为例，其一年的收入达到 400亿美元）。是什么让数据库变得如此重要，以至于我们对其难以割舍呢？笔者认为，有两件事情是数据库的核心"竞争力"：性能和查询语言。

在现代商业社会中，性能从来都是"一等公民"。一个数据库之所以被称作数据库，意味着它可以在合理的，通常是最小的，至少是符合商业诉求的延迟内来完成规定的工作。在这一点上，数据库和商务智能时代的很多数据仓库或 Hadoop 大数据阵营的解决方案显得很不相同，后者或许有着很好的分布式、可扩展，甚至是在低配置的"烂机器"上可以运行的能力，但是它们的性能绝不是"令人骄傲"的优势之一。这或许可以解释为什么我们在近年看到了市场上关于 Hadoop 已经过时的一些看法，以及很多商业落地场景中，基于内存计算的 Spark 和其他一些新型的基础架构正在不断取代 Hadoop。

从大数据向快数据（fast data）转型或迁移是为了让底层的数据库框架可以应对不断增长的数据规模，而不至于牺牲数据处理性能（数据吞吐率）。图 2-31 展示了以数据库为中心的数据处理基础架构和技术的进化路径：从数据到大数据，从大数据到快数据，再从快数据到深数据。

图 2-31　从数据到大数据、快数据再到深数据的进化路线

数据库查询语言（database query language）是计算机编程语言出现以来被发明出来的最好的事物之一。我们希望计算机程序可以有着人类一样对数据智能化、深度筛选、动态组装信息的能力，但是这种强人工智能的诉求目前为止还没有被真正实现。退而求其次，聪明的程序员们、语言学家们通过计算机编程语言将人类的意图、指令实现，而数据库中的查询语言就是这种可以面向数据的"半智能化"的数据处理语言。

在进入众所周知的 SQL 世界之前，先来了解一下非关系型数据库（如 NoSQL 等）所支持的查询语言的一些特性。

首先，我们来看一下键值数据库，常见键值库的实现有 BerkeleyDB、LevelDB 等。在技术上，键值库并不支持或使用确切的查询语言，这是因为它所支持的操作实在是太简单了，使用简单的 API 就已经足够了。典型的键值库支持 3 种操作：插入（insert）、读取（get）和删除（delete）。

有的读者可能会说 Cassandra 支持 CQL（Cassandra Query Language）。没有问题，Cassandra 实际上是一种宽列库，我们可以把它看作是一种二维的键值库。对于 Cassandra 所支持的数据操作复杂度极高且高度分布式的架构而言，提供一层抽象查询语言来减少程序员的工作负担是绝对有其正面意义的，否则程序员就需要记住那些复杂的 API 调用函数的各种参数集合。另外，CQL 使用了与常规 SQL 类似的概念，如表、行、列等。我们后续会更多讨论 SQL 相关的内容。

对 Apache Cassandra（或许可以看作是对 NoSQL 数据库的整体而言的）的一个批评是 CQL 并不支持 SQL 中常见的 join(表连接) 操作。很显然，这种批评的思路是深深地根植于 SQL 的思维方式中的。join 操作是把双刃剑，它在解决一件事情的同时也带来了一个问题，比如（巨大的）性能损耗。事实上，Cassandra 可以支持 join 操作，有以下两种解决方案（图 2-32）。

❑ Spark SQL：Cassandra 实现的一种 SQL 方言；

❑ ODBC 驱动：Cassandra 提供的 ODBC 驱动。

图 2-32　在 Spark 结构化数据架构上的 Spark SQL 查询语言

然而，这些解决方案是有代价的，例如 ODBC 在面向大数据集或集群化操作时需要解决性能问题。而 Spark SQL 则是在 Cassandra 基础上又叠加一层新的系统复杂度，对于多系统维护、系统稳定性，以及不少程序员苦于了解新系统、学习新知识而言，都是挑战。

关于 Apache Spark 和 Spark SQL 不得不多说两句，Spark 设计之初就是要应对 Apache Hadoop 的低效性和低性能。Hadoop 从谷歌的 GFS（谷歌文件系统）和 Map-Reduce 理念及实现中借鉴了两个关键概念，并由此而创造了 HDFS（Hadoop 分布式文件系统）和 Hadoop MapReduce；Spark 则相当于利用分布式共享内存架构实现了 100 倍的相对于 Hadoop 而言的性能提升。打个比方，仅仅是简单把数据从硬盘移到内存中来处理，就会获得 100 倍左右的性能提升，因为内存的吞吐率是硬盘的 100 倍左右。Spark SQL 提供了一个 SQL 兼容的查询语言接口来支持访问 Spark 中的结构化数据，相比于 Spark 原生的 RDD API 而言，Spark SQL 已经是一种进步——如前所述，如果 API 过于复杂，那么对查询语言的诉求就变得越来越强烈了，因为它更加灵活、实用、强大。

笔者十几年前在 Yahoo! 战略数据部（SDS）就职期间，正是 Yahoo! 在孵化 Hadoop 项目的时期，相比 SDS 的其他高性能、分布式海量数据处理框架实现而言，Hadoop 在性能上的表现差强人意。笔者印象最深刻的就是很多 Linux 中常见的排序、搜索等工具都被改写为可以以极高的性能来应对海量数据的处理，例如 sort 命令的性能被提升 100 倍以上来应对 GB 到 TB 量级的大数据集的排序挑战。或许这也能解释为什么 Hadoop 后来被 Yahoo! 捐献给了 Apache 开源社区，而其他显然更有优势的项目却没有被开源。或许读者应该思考：开源的就是最好的吗？

比照图 2-31 提及的整个业界的数据处理技术的演化（从数据→大数据→快数据→深数据），对应的底层数据处理技术就会从关系型数据库主导的时代向非关系型数据库（如 NoSQL、Spark 等）、NewSQL 和图数据库框架的时代演进。依据这种趋势和演化路径可以大胆预判，未来的核心数据处理基础架构一定是至少包含或由图架构主导的。

过去半个世纪的数据库技术的进化可通过图 2-33 来概括：从 20 世纪 70 年代之前的导航型数据库，到 20 世纪 70—80 年代的关系型数据库，到 90 年代 SQL 编程语言的兴起，再到 21 世纪第一个 10 年后出现的各种 NoSQL——或许图 2-33 留给我们一个迷思，图查询语言会是终极的查询语言吗？

换个角度问个问题：人类终极的数据库是什么？或许你不会反对这个答案：人脑！人类的大脑到底是什么样的数据库技术？笔者以为是图数据库，至少在概率上它远远高于关系型数据库、列数据库、键值库或任何文档数据库，又或许是我们还没有发明的一种数据库。但是图数据库是最接近终极数据库的，毋庸置疑。

图 2-33 数据库和查询语言的进化历史

如果读者对于 SQL 语言的演进有所了解，知道它直接推动了关系型数据库的崛起（如果诸位还能回忆起在 SQL 语言出现之前的数据库使用是如何笨拙与痛苦的话）。互联网的崛起催生了 NoSQL 的诞生和崛起，其中很大的一个原因是关系型数据库无法很好地应对数据处理速度、数据建模灵活性的诉求。NoSQL 数据库一般被分为以下 4 或 5 大类，每一类都有其各自的特性。

- ❑ 键值（key-value）：性能和简易性。
- ❑ 宽列（wide-column）：体量与性能。
- ❑ 文档（document）：数据多样性。
- ❑ 图（graph）：深数据与快数据。
- ❑ （可选的）时序（time series）：IOT 数据、时序优先性能。

从查询语言（或者 API）的复杂度来看，数据处理能力也存在着一条进化路径。图 2-34 形象地表达了 NoSQL 类数据库和以 SQL 为中心的关系型数据库之间的区别。

- ❑ 相对原始的键值库 API →有序键值库（ordered key-value）。
- ❑ 有序键值库→大表（一种典型的宽列库）。
- ❑ 大表→文档数据库（例如 MongoDB），并带有全文搜索能力（搜索引擎）。
- ❑ 文档数据库→图数据库。
- ❑ 图数据库→ SQL 中心化的关系型数据库。

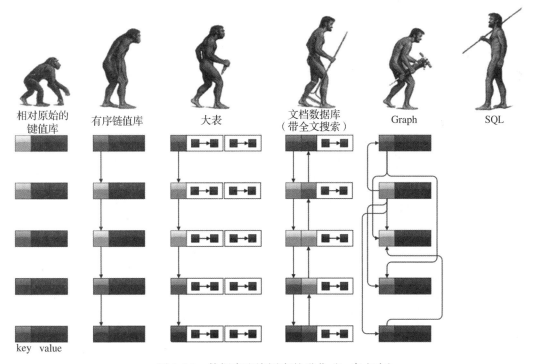

图 2-34　数据库查询语言的进化（一家之言）

如图 2-34 所示，SQL 被认为是最先进的数据处理与查询语言。下面稍微深入地研究一下 SQL 的演化历史，让我们有个更全局化的概念。

SQL 的出现已将近 50 年了，并且迭代了很多版本（平均 3～4 年一次大迭代），其中最知名的非 SQL-92、SQL-99 莫属，例如在 92 版本的 FROM 语句中增加了子查询（subquery）功能；在 99 年版本中增加了 CTE（Common Table Expression）功能。这些功能极大地增加了关系型数据库的灵活性，如图 2-35 所示。

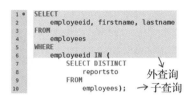 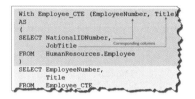

图 2-35　SQL-92 中的子查询与 SQL-99 中的 CTE

然而，关系型数据库始终存在一个"弱点"，那就是不支持递归型数据结构。所谓递归数据结构（recursive data structures），指的是有向关系图的功能实现。讽刺的是，关系型数据库的名字虽然包含了关系，但是它在设计之初就很难支持关联关系的查询。为了实现关联查询，关系型数据库不得不依赖表连接操作——每一次表连接都意味着潜在的表扫描操作，随之而来的是性能指数级下降，以及 SQL 语句、代码复杂度的直线上升。

表连接操作的性能损耗是直接源自关系型数据库的基础设计思想的：

❑ 数据正则化；

❑ 固定化的、预先设定的表模式。

回顾一下 NoSQL 的核心理念，它在数据建模中突出了数据去正则化。所谓数据正则化，指的是用空间换取时间（牺牲空间来换取更高的性能）。在 NoSQL（也包括 Hadoop 等，例如典型的 3、5、7 份拷贝的理念）中，数据经常被以多份拷贝的方式存储，而这样做的好处在于数据可以以近邻计算资源的方式被处理。这种理念和 SQL 中的只存一份正则化设计思路是截然相反的——后者或许可以节省一些存储空间，但是对于复杂的 SQL 操作而言，带来的是性能损耗。

预先定义数据的表模式理念是 SQL 与 NoSQL 的另一大差异。对于初次接触这一概念的读者而言，理解这个点会有些困难，它实际上指的是 SQL 中模式第一、数据第二，而在 NoSQL 中数据先行、模式第二。

在关系型数据库中，系统管理员（DBA）需要先定义表的结构（schema），然后才会加载第一行数据进入数据库，他不可能动态地更改表的结构。这种僵化性对于固定模式、一成不变的数据结构和业务需求而言或许不是什么大问题。但是，让我们想象一下，如果数据模式可以自我调整，并能根据流入的数据动态调整，这就给我们带来了极大的灵活性。对于强 SQL 背景的人而言，这是很难想象的。但是，我们需要暂时抛弃僵化的、限制性的思维，以一种成长性的思维方式来看待。我们所要达成的目标是一种 schema-free 或 schemaless 的数据模式，也就是无需预先设定数据模式，数据之间的关联性不需要预先定义和了解，随着数据的流入，它们会自然形成某种关联关系。而数据库所需要做的是对应这些数据"因地制宜"来处理如何查询与计算。

在过去几十年中，数据库程序员已经被训练得一定要先了解数据模型，不论它是关系型表结构还是实体 E-R 模式图。了解数据模型当然有它的优势，但这也让开发流程变得更加复杂和缓慢。程序员读者们，你还记得上一次参与的交钥匙解决方案的开发周期是多长时间吗？一个季度、半年、一年还是更久？在一个有 8 000 张表的 Oracle 数据库中，没有任何一个 DBA 可以完全掌握所有表之间的关联关系。这个时候，我们更愿意把这套脆弱的系统比作一个定时炸弹，而你的所有业务都绑定在其上。

关于无模式（schema-free），在文档型数据库或宽列数据库中已经有了这一概念，尽管它们多少有一些和图数据库相似的设计理念。下面通过一些图数据库的具体例子来帮助读者理解无模式。

2.3.2　图查询语言

在图数据库中，逻辑上只有两类基础的数据类型：顶点（Nodes 或 Vertices）和边（Edges）。

一个顶点具有自己的 ID 和属性（标签、类别及其他属性）。边也类似，但它通常是由两个顶点的顺序决定的（所谓有向图指的是每条边由一个初始顶点对应一个终止顶点，再加上其他属性所构成，例如边的方向、标签、权重等）。除了这些基础的数据结构，图数据库并不需要任何预先定义的模式或表结构。这种极度简化的理念恰恰和人类如何思考以及存储信息有着很大的相似性——人类通常并不在脑海中设定表结构，而是随机应变。

现在，让我们看一些真实世界场景中的图数据库实现。图 2-36 是一个典型图数据集中顶点的属性定义，它包含最初的几个字段的定义，如 desc、level、name、type 等，也存在一些动态生成、扩增的字段，如 #cc、#pr、#khop_1 等。对比关系型数据库而言，整个表的结构是动态可调整的。

注意图 2-36 中的 Name 和 Type 字段的属性为 string 类型，它可以最大化兼容广谱的数据类型，进而提供最大化的灵活性。顶点之间如何产生关联也无须被预先定义，这样所形成的关联网络也是灵活的。

细心的读者一定会问，这种灵活性怎么实现和保证性能的优化呢？通常的做法是通过存储与计算分层来实现。例如为了实现极佳的计算性能，数据可以动态加载进入内存计算。当然，内存计算只是高性能的一部分原因，支持并发计算的数据结构也是必不可少的。

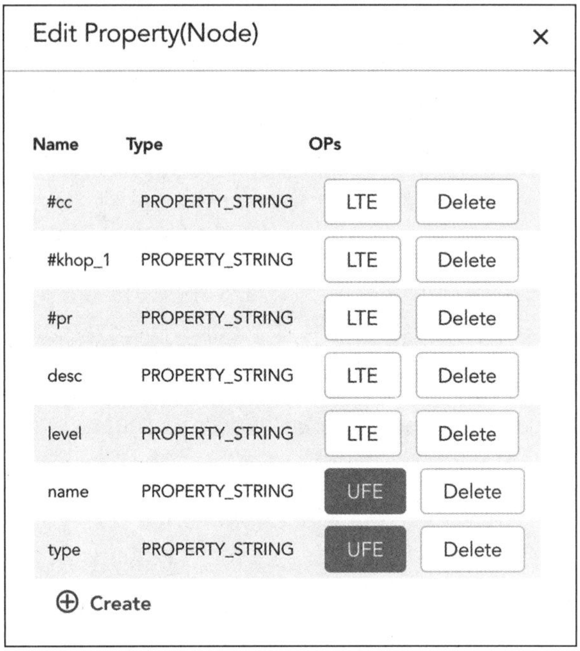

图 2-36　图数据集中的顶点属性（动态属性）

键值库可以被看作是前 SQL（一种相对于 SQL 而言更原始的特性）的非关系型架构库，图数据库则可被看作是后 SQL（一种相对而言的先进性）时代的，真正意义上支持递归式数据结构的数据库。今天不少 NoSQL 数据库都试图通过兼容 SQL 来获得认可，但是在笔者看来，SQL 的设计理念是极度表限定的，所谓"表限定"（table-confined），指的是它的整个理念都是限定在二维世界中的，当进行表连接操作时，就好比进入三维或更高维的空间进行操作，是非常低效和反直觉的，这是基于关系型数据模式的 SQL 本身的低维属性决定的。

图数据库天然是高维的（除非它是基于关系型数据库或列数据库实现的，那么本质上这种非原生图的设计依然是低维驱动的，它的效率怎么可能会很高呢？），图上的操作天然属于递归式的，例如广度优先搜索或深度优先搜索。当然，仅仅从语言的兼容性来说，图上一样可以支持 SQL 类操作来保持向关系型用户群的习惯兼容，就像 Spark SQL 或 CQL 一样。

下面来看一些通过 Ultipa GQL（Ultipa Graph Query Language，Ultipa 图数据库查询语言）实现的图查询功能实例。同时，请仔细思考用 SQL 或是其他 NoSQL 数据库将如何才能完成同样的任务？

任务 1：从某个顶点出发，找到它的第 1 到第 K 层（跳）的所有邻居并返回。

Ultipa GQL 是与 Ultipa Graph 高并发实时图数据库匹配的查询语言。除了明显的性能优势外，Ultipa GQL 的另一个重要特点是高易用性，容易掌握，并有贴近自然语言的易读性。通过 Ultipa Manager、Ultipa CLI 或 Ultipa SDK/API 的接口调用，只需要 1 行 Ultipa GQL 代码即可实现上面的查询。

```
spread().src(123).depth(6).spread_type("BFS").limit(4000);
```

上面的语句简单、易懂，基本上不需要太多解释，调用 spread() 函数，从顶点 123 出发，搜索深度为 6 层，以 BFS 方式进行搜索，限定返回最多 4000 个顶点（以及关联的边）。在图 2-37 中，位于中下方最大的点就是起始顶点，通过以上语句操作的全部返回的顶点和边所形成的子图直接显示在 Ultipa Graph 的 Web 界面上了。事实上，spread() 操作相当于允许从任何顶点出发找到它的联通子图——或者说它的邻居网络形态可以被直接计算出来，并通过可视化界面直观地进行展示。用这种方式也可以看出生成的联通子图中的顶点和边所构成的热点、聚集区域等图上的空间特征，而并不需要传统数据库中的 E-R 模型图。

图 2-37　通过 spread() 操作对联通子图进行遍历

任务 2：给定多个顶点，自动组网（形成一张顶点间相互联通的网络）。

本查询相对于习惯使用传统数据库的读者来说或许就显得过于复杂了，用 SQL 也许无法实现这个组网功能。但是对于人脑而言，这是个很天然的诉求——当你想在张三、李四、王五和赵六之间组成一张关联关系的网络时，你已经开始在脑海里绘制这样一张图了，如图 2-38 所示。

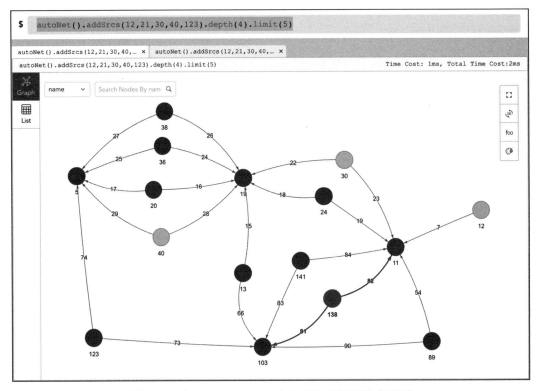

图 2-38　在 Ultipa Manager 中自动生成的网络（子图）

很显然，Ultipa GQL 倾向于继续使用 1 行代码来实现这个"不可能"的操作：

```
autoNet().addSrcs(12,21,30,40,123).depth(4).limit(5)
```

autoNet() 就是我们调用的主要函数，它的名字已经非常直白——自组网操作，你只需要提供一组顶点的 ID 信息、组网搜索的深度（4 层等于 4 跳），以及任意两个顶点间的路径数量限制（5）。下面从纯数学的角度来分析这个组网操作的计算复杂度。

❑ 可能返回路径数量：$C(5, 2) \times 5 = (5 \times 4 / 2) \times 5 = 50$ 条；
❑ 预估图上计算复杂度：$50 \times (E / V)^4 = 50 \times 256 = 12\ 800$。

> **注意**　我们假设图中的（边数 / 顶点数）比例为 4（平均值），也就是 $E / V = 4$，搜索深度为 4 的时候每条路径需要平均计算 256（4^4）次。

这个查询在现实应用中意义非同凡响。例如执法机关会根据电话公司的通话记录来跟踪多名嫌疑人的通话所组成的深度网络特征来判断是否有其他嫌疑人关联其中，犯罪集团是否存在某种异动，或者任意个数的嫌疑人构成的犯罪组织间微妙的联动关系等。

　　在大数据技术框架上，这种多节点的组网操作极为复杂，甚至是不可能完成的任务。原因是计算复杂度太高，对计算资源的需求太大，在短时间内不可能完成，或者是以 $T+7$（或 $T+15$、$T+30$）的方式实现，等到结果出来的时候，罪案已发生良久了或者嫌疑人早已逃之夭夭。假设有 1000 个嫌疑人参与组网，他们之间形成的联通网络中至少有 50 万条（$1000 \times 999/2$）路径（图 2-39 可视化地展示了嫌疑人联通网络的局部）。如果查询路径深度为 6 层，如上所述，这个计算复杂度是 20 亿次（这里我们仅仅假设 $|E|/|V|=4$，实际上可能 $|E|/|V| \geqslant 10$，那么计算次数可能达到 50 万亿次）。基于 Spark 架构的计算平台可能需要数天来完成运算。利用 Ultipa Graph，该操作是以实时到近实时（$T+0$）的方式完成的，我们在不同的数据集上做过性能评测，Ultipa 的性能至少是 Spark 框架的几百倍到数千倍——Spark 系统需要一天完成的计算，Ultipa 仅需数秒、数分钟！当与罪犯斗争的时候，每一秒都很宝贵。

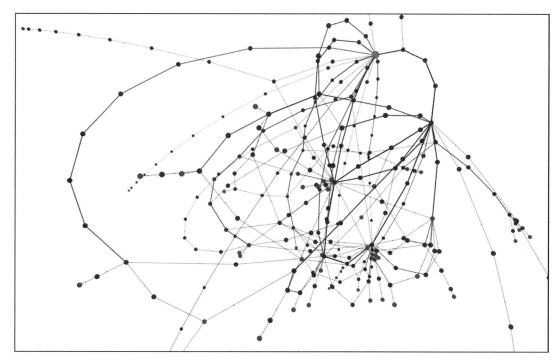

图 2-39　基于 Ultipa 的实时大规模的组网操作

　　对于实时高并发图数据库，性能肯定是"一等公民"，但这并没有让我们把语言的简洁、直观、易懂性当作"次等公民"。绝大多数人会发现 Ultipa GQL 是如此简单，只要掌握了最基本的语法规则，通常阅读操作手册后的 30 分钟内就可以写出自己的 Ultipa GQL 查询语句了。

　　Ultipa GQL 借鉴并采用了锁链式查询（chain-query）的语言风格，对于熟悉文档型数据库 MongoDB 的读者而言，上手 Ultipa GQL 就更加简单了。例如，一个简单的链式路径

（点到点）查询语句如图 2-40 所示。

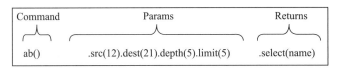

图 2-40　链式图查询语言之路径查询

这个例子查询两个顶点间深度为 5 的 5 条路径，并且返回匹配的属性 name（通常是顶点或边的名称属性）。

我们再来看一个稍微复杂点的例子——模板查询，当然，它所完成的功能也更加强大。例如图 2-41 所示的例子中 t() 代表调用模板查询，t(a) 表达的是设定当前模板别名为 a，从顶点 12 开始，经过一条边抵达属性 age 值为 20 的顶点 b（别名），返回这个模板所匹配的结果 a 和抵达顶点 b 的名字，限定返回 10 组。和传统 SQL 类似之处是可以对任何过滤条件设置别名，不同之处是当异构的结果 a 和 b.name 一同被返回的时候，a 表示的是整个模板搜索所对应的路径结果集合，而 b.name 则是一组顶点的属性的数组集合，如图 2-42 所示。这种异构灵活性是 SQL 不具备的。

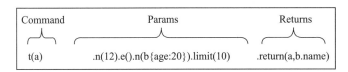

图 2-41　链式图查询语言之模板化路径查询

图	Julio Martinez <-[]<- 2487
列表	Julio Martinez ->[]-> 2487
	Julio Martinez <-[Like]<- William Nichols
	Julio Martinez <-[Help]<- 201198

属性
b.name
Matthew Williams
Matthew Williams
William Nichols
Beryl Smith

图 2-42　模板路径查询中返回的异构结果集

下面再用一个例子来说明在图查询中使用简单的查询语言实现深度的、递归式的查询：

```
t(a1).n(n1{age:20}).e(e1{rank:{$bt:[20,30]}})[3:7].n(n2).limit(50).
return(a1, n1, e1, n2._id, n2.name)
```

上面语句中，从 age 为 20 的顶点（可能有多个）出发，进行深度为 3～7 层的路径搜索查询抵达某些顶点，并且路径中每条边的权重介于 20～30 之间，找到 50 条路径，并返一系列异构的数据（模板匹配的路径本身、起始顶点、边、终止顶点的两个属性）。在 SQL 中，如果不通过书写大量的封装代码是很难实现的，且这种搜索深度也是令关系型数据库望而却步的——通常会发生因内存或系统资源耗尽而导致数据库出现 SEG-FAULT。

任务 3：数学统计类型的查询，如 count()、sum()、min()、collect() 等。

例 1：统计一家公司的员工工资总和，这个例子对于 SQL 编程爱好者而言一点都不陌生。

```
t(p).n(12).le({type: "works_for"}).n(c{type: "human"}).return(sum(c.salary))
```

在 Ultipa GQL 中也是 1 行代码即可实现：从公司顶点 12 出发，找到所有工作于（边关系）本公司的员工，返回他们全部工资之和。

在一个小表中，这个操作在 SQL 语境下同样毫无压力，但是在一个大表中（千万或亿万行），或许这个 SQL 操作就会因为表扫描而变得缓慢了。而在 Ultipa 数据库中，因为采用"相邻哈希 + 近邻存储"的存储逻辑及并发逻辑优化，所以这种面向一步抵达的邻居顶点的数学统计操作几乎不会受到数据集大小的影响，进而可以让任务执行时间基本恒定。

例 2：统计该公司的员工都来自于哪几个省。

```
t(p).n(12).e({type: "works_for"}).n(c{type: "employee"}).
return(collect(c.province))
```

上面的两个例子说明通过 Ultipa GQL 的方式可以实现传统关系型 SQL 查询所能实现的功能。同样，返回结果也可以以关系型数据库查询结果所常用的表格、表单的方式来呈现，如图 2-43 和图 2-44 所示。

在图 2-43 中，khop() 操作返回的是从初始顶点出发经过 depth() 限定的深度搜索后返回的第 K 层邻居的集合，使用 select() 可选定需要具体返回的属性。

图 2-44 展示的是类似的操作在 Ultipa CLI 中返回的结果示例。注意该图中的时间有两个维度：引擎时间和全部时间，其中引擎时间是内存图计算引擎的运算耗费时间，而全部时间还包括一些持久化存储层的数据转换时间。

任务 4：强大的基于模板的全文搜索。

如果一个数据库系统不能支持全文搜索，那么很难称其为完整的数据库。在图数据库中支持全文搜索并不是一个全新的事情，例如在老牌图数据库 Neo4j 中通过集成 Apache Lucene 的全文搜索框架，让用户可以通过 Cypher 语句来对顶点（及其属性）进行全文搜索。但是，这种集成开源框架的方式存在一个严重的副作用，就是性能预期与实际（查询）操作的落差——图查询关注的往往是多层、深度的路径或 K 邻查询，而全文搜索匹配仅仅是这类查询的第一步。当系统集成了外部开源框架后，多套子系统间就存在频繁的交互和网络时延，这种查询的效率可想而知。另一个原因是开源框架可能存在一些不可预知的问题，在生产环境中一旦暴露，修复起来非常困难，这或许可看作是开源的一个重大弊端。

图 2-43 在 Ultipa Manager 中以表格的方式展示结果列表

图 2-44 在 Ultipa-CLI 中以表单的方式返回结果集

在 Ultipa GQL 中完成面向顶点的全文搜索，只需要一条简单的查询语句：

```
find().nodes(~name: "Sequoia*").limit(100).select(name,intro)
```

上面语句返回的是找到 100 个包含 Sequoia 字样的顶点，并返回它们的 name 和 intro 属性。这个查询类似于传统数据库中的针对某张表的列信息查询。同样也可以针对边来进行查询，语句如下：

```
find().edges(~name: "Love*").limit(200).select(*)
```

即找到 200 个图中所有的边上的 name 属性中包含 Love 字样的关系。

当然，如果我们的全文检索只停留在点、边查询，那么就略显单薄了。在真实的商用化的图数据库应用场景中，我们更可能用一种基于模板的模糊匹配全文查询。例如，模糊搜索从"红杉 *"出发到"招银 *"的一张关联关系网络，网络中的路径搜索深度不超过 5 层，返回 20 条路径所构成的子图。注意：这个搜索从模糊匹配的顶点出发，到达模糊匹配的另外一套顶点。

```
t().n(~name: "红杉*").e()[:5].n(~name: "招银*").limit(20).select(name)
```

如果不用上面这句简单得不能再简单的 Ultipa GQL，你能想象如何用其他 SQL 或 NoSQL 语言来实现吗？假设在一个工商数据集上，用天眼查、企查查做类似的查询，你要先找到名字中包含有"红杉"或"招银"字样的公司，然后再分别对每一家公司的投资关系进行梳理，需要查清楚每家被投公司的合作、竞争等关系，然后再慢慢梳理出是否能在 5 步之内关联上名称中包含"红杉"字样的一家公司和包含"招银"字样的另一家公司。这个操作绝对是让人疯狂的，你可能需要花费数天的时间来完成，或者通过写代码调用 API 的方式来"智能化"实现。无论如何，你很难在下面两件事情上击败 Ultipa GQL。

- ❑ 效率和时延：即实时性。
- ❑ 准确率和直观度：直观、易读、易懂。

在图 2-45 中，这个看起来简单而实际非常复杂的查询操作仅仅耗时 50ms，这种复杂查询的效率是前所未有的。如果读者知道有任何其他数据库系统可以在更短的时间内完成同样的操作，欢迎联系笔者深度交流。

一门先进的（数据库）查询语言的优美感，不是通过它到底有多复杂，而是通过它有多简洁来体现的。它应该具备这样一些共性：易学、易懂；高性能（当然，这其实取决于底层的数据库引擎）；系统的底层复杂性不应该暴露到语言接口层面。特别是最后一点，如果读者对 SQL、Gremlin、Cypher 或 GraphSQL 中复杂的嵌套逻辑心有余悸，你会更理解这个比喻：当古希腊神话中的泰坦 Atlas 把整个世界（地球）扛在他的肩膀上的时候，世界公民们（数据库用户）并不需要去感知这个世界有多沉重（数据库有多复杂）。

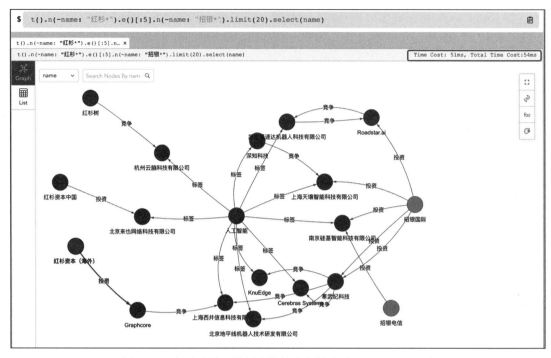

图 2-45　实时地基于模板查询的全文搜索（Ultipa Manager）

任务 5：复杂的图算法。

相比于其他数据库而言，图数据库的一个明显优势是集成化的算法功能支持。图上有很多种算法，例如出入度、中心度、排序、传播、连接度、社区识别、图嵌入、图神经元网络等。随着商用场景增多，相信会有更多的算法被迁移到图上或被发明创造出来。

以鲁汶社区识别算法为例，这个算法出现的时间仅仅十几年，它得名于其诞生地——比利时法语区的鲁汶大学（Louvain University）。它最初被发明的目的是通过复杂的多次递归遍历一张由社交关系属性构成的大图中的点、边来找到所有的顶点（例如人、事、物）所构成的关联关系社区，紧密关联的顶点会处于同一社区，不同的顶点可能会处于不同的社区。在互联网、金融科技领域，鲁汶算法受到了相当的重视。下面这行 Ultipa GQL 语句完成了鲁汶算法的调用执行：

```
algo().louvain({phase1_loop:5, min_modularity_increase:0.01})
```

在图数据库中，调用一个算法与执行一个 API 调用类似，都要提供一些必需的参数。在上例中，用户仅需提供最少两个参数就可以执行。当然，用户也可以设定更为复杂的参数集来优化鲁汶算法，因篇幅所限，在此不做过多展开描述，在第 4 章中会对鲁汶算法有个全面深入的剖析。

鲁汶算法因其天然的逻辑复杂性，计算结果如果能通过可视化的方式来呈现，会起到事半功倍的效果，图 2-46 展示了一种在鲁汶算法执行过程中自动化生成的数据集，可以支持基于全量数据或抽样数据的实时算法结果 3D 可视化。

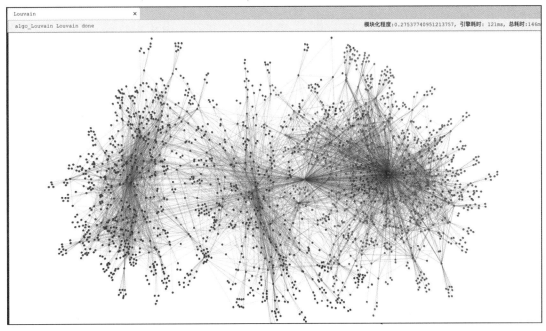

图 2-46 实时的鲁汶社区识别算法及 Web 可视化（Ultipa Manager）

> **注意** 原生的鲁汶社区识别算法的实现是串行的，也就是说它需要从全图中的所有顶点出发，逐个顶点、逐条边地进行反复运算。试想在一张大图中（千万顶点以上），这个计算的时间复杂度绝对是要以 $T+1$ 来衡量的。例如在 Python 的 NetworkX 库中，对一个普通的（几十万至几百万顶点）图数据集进行鲁汶运算要耗时数个、数十个小时，但是在 Ultipa Graph 上，这个计算的耗时通过高度并发被缩短到了毫秒到秒级。在这里，我们探讨的不是 10～100 倍的性能超越，而是成千上万倍的性能提升。如果读者觉得笔者给出的案例是天方夜谭或痴人说梦，或许你应当重新审视一下你对系统架构、数据结构、算法以及它们的最优工程实现的理解了。

图查询语言还可以支持很多功能强大且高度智能化的操作，上面的 5 个例子只起到了一个抛砖引玉的作用，笔者希望它们能揭示 GQL 的简洁性，并唤起读者思考一个问题：你到底是愿意绞尽脑汁地书写成百上千行的 SQL 代码，并借此杀死大量脑细胞来读懂代码，还是考虑用更简洁、方便却更加强大的图查询语言呢？

关于数据库查询语言，笔者认为：

❑ 数据库查询语言不应该只是数据科学家、分析员的专有工具，任何业务人员都可以

（并应该）掌握一门查询语言。

❑ 查询语言应当便于使用，所有数据库底层的架构、工程实现的复杂性应当对上层用户透明。

❑ 图数据库有巨大潜力，在未来一段时间内会大幅替代 SQL 的负载。有一些业界顶级的公司，例如微软和亚马逊已经预估未来 8~10 年间会有 40%~50% 的 SQL 负载迁移到图数据库上完成，让我们拭目以待。

有些人认为关系型数据库和 SQL 永远不会被取代。笔者认为这种看法禁不起推敲，如果我们稍微回顾一下就会发现，关系型数据库从 20 世纪 80 年代开始取代了之前的导航型数据库，已经称霸行业近半个世纪了，但是它们越来越难以满足不断迭代与前进的业务需求。如果历史真正教会我们一些东西，那就是对于任何事情的执着和痴迷都不会长久，特别是在这个不断推陈出新的时代。

第 3 章 *Chapter 3*

图数据库架构设计

本章旨在帮助想深度理解图数据库架构设计的读者厘清图数据库中最重要的三个组件——图存储引擎、图计算引擎与图查询语言。这三者相辅相成，严格意义上说任何数据库都需要存储引擎，它承载着数据持久化的职责。以关系型数据库为代表的传统数据库中并没有计算引擎的概念，但图数据库由于要解决的最主要问题是通过高效计算来实现对数据的穿透与关联，因此计算引擎需要被独立出来。图查询语言（GQL）是关系型数据库 SQL 查询标准以外唯一的数据库查询国际标准，它与存储引擎、计算引擎紧密结合来实现对落盘数据的管理、调用、编排、查询与计算。

3.1　高性能图存储架构

在这个数字化转型、分布式架构概念随处可见的时代，高性能系统至少对于本书的读者而言一点都不陌生，似乎是唾手可得的。然而，曾经很长一段时间 Apache Hadoop 系统也被认为是数据处理的"神器"，很多从业者甚至认为 Hadoop 系统也是高性能的，但所有系统只有在真实场景中对标才会分出性能高低、稳定与否、拓展性如何、实操易用性如何。

和所有其他类型数据库的相同之处是，设计高性能的图数据库至少需要关注 3 大环节：计算、存储和查询解析与优化。

数据库的计算层（或计算组件、计算环节）要解决的问题是，根据查询指令对数据库中存储的数据进行必要的（计算）处理后，返回给请求发起方。具体步骤如下：

1）客户端从数据库服务器端发起查询请求；

2）服务器端收到该查询请求，解析及优化查询指令；

3）从存储引擎读取数据（部分数据可能需要进入内存）；

4）中央处理器进行相应的计算（各种聚合、排序、过滤等数学运算）；

5）返回相应的结果。

结合图 3-1，对于一个高性能系统而言，以上 5 步最核心的是在第 3）、4）步，即存储层和计算层。本节主要介绍存储环节，计算、查询解析与优化在后面进行介绍。

1. 高性能存储系统的特点

高性能存储系统有 3 大特点，即存储高效、访问高效和更新高效。

图 3-1　数据库管理系统架构分层示意图

存储高效主要指两个方面：一方面是写入效率高，传统意义上写入可以等同于落盘（持久化在硬盘文件系统上），但是随着持久化内存等新技术的出现，"落盘"这个概念并不准确，读者需要注意区分，写入效率可以体现为 TPS（Transactions Per Second），即每秒钟写入的记录（或交易笔数）的数量；另一方面是存储这些数据记录（Payload）产生的额外开销小。

关于存储效率，有两个方面在工业界经常被关注：空间换时间和性价比。

空间换时间是提升存储效率的一种常见做法，不仅仅是狭义的存储操作，还包括访问、更新等各类操作。NoSQL 类型的很多数据库设计理念都采用了用更大存储空间来提升存储引擎时效性的策略，例如使用一些中间过渡的数据结构来实现更高的并发写入性能，即更高的 TPS；还有存储放大的情况，例如数据会有多份拷贝，在满足数据安全的同时实现访问效率（避免实时迁移所带来的 IO 压力）的提升；当然也有一些数据库采用写拷贝（copy-on-write）的方式，通过使用倍增的存储空间来实现并发的读写操作。

在商业化场景中，存储系统的性价比问题也常被关注。在对延时不敏感的场景中就会采用价格低廉的硬件和软件解决方案，反之则会根据业务需求设计高性能、高成本的方案。

访问高效指的是用最小的时耗（或者是最少的操作步数、最低的算法复杂度）来定位并读取需要的数据记录。我们在上一章中介绍的各种数据结构将会是本章讨论的重点。更新操作的高效性指的是当有记录需要更新或有增量的数据写入或旧记录删除的时候，在存储引擎层面的操作复杂度最低（最小规模的更新、最低数量的更新步骤）。

存储引擎的复杂度在不同的存储硬件层面上是不同的。内存层面的数据结构的设计复杂度要低于硬盘级的数据结构；而硬盘级的基于固态硬盘（SSD）的数据结构设计和基于磁盘（HDD）的数据结构设计也有很大差异。可以说，没有任何一种针对某一类存储介质优化的存储引擎设计可以普适、泛化到全部其他类的存储介质，通常都会因为存储介质的变化而导致某些读或写性能的大幅改变。这也是存储引擎的架构设计复杂的地方之一。

为了更好地解释存储介质的多样性和复杂性，我们用图 3-2 的 7 层模型示意图帮助分析，理解什么样的存储架构、数据结构的组合可实现高性能的存储（与计算）。目前，业界掀起一股自 2015 年前后开始的"存储与计算分离"潮流，这一说法最早是全球存储巨头 EMC 公司提出的，在逻辑上指的是随着大数据与云计算的蓬勃发展，存储不应仅限于一台机器的本地存储，而应实现存储层与网络层的逻辑分离，也就是说存储资源可以相对独立地（水平）扩展。显然，存储与计算分离隐含的是存储远离计算。

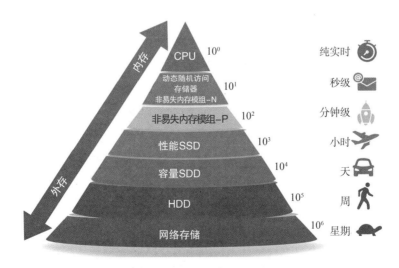

图 3-2　数据库存储引擎的 7 层分层示意图

当存储远离计算，即数据在进行计算的时候，它需要经过一个迁移路径才能被 CPU 所处理，而这个迁移路径的长短有指数级的性能落差，例如在图 3-2 中，最下层的网络存储模块中的数据与最上层的 CPU 中的数据之间有着百万级的性能落差。如果任何一个数据库的查询操作需要触发如此远离 CPU 的一组网络存储层的操作，那么这个操作的时耗之大可想而知。另一方面，我们不可能把所有数据都堆叠在 CPU 的缓存层中（尽管理论上这是最低延迟的操作），也不太可能把全量数据都压缩在动态内存之内（尽管业界的持久化内存发展有这个趋势）。

分层存储的逻辑给了我们一个很好的启发，事实上，这是所有数据库都会用到的存储引擎设计逻辑：

- ❏ 全量数据持久化在"尽可能快的"存储介质上；
- ❏ 使用内存时采用索引、缓存等快速定位寻址的加速类型的数据结构；
- ❏ 当内存无法承载后，溢出到持久化层，充分利用持久化层的存储介质访问的特点（区分 HDD、SSD、PMEM 等）来进行访问加速；
- ❏ 尽可能利用 CPU 多核、多线程并发能力；
- ❏ 尽可能利用数据库查询规律等特征来优化 CPU 的多级缓存利用率（命中率）。

最后两点是图计算加速的重要设计思路（传统意义上的数据库存储引擎部分是默认包含计算逻辑的，但是图数据库中有必要把图计算引擎部分作为一个独立的逻辑功能模块介绍，因为在存储与计算分离的大趋势下，计算层有其相对独立的特征），我们会在下一节中展开分析。本节着重分析前三点。

2. 高性能存储架构设计思路

存储架构以及核心数据结构的设计思路通常围绕如下 4 个维度来进行：

- ❏ 外存与内存使用占比（角色分配及分配比例）；
- ❏ 是否利用缓存，如何优化缓存；
- ❏ 是否进行数据或记录的排序，如何排序；
- ❏ 是否允许数据或记录的更改（可变性），以及如何更改。

（1）内外存占比

100% 使用外存的数据库是极为罕见的，甚至可以说和高性能数据库关系不大。同样地，100% 使用内存的数据库也非常罕见，即便存在"内存数据库"这一门类，通常作为关系型数据库的一个子类或键值库，数据也会持久化在外存之上，原因不外乎是内存的"易失性"。

在绝大多数现代数据库的架构设计中，都会利用外存与内存中的数据结构特性来实现某种存储加速。除了缓存设计、排序与否和数据可变性之外，对于图数据库而言，因为其存在特殊的数据空间网络拓扑结构，所以内存用来存放一些关键数据（如元数据、映射数据、临时算法数据、索引、需要实时计算的元数据之属性类数据等），外存用来存放不需要实时计算的海量剩余数据。这种内、外存按照一定比例来搭配的方式，通常会实现性能较大幅度的提升。

内外存占比并没有固定的方式。在很多传统的 IT 架构中，服务器的内存资源都占比较低，并且这种情况在云化的过程中愈演愈烈，不得不说是一种倒退——在数据库的应用场景中，内存的占比不应当低于外存的 1/8（12.5%），也就是说如果有 1TB 的外存，至少应该有 128GB 的内存。而在高性能计算场景中，内外存占比可以达到 1/4（25%）以上，如果有 2TB 的外存持久化层数据，内存至少可以是 512GB。在这一点上，很多私有云部署的场景由于无法分配大内存，也无法管理大内存的虚拟机，因此不得不说这种云虚拟化本身是与高性能计算背道而驰的。

除了内外存占比，另一个重要的议题是外存采用何种类型的硬件，通常有两大类：磁盘和固态硬盘。磁盘操作涉及相对昂贵（缓慢）的物理操作，机械臂需要移动、磁盘需要旋转定位后才能开始读写操作。尽管很多人认为磁盘在连续读写操作上有优势，且似乎较固态硬盘更加稳定，但是固态硬盘具有读写均衡且高效的性能优势，最终全面替代传统的磁盘架构只是个时间问题，至少在数据库应用场景中是如此。

需要注意的是，为了磁盘访问而优化的数据库数据结构和代码逻辑，虽然可以直接在固态硬盘上运行，但是存在大量的优化和调整空间，这些细节也是数据库架构设计最为繁杂之处。如果我们再把持久化内存的硬件方案引入，就会让问题更复杂。很显然，一套代码逻辑、一套数据结构要泛化并适配到全部的硬件架构之上，并且都能获得最佳的性能，是不太现实的。在实际的数据库架构设计中，我们总在不断地取舍（平衡），包括面向底层硬件而做出相应的适配。我们认为那种忽略底层硬件而一味相信硬件透明的数据库设计方案是不可行的——尽管作为数据库下层的文件系统与操作系统已经做了很多抽象、适配的工作，然而高性能数据库依然需要面向具体的硬件环境进行精准的数据结构、架构及性能调优。

（2）缓存

缓存的目的本质上是为了降低 I/O 数量，提高系统吞吐率。几乎所有的落盘数据结构都会利用缓存来加速（帮助更快速地定位、读取或回写）。另外，缓存的设计与数据可变性以及排序与否经常需要通盘考虑，因为是否允许数据被更改，以及数据是否需要排序后存储直接影响了缓存的设计逻辑与实现，反之亦然。

图数据库的存储引擎对于缓存的利用似乎较其他类型的数据库更多，这里不妨罗列一下可能用到缓存的情况：数据写入、数据读出、元数据索引、全文搜索索引、近邻数据、中间操作结果，以及高并发、多版本维护场景等。

需要注意的是，无论是机械硬盘还是固态硬盘，读取与写入的最小单位是块（block）。机械硬盘通常在硬件层面用扇区（sector）表示，如图 3-3 所示，但是在操作系统层面，和固态硬盘一样统一用块表示，一个块通常可设定为固定大小，例如 4KB，可能包含多个扇区。在 Linux 操作系统中，下面两个命令可以方便地判断 block 与 sector 的大小：

```
fdisk -l | grep "Sector size"
blockdev -getbsz /dev/sda
```

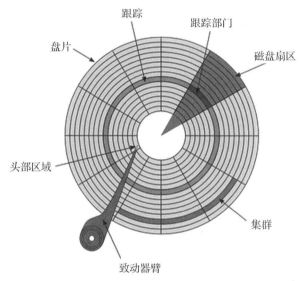

图 3-3　机械硬盘的存储部件示意图

在机械硬盘上，活动部件的寻址与磁盘转动时间占到了每次操作的 90% 以上，而在固态硬盘（及持久化内存、动态内存）中，由于不存在这个物理部件移动而消耗时间的环节，也因此指数级地缩短了每次操作的时耗（如图 3-4 所示），时间消耗从每次数毫秒降低到了几十到几百微秒（约 40 倍以上的性能提升）。

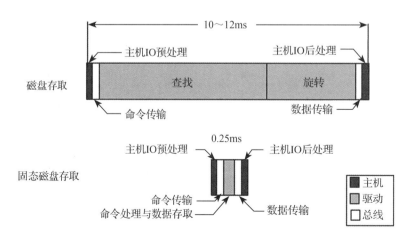

图 3-4　机械硬盘与固态硬盘访问时延分解对比示意图

　　在固态硬盘中，最小颗粒度的存储单位是 Cell，其次是 String、Array、Page、Block、Plane、Die、Solid State Drive（SSD），最后的 SSD 就是我们熟知的固态硬盘（图 3-5）。而可编程（写）、可读取的最小单位是 Page（页），最小可擦除（erase）的存储单位是 Block（块），每个 Block 通常由 64～512 个 Pages 构成。

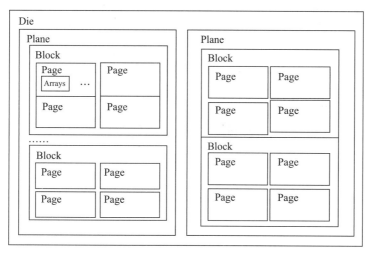

图 3-5　固态硬盘的存储单元间的层层嵌套关系示意图

　　无论是机械硬盘还是固态硬盘，读写的单位不是操作系统、文件系统与数据库存储逻辑层面所需要存储的最细颗粒度的数据记录——比特，甚至都不是字节或者多个字节所构成的字符、整数、浮点数或字符串。在硬件层面这么设计是为了提高存储效率。举个例子，一个人从家里到公司的距离是 20km，打车需要 1 小时，他需要从家里带 10 本书到公司，可以一次性运送 10 本书去公司，也可以多次运送，从运输成本、时间成本上综合考量，显然是一次性运送最划算。同样地，在面对存储媒介的时候，缓存设计就是这种"一次性"批量运送（存取）技术手段。类似地，在分布式架构设计中，如果每个操作都涉及网络请求与传输过程，合理地合并多个操作后再统一传输不失为一种优化方案。

　　图 3-6 示意的是缓存与物理 I/O 之间的"反比"关系，理论上缓存越多，I/O 越低，但实际上，缓存量到达 C 点后，对于 I/O 降低（性能提升）的效果就不明显了。这个 C 点就是我们在设计存储缓存时的一个"高规格"目标，而 B 或 A 则是低成本投入时的"中低规格"目标。

　　总之，缓存是一个贯穿整个计算机硬件和软件发展历程的核心技术。即便是在最极端的情况下，比如在数据库或应用软件设计中没有主动使用任何缓存技术，底层的文件系统、操作系统、像硬盘、CPU 等硬件依然会通过缓存来实现存取与计算加速。缓存的出现让系统架构设计变得更为复杂，因为系统有更多的组件需要管理，例如保持更新、提升命中率、清空重置等。

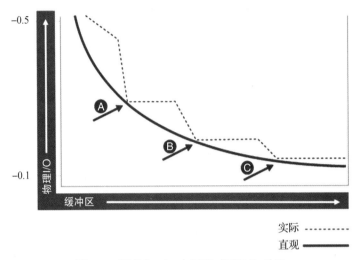

图 3-6　缓存与 I/O 之间的"反比"关系

（3）排序（与否）

数据排序是一个随着数据记录数量增长而越来越常见的存储优化技术。是否排序取决于具体的业务场景。如果是对插入数据进行排序，那么在连续存储类型的数据结构中，可以直接使用地址下标来以最低延迟访问一条记录，或者快速读取一段地址空间内存放的数据记录。再结合缓存的加速策略，连续存放的数据记录可以更充分、有效地利用缓存技术，但如果中间需要插入或删除一条记录，操作成本会比较昂贵。

在第 2 章中介绍过"近邻无索引"存储数据结构，可以以 $O(1)$ 的时间复杂度来从任意一个顶点去定位它的近邻（即一度以内的邻居）顶点。这种数据结构设计本身的存取效率已经高于索引。在不考虑并发锁等复杂的情况下，增量写入、读取、更新效率都可以做到 $O(1)$，但是删除的复杂度会更大。因为像数组这类连续存储的数据结构，从中间位置删除记录会导致整个后序数据记录移位。这个时候，如果数据记录可以不按照 Key 或 ID 排序，则可以考虑在定位要被删除的数据记录后，与末尾的记录置换，完成置换后再删除尾部记录。这个操作称为接入－删除（swtich-on-delete）操作，其复杂度依然可以等同于 $O(1)$（实际复杂度是最低延迟的 $O(1)$ 的 7～10 倍），操作示意图如图 3-7 所示。

非连续存放的特点是可以把数据结构设计为删除单个记录，效率可能较高，如 $O(\log N)$（通常这一数值不大于 5），但是连续读取的多条记录的范围查询成本则很高，例如，读取 K 条记录的时耗为 $KO(\log N)$。

范围查询在很多应用场景中被大量使用，但它似乎与非排序存储方式相冲突。在第 2 章中我们介绍过 LSMT，这里介绍一种基于 LSMT 优化的 WiscKey（Wisc 是 University of

Wisconsin-Madison 的缩写，Key 指的是一种 Key-Value Store 的存储优化方案），数据结构可以兼顾写的效率与非排序存储的空间利用优势。

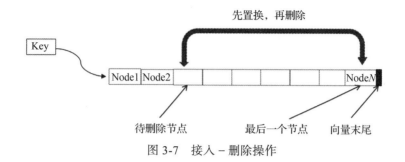

图 3-7　接入 – 删除操作

首先针对磁盘而言，LSMT 的特点如下：

❑ 批量、顺序写入；

❑ 顺序访问高通量（顺序访问的效率是随机访问的数以百倍计）；

❑ 读写放大效应（并没有面向 SSD 优化，记录读写都会被放大很多倍）。

其次，固态硬盘的特点如下：

❑ 随机读性能高；

❑ 并行操作能力。

WiskKey 的设计核心理念是键值分离（仅键需要排序），它包含如下几个面向固态硬盘的优化策略（图 3-8、图 3-9）：

图 3-8　LSMT 与 WiscKey

❑ 拆分排序与 GC（垃圾回收）；

❑ 利用固态硬盘在范围查询时并发的能力；

❑ 在线、轻量级 GC；

❑ 最小化 I/O 放大；

❑ 崩溃一致性。

经过 WiskKey 优化的固态硬盘上的顺序、随机访问性能如图 3-10 所示。可以看到，当访问的数据大小在 64K～256KB 范围内的时候，32 线程并发访问的吞吐率已经和串行访问不相上下了。

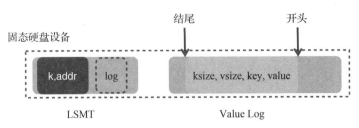

图 3-9　WiscKey 中 LSMT 与 vLog 分离

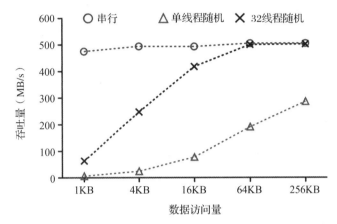

图 3-10　WiscKey 串行、单线程随机、32 线程随机范围查询性能比较

　　WiscKey 是基于 LevelDB 的核心代码优化的，经过优化后，WiscKey 在随机访问和顺序访问上都有一定程度的性能提升，特别是在键所对应值的占用空间大于 4KB 之后（图 3-11）。当然，有多少实际业务中的键值需要 4KB 以上的存储空间，是个需要具体探讨的问题。以笔者的经验，实际键值普遍在 1KB 以内。这个时候，WiscKey 与常规的 LSMT 的性能相差无几。

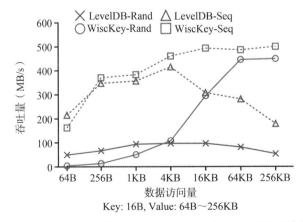

图 3-11　基于对 LevelDB 代码优化的 WiscKey 与 LevelDB 查询性能比较

（4）数据可变（与否）

数据是否可变（mutability）指的是数据记录的更新采用追加模式（append-only）还是允许本地更改。不同的模式适用于不同的场景，也因此而衍化出了不同的"加速"模式。例如最早在 Linux 内核设计中实现的 Copy-on-Write 模式（COW），即不更改原数据，采用先拷贝再更改的方式。LSMT 与 B-Tree 之间的区别也通常被归纳为不可变与就地更改两种缓存加速模式的区别。

COW 所采用的一个技巧被称为无锁式记录更新，如图 3-12 所示。具体操作步骤如下：

1）定位变量（记录）A（内容为 X）；

2）拷贝 A 至 A′（非深度拷贝，指针级拷贝），创建内容为 Y；

3）在一个原子级操作（compare-and-swap）中，A 指向 Y，切断 A′ 与该变量关联关系，之前的 X 记录被 GC（垃圾回收）。

把上面的操作放在一颗二叉树中，也是一样的逻辑，COW 的核心在于尽可能地避免深度拷贝（deep-copy），使用指针来通过轻量级的操作实现浅层拷贝（copy-by-reference），并只在必要的时候再进行深度拷贝以及精准的记录更新操作。在 Linux 操作系统的内核中，当父进程需要衍生子进程时就使用了这种 COW 的技术，节省了内存与 CPU 时钟的消耗。

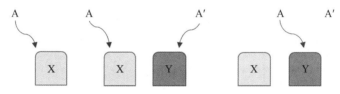

图 3-12　无锁式更新变量（记录）

B-Tree 类型的数据结构虽然实现了就地更新记录（in-place update）的功能，但是带来了写放大（write-amplification）的问题，以及处理锁和并发时的设计复杂度较高。Bw-Tree 由此应运而生，它的全称是 Buzzword-Tree，是一种内存级、可变页大小、高并发、无锁数据结构。

Bw-Tree 有 4 个核心设计（图 3-13）：

❑ 基点（base nodes）和变化链（delta chains）。

❑ 映射关系表。

❑ 合并与垃圾回收。

❑ 结构化更改（SMO）：为了实现无锁化。

确切地说，这 4 个设计都是为了实现无锁式高并发，当然，代价就是使用了更多的内存空间。其示范意义在于，高性能系统的设计思路无外乎以下几点：

1）使用和适配更快的存储设备（包括内存、包括分级存储）；

2）尽可能实现更高的并发（配合数据结构支持）；

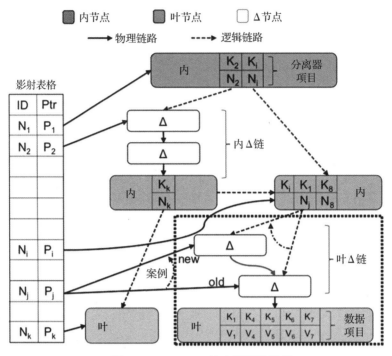

图 3-13　Bw-Tree 的内部逻辑关系

3）避免使用过多的、颗粒度太粗的锁;

4）避免频繁地拷贝数据等操作（数据利用率太低）;

5）贴近底层硬件，避免过多的虚拟化和过多的中间环节。

3.2　高性能图计算架构

在传统类型的数据库架构设计中，通常不会单独介绍计算架构，一切都围绕存储引擎展开，毕竟存储架构是基础，尤其是在传统的基于磁盘存储的数据库架构设计中。类似地，在图数据库架构设计中，项目就围绕存储的方式来展开，例如开源的 Titan 项目（已停滞）及其后续延展形成的开源的 JanusGraph 项目都是基于第三方 NoSQL 数据库的存储引擎而构建的，可以说这些图数据库项目本身是在调用底层存储提供的接口来完成图计算请求。笔者认为，图数据库所要解决的核心问题并非存储而是计算。换句话说，传统数据库（包含 NoSQL 类数据库）不能完成业务与技术挑战的主要原因是在面向关联数据的深度穿透与分析时的计算效率问题。尽管这些挑战与存储也相关，但更多的是计算效率问题，参考图 3-2 所示的存储与计算的分层加速逻辑。

1. 实时图计算系统架构

关于数据库计算架构的设计，没有所谓的唯一正确答案。但是，在众多可选方案中，笔者认为最为重要的是常识，有时候也包含一些逆向思维。

（1）常识

❑ 内存比外存快得多。

❑ CPU 的三级缓存比内存快得多。

❑ 数据缓存在内存中要比在外存上快得多。

❑ Java 的内存管理很糟糕。

❑ 链表数据结构的搜索时间复杂度是 $O(N)$，树状数据结构（索引）的搜索时间复杂度是 $O(\log N)$，哈希数据结构的复杂度是 $O(1)$。

（2）逆向思维

❑ SQL 和 RDBMS 是世界上最好的组合——在过去 30 年中大抵如此，但是业务场景的不断推陈出新决定了需要有新的架构来满足业务需求。互联网业务中通过大量的多实例并发来满足海量用户请求（例如秒杀场景），这些高并发的场景中，处理模式都属于短链条交易模式，和以金融行业为首的长链交易模式非常不同——两者之间的主要区别在于，长链条交易的计算复杂度成倍增加，对于分布式系统的设计挑战更大，而短链交易中分布式系统的各节点间的通信或同步量小且逻辑简单（故称短链条）。

❑ 庞大有如 BAT 类的大企业一定是图技术最强大的提供商——如果按照这个思路，BAT 恐怕不会在过去 20 年中从小不点成长到今天的巨无霸。每一次新的巨大的 IT 升级换代机遇出现时都会有一些小公司跑赢大盘。

图 3-14 是一种实时图数据库的总体架构设计思路。

图 3-14　一种图数据库的架构（横向数据流与纵向架构堆栈）

实时图数据库的核心部件（纵向）具体如下。

❑ 图存储引擎：数据持久化层；

❑ 图计算引擎：实时图计算与分析层；

❑ 内部工作流、算法流管理及优化组件；

❑ 数据库、数据仓库对接组件（数据导入、导出）；

❑ 图查询语言解析器及优化器组件；

❑ 图谱管理、可视化及其他上层管理组件。

图数据库的内部结构示意图如图 3-15 所示。

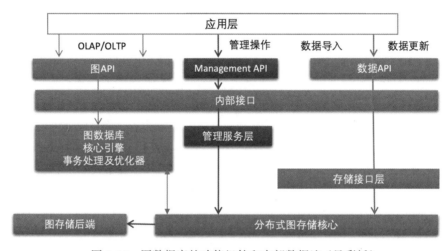

图 3-15　图数据库的功能组件和内部数据流（见彩插）

在图 3-15 中，我们用了三种颜色来标识图数据库中三种工作流：数据工作流（橙色）、管理工作流（蓝色）和计算工作流（绿色）。

数据工作流与管理工作流对于设计实现过软件定义的存储系统的读者应该感到不陌生，在逻辑上它们代表数据传输与系统管理指令的分离，可以看作是在两个分离的通道上传输图数据与管理指令。而计算工作流则可以看作是一种特殊的图数据工作流，它是与图计算引擎之间流转的数据与指令流。

我们用具体的例子来说明计算工作流与数据工作流之间的差异。图 3-16 与图 3-17 分别是两条实时路径查询指令返回结果的可视化呈现。它们之间的差异在于是否有点（实体）、边（关系）的属性被返回。在图 3-16 中是无点、边属性返回；在图 3-17 中是全部属性被返回。

图 3-16 的查询指令如下：

```
// 无环路径查询，返回结果无属性字段
ab().src(12).dest(21).depth(5).limit(5).no_circle()
```

图 3-17 的查询指令如下：

```
// 返回结果包含全部点、边属性的无环路径搜索
ab().src(12).dest(21).depth(5).limit(5).no_circle().select(*)
```

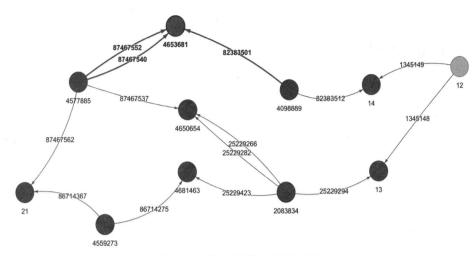

图 3-16　路径搜索中无属性返回

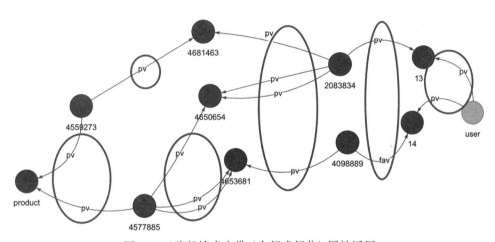

图 3-17　路径搜索中带（全部或部分）属性返回

以上两个路径查询语句都是查询两个顶点间深度为 5 的无环路径，且限定找到 5 条路径即可返回，区别在于后者要求返回全部顶点及边上的属性。这一语义层面对于底层的图计算与存储引擎的区别在于，如果无属性返回，那么图计算引擎可以完全以序列化 ID 来进行查询与计算，这样做显然最节省内存，也是性能最优的一种方案；如果需要返回属性，这个工作可以分给存储引擎来完成，在存储持久层找到每个点、边的属性并返回。因此，在需要返回属性的查询语句中，计算与存储引擎都被调动了，而无属性返回的场景中，存储引擎无须介入计算过程中。

当然，存储引擎通过优化，特别是缓存等功能的实现，也可以在毫秒级至秒级时间内返回大量的属性数据（尤其是多次查询时的加速效果明显）。然而问题的关键在于，像上面这种深度的路径查询，基于内存加速的计算引擎的效率会是传统存储引擎的成百上千倍（微秒级），并且随着查询深度的递增而产生的性能落差指数级增大。

2. 图数据库模式与数据模型

图数据库普遍被认为采用的是模式自由（schema-free 或无模式 schemaless）的方式来处理数据，也因此具备了更高的灵活性和应对动态变化数据的能力。这也是图数据库区别于传统关系型数据库的一个重要之处。

关系型数据库的模式描述并定义了数据库对象及对象相互间的关系，起到了一种提纲挈领的作用。图 3-18 显示了 19 张表及其数据类型、表之间通过主外键所形成的关联关系。不过，不同厂家的数据库对于模式的具体定义存在很大差异，在 MySQL 中 schema 可以等同于数据库本身，Oracle 则把 schema 作为数据库的一部分，甚至从属于每个用户，而在 SQL Server 中创建模式后，用户与对象等信息可以依附在其下。

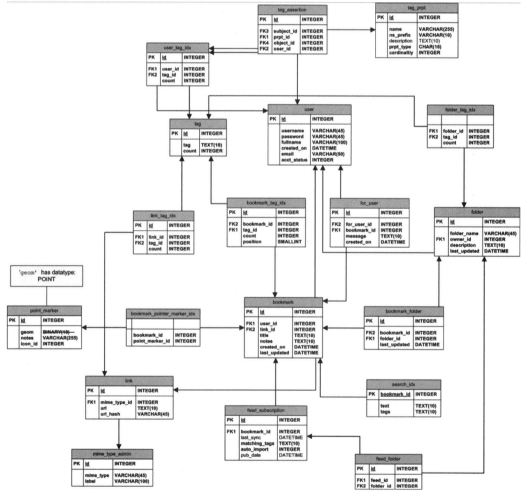

图 3-18　关系型数据库的模式

关系型数据库中模式的创建是前置的，一旦创建并且数据库已经运行，做出动态改变是非常困难的。然而，在图数据库中，如何能提纲挈领地定义图数据对象及对象间关系的骨架（skeleton），这一挑战有两种不同思路的解决方案：一是无模式方案；二是动态模式方案。

事实上，还有第三种方案就是延续传统数据库的静态模式方案，但这个和构建较传统数据库更为灵活的图数据库的目标相悖，不在本书讨论的范畴之内。

无模式，顾名思义，无须明确定义数据库对象间关系的模式，或者说对象间的模式是不言而喻的或隐含但明确的。例如社交网络图谱中顶点间的关联关系，默认都是关注或被关注关系，这种简单图关系中并不需要模式定义介入。即便在更为复杂的关系网络中，例如金融交易网络，两个账户（顶点）间可能存在多笔转账关系（多交易等于多边），这种图属于多边图，在同类型（同构）顶点间的多笔同类型边的存在，也不需要定义模式来加以区分。

动态模式是相对静态模式而言的，显然，在上面的例子中，如果有多种类型的顶点（账户、商户、POS 机、借记卡、信用卡等）、多种类型的边（转账、汇款、刷卡、还款等），那么定义模式可以更清晰地描述对象及对象间的关系。如果图数据还是动态改变的，例如新的类型的数据（点、边）出现后，那么就需要动态定义新的模式或改变原有的模式来更灵活地描述和处理数据，而不需要像传统数据库的静态模式定义一样，需要停机、重启数据库等一系列复杂的操作。

图数据库因为不存在表、主键、外键等概念，可以很大程度被简化为只包含以下组件。

- 节点：也称为顶点（对应的复数为 nodes 和 vertices）。
- 边：通常称为关系，每条边通常连接一对顶点（也有复杂的边模式会连接大于 2 个节点，但非常罕见且混乱。为避免复杂化，本书不处理此类情况）。
- 边的方向：对于由边连接在一起的每对节点来说，方向是有意义的。例如：A→父亲（是）→B；用户 A→（拥有）账户→账号 A。
- 节点的属性：每个节点相关的属性，每个属性用一个键值对来表达，例如：参考书 - 与神对话，符号前是主键的名称，符号后是数值字符串。
- 边的属性：边的属性可能包括很多内容，如关系类型、时间跨度、地理位置数据、描述信息，以及装饰边的键值对等。
- 模式：在图数据库中，模式的定义可以在图数据库对象创建后发生，并且可以动态地调整每个模式所包含的对象。点、边可以分别定义各自的多组模式。
- 索引及计算加速数据结构：磁盘索引部分与传统数据库无二，计算加速则是图数据库特有的创新，这一部分与内存数据库有一些相似之处。
- 标签：标签可以被看作是一种特殊的属性，某些图数据库采用标签的方式来模拟模式的效果，但是两者之间存在较大的区别，标签只能算作一种简化但功能不完整的类模式实现，无法替代模式。

图数据库的数据源中所对应的数据类型如表 3-1 所示。

表 3-1　典型图数据类型（部分）

数据类型	描　　述
整型（integer）	4 个字节整数
长整型（long）	8 个字节整数（在大图中）
字符型（string）	变量
布尔值（boolean）	1 或 0（真或假）
字节（byte）	1 个字节
短整型（short）	2 个字节
单精度浮点型（float）	4 个字节浮点精度
双精度浮点型（double）	8 个字节浮点精度
唯一识别码（UUID）	基本上是字符型
日期（date）或时间戳	日期、时间戳和子类型

除表 3-1 罗列的数据类型外，还有很多其他类型的数据，如那些半结构化、类结构化和非结构化的数据类型。但在图计算引擎运转时，这些丰富的数据类型并不一定需要被加载到引擎中去，因为这种操作可能既无意义也不重要。或者说，它们应该加载到持久化存储层或辅助数据库（例如文档数据存储）中处理，来满足客户的延展查询需求。

3. 核心引擎如何处理不同的数据类型

需要记住的一点是，某些类型的数据对内存不友好，以字符类型或唯一标识码（UUID）为例，这些数据类型往往会在内存中膨胀，如果不做处理（数据蒸馏）很快就会有内存不足的问题。

举个例子，一张图有 10 亿个顶点、50 亿条边，每条边用最简单的形式记录包含 2 个顶点（起点和终点），如果使用唯一标识码（UUID）来代表每个顶点，每个 UUID 是 64B 的字符串，那么这张图最少占用内存的计算公式如下：

$$64 \times 2 \times 5\ 000\ 000\ 000 = 640\ \text{Billion Bytes} = 640\text{GB RAM}$$

如果以无向图或双向图存储（允许反向遍历），那么就需要将每条边反转（图遍历中的一种常见技术），则使用 UUID 的内存消耗倍增为 1 280GB，而且这不包括任何边 ID、点 – 边属性数据，不考虑任何缓存、运行时动态内存需要等。

为了减少内存占用和提高性能，我们需要做如下几件事。

❑ 序列化：把 UUID 类型的主键类数据转换为整型存储，并在源数据与序列化数据间建立对照表（例如 Unordered Map 或某种哈希映射表），对照表的建立相当于为 10

亿顶点逐一分配整型 ID，即便使用 8B 长整型，低至 100G～200GB 的连续内存。数据结构就有可能覆盖全部 UUID-ID 的映射关系。

❑ 近邻无索引：使用适合的数据结构来实现最低算法复杂度的点 – 边 – 点遍历。读者可以参考前面介绍的近邻无索引数据结构设计来构建自己的高效、低延时图计算数据结构。

❑ 想办法使 CPU 饱和并让它们全速运行是每个高性能系统的终极目标，因为内存仍然比 CPU 慢 1000 倍。当然，这也与多线程代码如何组织和操作工作线程以尽可能高效地生产有关。这与所使用的数据结构密切相关——如果你在 Java 中使用过堆（heap），它一定不像映射或矢量那样的类型有效率，列表和数组等也是一样。

另外一方面，并非所有数据都应该直接加载到图核心计算引擎中，这里要特别注意的是，点、边属性的数量分别乘以点、边的个数，结果可能远远大于点和边的数量。很多人喜欢用传统数据库的字段数量来统计图数据库的规模，如 10 亿的点、50 亿的边，假设的点有 20 个属性字段，边有 10 个属性字段，它的（字段）规模 = 10×20 + 50×10 = 700 亿，相当于千亿规模。很多所谓的千亿或万亿规模的图实际上可能远远小于真实的情况。

图计算的本质是对图的拓扑结构（图的骨骼、骨架）以及对必要的、有限的点、边属性进行查询、计算与分析。因此在大多数的图计算和查询过程中，大量的点、边及属性与当前查询的内容无关。这也意味着它们在实时图计算的过程中没有必要占用宝贵的计算引擎资源，也不需要在实时处理的路径之中。

为了更好地说明这些特点，下面列举一些例子：

❑ 为了计算一个人朋友的朋友的朋友，等同于图计算中的 3 跳（3-Hop）操作，是一个典型的广度优先（BFS）查询操作。

❑ 要了解 2 个人之间的所有 4 度以内关系，是一种典型的 AB 路径查询（BFS 或 DFS 或两者兼而有之），中间涉及非常多的节点，可能是人、账户、地址、电话、社保号、IP 地址、公司等。

❑ 监管机构查看某企业高管的电话记录，比如近 30 天内的来电与呼出电话，以及这些来电者和接听者如何进一步打电话，了解他们延展 5 步之内的通话网络并查询他们之间的通话关系网络。

这三个例子是典型的网络分析或反欺诈的场景，并且查询深度以及复杂度逐级升高。不同的图系统会采用不同的方法来解决这一问题，但关键是：

❑ 如何进行数据建模？数据建模的优劣会影响作业的完成效率以及存储与计算资源的消耗程度，甚至会制造出大量噪声，这些噪声不仅会降低查询作业的完成速度，还会使作业准确性难以保证。例如同构图、异构图、简单图、多边图，不同的建模逻辑都可能会影响最终的查询效率。

❑ 如何尽可能快地完成工作？只要成本可以接受，实时返回结果总是更好的。

❑ 性价比一直是考虑的因素，如果相同的操作总要一遍又一遍运行，那么为它创建一个专用的图表是有意义的。另外，在数据并没有频繁更新的条件下，缓存结果也可以达到同样的效果。

❑ 如何优化查询？这个工作是由图遍历优化器（graph traversal optimizer）来完成的。

图遍历优化器有两种工作方式：一是遍历所有的边后再进行过滤；二是遍历的同时进行过滤。这两种遍历优化的核心区别如下：

❑ 在第一种方法中，遍历是通过一个高度并发的多线程图引擎完成的，先获得一张子图，然后再根据过滤规则筛选并保留可能的路径集合。

❑ 在第二种方法中，过滤规则在图遍历过程中以动态剪枝的方式来实现，一边遍历，一边筛选。

❑ 这两种方法在真实的业务场景中可能有很大的不同，因为它会影响属性（对于节点/边）的处理方式。第二种方法要求属性与每个节点/边共存，而第一种方法则可以允许属性单独存储。

不同的图数据模型建模机制和不同的查询逻辑可能会让一种方法比另一种方法运行得更快。同时支持两种方法并同时运行两个实例，通过比较可以帮助优化并找到图数据建模（和模式）的最合适方法。

4. 图计算引擎中的数据结构

在图数据库的存储引擎中，可以按照行存储、列存储、KV 存储三大类方式划分持久化存储方案。在图计算引擎层，尽管我们渴望高维的计算模式，但是数据结构层面依然分为两大类：顶点数据结构和边数据结构。

注意 在一些图计算框架中，因为点、边都没有属性，可以只存在边数据结构，而不需要顶点数据结构，因为每条边都是由起点与终点构成的有序的一对整数，已经隐含了顶点。

当然，以上两种数据结构还分别包含点属性、边的方向、边的属性等字段。显而易见，可能的数据结构方案有如下几种。

❑ 点、边分开存储：点、边各自属性字段采用两套数据结构分别表达。

❑ 点、边合并存储：顶点数据结构包含边，或边数据结构包含顶点。

❑ 点、边及各自的属性字段分开存储：可能用 4 套或更多的数据结构来表达。

图 3-19 给出的图数据结构是点、边及属性的"一体化"数据结构设计方案，第一竖行是顶点，而后面部分是起始顶点的属性，以及边和边对应的属性。这一数据存储模型非常类似谷歌的分布式存储系统 big table。这类数据模型设计的优点如下：

图 3-19　点、边合并存储模式的图计算数据结构

- ❑ 对图遍历来说，这是一种边优先（edge-first）的数据模型，遍历速度高。
- ❑ 数据模型可以用最合适的数据结构进行优化，以获得最佳的遍历性能。
- ❑ 它将使分区（或分片）更加容易。
- ❑ 这种数据结构对于持久化存储层也同样适用（行存储模式）。

缺点如下：

- ❑ 使用连续存储（内存）空间的数据结构，无法快速地更新（删除）数据。
- ❑ 如果使用对齐的字段边界，不可避免地会导致空间浪费（所谓空间换时间）。

按照图 3-19 的思路延展开来，读者可以自由发挥来设计更为高效的图计算数据结构。

5. 如何对大图分区（分片）

对一张大图进行分区（分片）可能是一项艰巨的工作。传统意义上，图分片问题是个 NP 困难（NP-Hard）问题，求解的复杂度至少与 NP 完全（NP-Complete）问题一样困难，非常具有挑战性。即使对一个图进行了分区，由于分区后形成的各个子图之间的复杂依赖关系，可能会导致整个集群系统面临性能指数级降低的结果。

图分区（也称为切图）是图论研究中一个有趣的课题，一般有两种切图的方式，即切边（edge-cut）和切点（vertex-cut），如图 3-20 所示。

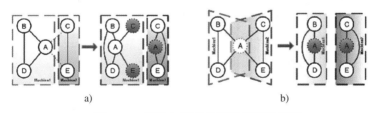

a)　　　　　　　　　　　　　　　　b)

图 3-20　切边与切点分图的区别示意图

a）切边　b）切点

仔细观察图 3-20，我们会发现切边后所形成的 2 张新的子图中，不但点（A、C、E）被重复放置，边（AC、AE）也被重复；而切点后，只有一个顶点（A）被复制。另外，切边的逻辑整体而言没有切点清晰，因此大多数学术界的图计算框架都采用切点的模式。例如图 3-21 中的基于 Apache Spark 系统的 GraphX 图计算框架就采用的是典型的切点方式。图

中 A、D 两个顶点被切分后，GraphX 用了 3 套分布式数据结构来表达完整的原图：顶点表、路由表和边表。

其中，2 张切分后的顶点表采用完全无重叠的方式，即任一顶点只会出现在一张顶点表中，而不被复制，因此会出现尽管 A、D 都被切割，但是 A 在上表中，D 却在下表中；路由表中标明了每个顶点对应在哪几张边表中出现（凡是被切割的顶点都会出现在至少 2 张边表中）；边表负责描述切分后形成的每张子图中的每一条边的起始顶点、边属性及终止顶点。

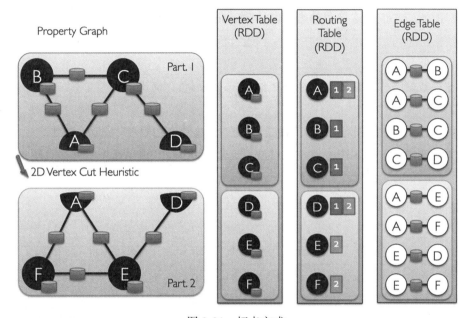

图 3-21　切点方式

切点（或点切）模式的逻辑和具体数据结构设计还有其他的方案和变种，例如源自卡内基梅隆大学（CMU）的 PowerGraph 图计算框架针对其他图计算框架中存在的超级节点处理效率低、切点子图效率差等问题进行了优化，并获得了在一些图算法计算效率上的大幅提升（例如最常见的 PageRank 算法）。

图计算框架由于历史原因，绝大多数面对的数据集都属于合成数据集（例如在超级计算中常见的 Graph500 数据集），而真实世界（natural graph）的数据集一般都源自互联网、社交网络或公路网络，例如常见的 Twitter、Livejuornal 等数据集。这些数据集大体上有几个共有特征：单边图、无属性（点、边无属性）和存在超级节点（hotspot/supernode）。

也许是因为这些共性导致图计算框架上的图分析与算法研究普遍集中在如下几类算法中：PageRank（网页排序）、三角形计算（按顶点统计）、最短路径或其变种、联通分量（弱联通分量）、图上色问题。

这些算法的一个普遍特点是查询深度较浅，除了最短路径算法以外，其他算法可以简单地理解为查询深度只有 1～2 层，这意味着分图带来的集群节点间通信增加问题可以被忍受。但是，随着工业界（例如金融行业）对于图技术的关注，图计算框架的局限性开始暴露，特别是这些共性需求需要架构层面的支持。

- ❑ 多边图：顶点间存在多条边，例如多笔转账交易、刷卡交易、通话记录。
- ❑ 多属性：顶点及边上都可能存在多个属性字段。
- ❑ 动态性：图上的数据，即顶点和边及其属性都可能会动态地增加、删除甚至改变。
- ❑ 实时性：在某些场景中需要实时进行计算分析并返回结果。
- ❑ 查询深度：深度在 3 层以上的查询。
- ❑ 时序特征：多数工业界的图数据都会带有时序属性。

结合以上全面的图数据普遍特征，至少有以下 4 种方法来切分一个图。

1）暴力分区（brute-force partitioning）：暴力分区与随机划分非常类似，它基本上忽略了图内在的拓扑结构（从人类的视角来理解，一张大图可能包含形成社区的子图，使得某些子图非常密集，而其他区域非常松散，因此给了划分图的机会），只需在任意的（例如均分的）顶点或边之间进行剪切即可。目前大多数的图计算框架的分区逻辑都采用点切的方式，少部分采用边切的方式。

2）基于时间序列的分区（time-series-based partitioning）：这迎合了数据模型包含时间序列数据的场景，例如，有 10 亿个账户，每周记录 100 亿个事务，如果在过去 12 个月内查找账户组之间的连接，那么创建一个包含 52 个子图的集群是非常有意义的。集群中的每个计算节点捕获 1 周的事务数据。每个查询都可以发送到所有 52 个子图进行执行，最后合并（聚合）到某个指定的（额外的）计算与管理节点进行最终结果聚合。这样分区的逻辑非常清晰，也符合大数据分而治之的理念，可以解决相当一部分场景的需求。

3）用户指定分区（user-specified partioning）：类似于时序分区的逻辑，由用户来定义如何对图数据集进行切分，这种切图模式可以看作是时序切图的超集。

4）智能分区（smart partitioning）：智能切图在理论上依然属于 NP 困难（≥NP 完全）问题。但是，实际上因为真实世界的图的连通性都属于稀疏图，即远远没有达到完全联通的稠密程度，因此在逻辑上是可以找到一张大图中联通最稀疏的顶点的最小集合，并且做出尽可能让子图规模均衡的切分。当然这种切分可能存在的一个问题是，如果图数据在切分后继续动态改变，可能会造成已切分的子图间产生负载不平衡等问题。因此如何解决动态平衡的切图问题是产学研界都在关注的问题。

图 3-22 示意了在数据结构层面一种可能的切图方式，但是仔细观察，这种方式似乎并非典型的切点或切边的方式，因为这套数据结构自身很难完成跨子图操作（因为在某个顶点的边当中可能会指向的终止顶点属于另一张子图，但是该数据结构自身并没有另一子图的记录）。因此，类似于图 3-21 的逻辑，我们需要一张路由表或一张映射表来查询任意顶点的

子图归属关系，以便完成跨子图查询。很显然，图切得越多，可能会造成越重的跨子图通信负担。

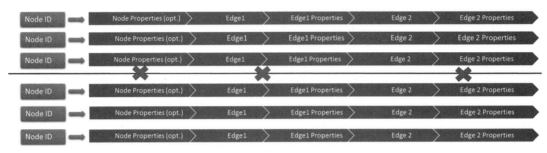

图 3-22　一种可能的切点切图计算数据结构切分示意图

有研究表明，一张大图被切分为 10 张子图后，有 90% 的节点会落在多张子图内，如果切成 100 张子图，则 99% 节点都会被切割。在这种切割后的子图上运行复杂的路径查询、K 邻查询、随机游走或社区识别等算法会是一个巨大的挑战，切图后的性能（时效性）可能会产生数以万倍的落差。

6. 高可用性及可扩展性

任何企业级商用系统都必须具备高可用性、可扩展性以及快速的故障恢复能力。

（1）高可用性

和主流的数据库、数据仓库或大数据系统类似，图系统提供和实现高可用性的方法有多种，具体如下。

1）双机集群系统（HA）：标准的 HA 设置非常简单，主服务器和辅助（备份）服务器各自有 100% 的图系统，它们保持同步，任何增删改操作都通过双机集群系统的内部同步体制进行，一旦主服务器关闭或掉线，备份服务器则立刻被激活（通常存在毫秒级延迟）。这种双机集群系统也叫热备系统。

2）主从服务器（MSS）：一个主服务器和多个从服务器组成一个由多台（≥3）服务器组成的集群，它们都有读的权限，但只有主服务器可以进行增删改操作。它与经典的 MySQL 数据库的主 – 从双机集群系统的设置非常类似。主从服务器的设置模式之一是分布式共识（RAFT）集群，通常由 3 个实例构成，基于分布式共识算法实现，为了简化集群数据同步，通常写操作由一台服务器负责，所有服务器都可以参与集群负载均衡，只要集群内超过 50% 的节点在线，整个集群就可以正常工作，当某个实例下线后，集群可以进行重新选举出主节点来作为写入节点。在某些基于原生 RAFT 协议实现的图数据库集群中，备份节点（或从属节点）并不参与集群负载，它们只在主节点掉线的情况下才通过选举机制推举某个节点上线成为主节点，例如 Neo4j 的因果集群（causality cluster）就是这种典型的基于分布式共识的热备份模式，它的缺点在于浪费了 2/3 节点的计算资源，它们没有参与负载。

3）分布式高可用 DHA-HTAP 集群：分布式高可用集群的最小规模通常是 3 个节点，这个时候每个节点的角色（所承载的查询与计算操作类型的差异）如果按照 TP 与 AP 来区分，参与实时 TP 类型操作的和参与 AP 类型操作的可以根据需要进行预先设定或动态分配。通常因为 AP 类型的操作（如全图遍历类的算法操作）对于计算资源消耗大，因此不适合与 TP 操作混搭在同一个节点之上。也正是出于这种操作分离的考量，混合事务与分析处理架构（HTAP）应运而生。在较大规模分布式集群中（大于 6 实例），通常会存在管理节点、计算节点、存储节点等不同类型的实例，并通过尽可能避免实例间的频繁通信的方式来保障分布式对于整体系统吞吐率的负面影响。

4）容灾式分布式高可用（DR-DHA）：需要支持同城、异地多数据中心的灾备。与上面的 DHA-HTAP 模式类似，但显然集群的规模更大（倍增），跨数据中心的通信因时延更大而让数据同步显得更为复杂。对于大型企业用户，特别是金融用户而言，这个相对复杂的方案虽然是必要的，但基本是以主集群作为唯一运营的实体，只有在主集群被迫下线后才会启动灾备集群。

（2）可扩展性

随着商用 PC 服务器架构、云计算，以及互联网场景的兴起，横向扩展（水平缩放）比纵向扩展（垂直缩放）更受欢迎。许多开发者认为水平缩放是放之四海皆可行的，但忽略了大多数图数据集并不大，不足以需要真正意义的水平缩放的事实；另一方面，现代商用服务器的架构即便是一台服务器也是具备高并发处理能力的，充分利用每一台服务器每一个 CPU 的并发计算能力，依然非常有意义——一台 40 线程算力的单机的计算能力大于 5 台 8 线程多机，特别是在图数据库查询的场景下。

图数据库的可扩展性，同样有以下两种途径。

1）垂直扩展。充分考虑到目前计算机的处理能力，一台 4 块 CPU、每个 CPU 20 核（40 线程）的主板性能比 4 节点集群（每个节点有 1 个 CPU，8 核，16 线程）强大得多——不仅因为前者有更高的核数而具备了更密集的计算资源，还因为一台机器内部的通信效率远高于多机通过网络通信的效率。只要有意识地简单升级你的硬件，就能获得更好的系统性能，特别是在图系统中。通常内存越大，性能就越高，也能大大提高系统的性能和容量。例如，你有一台 CPU 功能强大的服务器，但是只有 64GB 内存，那么你无法存储 100 亿条边的数据，可把内存升级至 512GB——事实上，CPU 的线程数与内存 GB 数量保持在 8～16 倍的配比是比较合适的，例如 16 线程对应 128G～256GB 内存，32 线程对应 256G～512GB 内存，依此类推。

2）水平扩展。水平扩展存在一个分层的概念，最简单的水平扩展是通过增加硬件资源来获得更高的系统吞吐率，如上面介绍过的主从或基于分布式共识算法的架构，当提供 3 个实例的硬件资源后，系统的吞吐率可以在一定程度上获得线性的增加，例如系统负载能力（侧重于非写入类型负载）。图数据库系统最复杂的地方在于它强调整体性（不可分割性），如果逻辑上是一张图，并且分布在一个可水平扩展的物理架构之上，那么读、写无法兼顾——随着越来越多的机器参与到水平扩展架构中，系统的吞吐率反而会下降，因为越扩展，图的查询性能会随着节点间通信越频繁而越低。有鉴于此，通常在工业界的水平分布式图架构设计实现都采用多图模式，即逻辑上，一个大的（分层）集群内会存储多张图，每张图都可以独立完成一个业务场景的查询与计算需求，每一张图都尽可能存储于一个小集群内，集群之间的通信仅限于多图联动的场景，多集群通过域名服务器同步和管理。

7. 故障与恢复

在图计算中，有两种类型的故障。

1）实例故障：属于严重的故障类型，它意味着运行实例（最糟糕的情况是，整个双机或集群系统）离线，通常情况下实例会自动重启。如果有热备用实例，它将起到自动接管主实例的作用。但如果没有，这个问题需要一张 IT 热票，并尽快解决。

2）事务失败：导致事务失败的原因有很多，因为事务失败是 ACID 类型的，如果它失败了，必须发生某种回滚以确保系统范围内的状态是同步的，否则问题最终会变得更大。通常失败会记录日志供开发人员查看，如果比较复杂，则应发出 IT 支持通知单，否则只能重新运行事务。如果问题不再存在，则可能是错误警报或其他非表层原因。

上面所有的讨论大体假设所有图服务器连接到同一个高速骨干网，以实现非常小的网络延迟（用于状态和数据同步）。现在要解决的一个大问题是：如何支持跨数据中心灾难恢复？以双数据中心灾备为例，至少有两种方案：

第一种方案采用的是准实时地把主集群的数据同步到异地从集群。当主集群发生故障时，业务可以切换至从集群。这种方案两个集群间采用日志来异步复制（log replication），在极端情况下可能会出现数据不一致性（数据短暂的丢失）的情况，如图 3-23 所示。

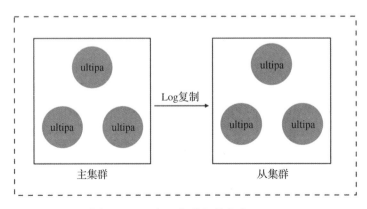

图 3-23　双中心集群备份方案：3+3

第二种方案采用的是单集群跨双中心，每个中心有 3 个副本，任一中心发生灾难，业务连续性虽然可能会被短暂影响，但是因为有多副本数据强一致性的协议级限定，数据不会丢失，并且可以通过（维护人员来手动操作）降低副本数量来快速恢复业务——例如在第二个中心中以 3 个副本拉起业务，如图 3-24 所示。

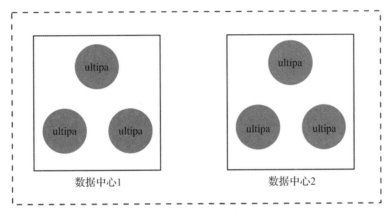

图 3-24　两中心单集群方案：3+3

在构建业务连续性计划和灾难恢复计划（BD/DR）时，需要考虑的问题（和假设）如下：

❏ 设计业务连续性和灾难恢复计划（BD/DR 规划）；

❏ 建立必须恢复系统和进程的时间框架；

❏ 评估 IT 基础设施、数据中心（或云）合同并了解其局限性；

❏ 评估图数据库在整个面向业务的 IT 支撑体系中的优先级；

❏ 实施业务连续性和灾难恢复计划；

❏ 通过演习和模拟演习测试真实情况；

❏ 迭代优化以上计划和实施方案。

图计算与分析适用的场景非常广泛。Gartner 公司在 2021 年 5 月的一份市场预测报告中分析，到 2025 年，80% 的商务智能领域的创新都会涉及图分析。随着越来越多行业的应用开始探索基于图数据库的解决方案，我们有理由相信图数据库的架构层面会有越来越多创新性、颠覆性的设计方案出炉。笔者在此梳理了以下几种可能的"颠覆性"架构设计（排名不分先后）。

❏ 持久化内存架构：大规模使用大内存架构，硬盘不参与计算。

❏ 分布式内存网格架构：在水平分布式架构中采用内存计算与存储网格，对海量内存虚拟化（容器化），通过低延迟网络进行多节点互联与数据交换。

❏ 高密度并发架构：通过系统架构设计优化，充分发挥底层硬件并发计算能力，用更少的节点实现更高的系统吞吐率、更低的时延（主要是软件层面的性能提升）。

❑ 融合多种处理器的加速架构：例如采用 FPGA、GPU、ASIC、SoC 等与 CPU 配合的计算加速架构。

❑ 智能分图、动态多图负载平衡架构：在软件层面做到对于大图的智能切分并面对动态变化的数据集保持多图多集群的动态平衡及高效性。

3.3 图数据库查询与分析框架设计

在图数据库的查询与分析框架中有两个重要组件：一个是图数据库的查询语言，另一个是可视化组件。区别于传统关系型数据库，图数据库的查询具有高维性，具体体现为以下两点。

❑ 递归查询能力：例如通过查询语言便捷地表达面向数据的深度下钻能力。

❑ 处理异构、多维数据的能力：图数据库中有元数据（点、边或属性）与复合数据（路径、子图或多种类型、多维度融合的数据）。

以上特性对图数据库的查询与分析框架的设计提出了新的挑战，也是关系型数据库 SQL 所难以实现的。另外，图数据库非常贴近业务，它配套的可视化管理组件可以被业务人员直接操作使用或通过封装为交钥匙（turnkey）解决方案的方式来使用。这也是图数据库区别于传统数据库的另一个要点。在本节中，我们会对查询语言设计与可视化两个部分展开讨论。

3.3.1 图数据库查询语言设计思路

作为一款功能完备的图数据库，图查询语言 GQL 的支持必不可少。然而，并不是所有的图查询语言都是相同的，每一款查询语言都有自己的特性、优势和劣势。当用户部署了多套图系统的时候，基于多套查询语言的特征并开发各自的应用，毫无疑问是一场灾难，这也是为什么需要制定国际标准。另一方面，只有当业界对于某种产品必将被广泛采用形成共识的时候，才会有制定国际标准的刚需，这也从侧面说明了图数据库的重要性堪比关系型数据库。因此关系型数据库的查询语言标准 SQL 的发展历程对于 GQL 也具有借鉴意义。

关系型模型的开发（如图 3-25 所示）可以追溯到 1970 年 IBM 在硅谷实验室期间开展的工作，包括随后的 System R 中 SQL 原型的实现。到了 1970 年代末期开始出现商业化的关系型数据库（RDBMS），最早的 SQL 标准是 1986 年与 1989 年先后发布的（俗称 SQLv1），但是真正相对比较成熟的、功能较完整的是 SQL-1992（俗称 SQLv2），出现了如 join、inner-join、union、intersect、alter table、alter view 等功能，我们也称 SQL-1992 奠定了当代 SQL 的基础。现代化的 SQL 标准版本是 1999 年才发布的，融入了如 Group By 等功能。需要指出的是，商业化版本通常会先行实现这些有益的功能，而后才会陆续成为标准发布。之后的 20 年间，SQL 标准并无大幅度变化，可以说是相当稳定的。从另一个视角来看，这个时间段也恰好是 NoSQL、大数据框架快速发展与迭代的时间段。这两件事情之间是否有因果、协同关系，令人深思。

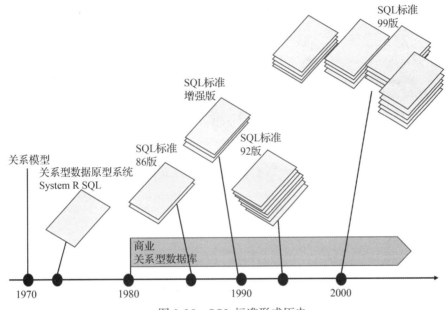

图 3-25　SQL 标准形成历史

从 SQL 的国际标准制定中可以归纳出如下特点。

❑ 耗时长：标准形成耗时很长，距离商业化版本的出现需要 10 年以上的时间。

❑ 迭代快：最早的标准通常功能不完备，需要 1～2 次大的迭代才会成型。

❑ 周期长：每个大版本的迭代需要大约 3 年的时间。

❑ 促发展：一旦标准固定后，市场发展迅速，但也意味着产品会进入同质化竞争阶段，为新型产品的出现创造机会。

真正意义上的图数据库（原生图数据库）的商业化进程始于 2011 年，具有代表性的产品是 Neo4j 发布 v1.4 带有 Cypher 图查询语言的数据库版本（确切地说之前的 v1.0～v1.3 版本只能算是只有计算功能的纯服务端），而支持标签属性图（LPG）的版本要等到 3 年后的 v2.0、v2.1 版本。

在同一时间段前后，Tinkerpop Gremlin（现称 Apache Gremlin）查询语言也开始初具雏形，不过它的设计者似乎更希望 Gremlin 成为一种通用图遍历语言，向所有图数据库开放。尽管 Gremlin 宣称是图灵完备的图语言，但其弊端是支持复杂场景时的书写复杂性。

至于 RDF 领域的查询语言 SPARQL，虽然被万维网联盟在 2008 年认定为国际标准，但是它的最新标准停滞在 2013 年发布的 v1.1 版本——业界通常认为 RDF 模式的图过于复杂、低效，查询语言也不够智能。

不同的图查询语言在完成同一件事情上的风格会相差很大，即便是一件看起来很简单的事情，例如图 3-26 描述了一条最简单的路径，从一个人物顶点出发，通过他的职业类型关系连接到了顶点厨师。那么如何描述这条路径呢？我们给出以下 4 种解决方案：

图 3-26 属性图、模式图

方案一：

```
match path = (p:Person) - [{relation:"is"}] - (j:Job)
where
p.name = "Areith"&& j.name== "Chef"
return path
```

方案二：

```
CREATE QUERY areithjob(vertex<word> w) for graph test {
SetAccum<node>@@nodeSet;
SetAccum<edge>@@edgeSet;
Start = {persion.*};
Result = select j from Start::p - (jobIs:e) - job:j
    WHERE  p.name == "Areith" AND j.name == "Chef"
    accum @@nodeSet += p,
    accum@@nodeSet += j,
    accum@@edgeSet + = e;
print@@nodeSet;
```

方案三：

```
n({name=="Areith"}).e({relation== "is"}).
n({name=="Chef"}) as paths
return paths
```

方案四：

```
n({@person.name == "Areith"}).e({@jobIs})
.n({@job.name == "Chef "}) as paths
return paths
```

方案一是 Neo4j 的 Cypher 的解决方案，代码可读性不错，能在语义层面清晰地表达路径查询的逻辑；方案二是 Tiger Graph 的 GSQL 解决方案，从代码量上看，这个方案是最复杂的，可能是因为试图与 SQL 风格保持一致，代码可读性反而不高，关键最后返回的是两个分离的点、边数据集，需要在客户端进行路径封装；方案三是一种链式查询语言，用点 – 边 – 点的流式语义自然地表达路径返回结果；方案四与方案三的区别在于是否支持模式，和方案三一样，这两个图查询模式虽然与 SQL 的风格迥异，但是书写简洁、易读。

以上方案的差异性在更复杂的场景下会体现得更加突出。

图 3-27 描述的是一种典型的异构图模式，即图中存在多种类型的实体及关系。以金融业为例，异构融合型的图数据可能包括分行、行业、商业客户、零售客户、账户、客群、客户经理、存款、贷款等多种类型的实体数据；而这些实体间形成多种关系，如转账关系、管理关系、汇报关系等。假如我们需要寻找图中右下方粗箭头所描述的这种关系模式，即进行反向地查询分析分行的经营是由哪些行业、行业由哪些指标、指标由哪些客户的哪些存款账户所贡献而成。在金融业（或者是任何行业）的后台核心业务的贡献度量化分析中就需要用到这个查询，传统的商业化银行的数据仓库架构几乎没有办法在 $T+1$ 的时间以内完成这一计算量巨大的深度穿透、聚合查询。

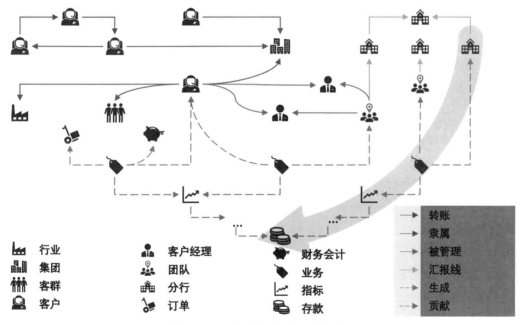

图 3-27　复杂异构模式图（见彩插）

如果用方案四中的模式查询实现效果如下，虽然查询路径较长，但是查询语句的书写和理解并不困难。

```
// 路径穿透查询
n({{@branch}}).le({{@generate}}).n({{@business}}).re({{@contribute}}).
    n({{@indicator}})….n({{@deposit}})
```

1. 路径查询

路径查询的能力是图数据库最显著区别于传统数据库的地方，它相当于让用户可以获得具有上下文的查询结果（点－边－点－边－点），而这种上下文让内容天然地更容易被理解和消化。

路径查询有很多种不同的模式，枚举如下：

❑ 最短路径查询。

❑ 环路路径查询。

❑ 模板路径查询（又称为带过滤条件的路径查询）。

❑ 步间过滤查询（可以看作是一种特殊的模板路径查询）。

❑ 子图查询（复合路径查询）。

❑ 组网查询（复合路径查询）。

其中，子图查询可以看作是由多条路径查询所构成的描述一张子图或一种匹配模板方式的查询。图 3-28 就是通过三条路径查询复合而成的一种信贷反欺诈场景的实现。

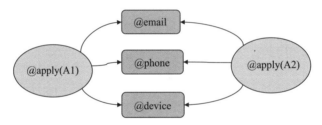

图 3-28　多路径子图查询

一种可能的 GQL 语句具体实现方式如下：

```
graph([
    n({@apply as A1).e().n({@email}).e().n({@apply._uuid > A1._uuid} as A2),
    n(A1).e().n({@phone}).e().n(A2),
    n(A1).e().n({@device}).e().n(A2)
]) return A1, A2
```

子图查询逻辑如下：

1）以信贷申请 A1 作为起点，途径 email 顶点，抵达另一具有不同 ID 的信贷申请 A2；

2）A1 与 A2 存在另外一条通过 phone 类型顶点关联的路径；

3）A1 与 A2 还存在通过 device 类型顶点关联的第三条路径；

4）如果步骤 1）～3）中的条件均满足，返回顶点对 A1 与 A2。

注意　即便 A1 是唯一的，也可能存在多个 A1 与 A2 的顶点对，因为 A2 代表所有与 A1 具有相同邮箱、电话与设备 ID 的已知信贷申请。

这个子图查询语句的例子让反欺诈业务逻辑可以很方便地表述在图查询语言层面，而且这类查询的执行效率也可以做到完全实时，即便是在 10 亿级以上的大图中也可以以在线纯实时的方式完成。在真实的业务场景中，新的申请 A1 以及它与其他顶点的关联关系是实时构建的，这也是图数据库的核心能力，并区别于只能处理静态数据的图计算框架的主要地方。

我们再来看一个关于环路查询实现的例子。如图 3-29 所示，在一个交易网络中，从某个账户（U001）出发，找到该账户下交易卡的 10 条 6 度以内的转账环路。所谓环路，这里指起点的交易卡与终点交易卡相同。我们可以尝试用一种非常简洁的模板化的方式来描述，注意在第一行中定义了交易卡的别名为 origin，它向外（右）转账的步幅不超过 6 步（度），抵达同一张卡，至此把整条路径赋予别名 path 并返回，限定最多 10 条路径：

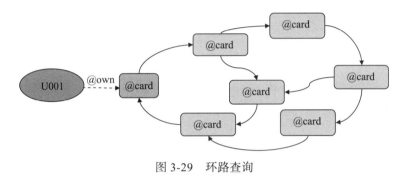

图 3-29　环路查询

```
//　深度环路查询
n({_id == "U001"}).re({@own}).n({@card} as origin).
re({@transfer})[:6].n(origin._uuid) as path
return path limit 10
```

上面的路径查询例子中，我们限定了返回路径为 10 条，如果采用完全无限定的方式，很有可能会因为交易网络的高度联通，深度搜索路径过多而耗费过多的算力造成查询超时或资源耗尽（例如 OOM）等问题。毕竟上面的搜索条件过于宽泛，在真正的反洗钱查询中，至少还需要限定明确的转账关系时间递增、金额递减（或指定范围变化）等。

那么如何实现转账时间逐步递增功能呢？答案就是：步间过滤（inter-step filtering），即在路径查询中，定义一个系统保留的关键字 prev_e，它用来指代上一条相连的边，这样就可以用当前边的时间属性与上一条边的时间属性进行比较，最终语句如下：

```
//　步间过滤查询
n({_id == "U001"}).re({@own}).n({@card} as origin).
re({@transfer.time > prev_e.time})[:6].n(origin._uuid) as path
return path limit 10
```

路径查询是图数据库查询语言中最具特色的，也是最具挑战性的查询模式，可以说所有复杂的图查询模式都离不开路径查询。路径查询的底层实现既可能采用广度优先的方式，又可能采用深度优先的方式，甚至两种方式混合使用。初学者对这一点会难以理解，因此有必要对此作出说明。理论上，无论是广度优先还是深度优先的遍历方式，只要可以遍历所有可能的路径组合，最终都会得出同样的结果集。然而，在实际的查询操作中，不同方式的查询会有不尽相同的搜索效率，并且不同的数据结构设计也会导致两种查询模式具体实现的算法复杂度、时间复杂度大相径庭。例如查询某个顶点的 1 度邻居（直接邻居），如果采用近邻无索引存储（连续存储数据结构）的模式，那么访问所有 1 度邻居的复杂度为 $O(1)$，即便对于超级节点而言也是如此；然而，如果采用相邻链表的方式，获得超级节点（100 万邻居）的全部邻居是一个相当耗费时间与系统资源的操作，因为需要遍历并拷贝全部链表节点的记录。在图 3-29 所示的环路查询中采用了深度优先搜索模式，优先寻找的条件有边的方向、转账金额等属性，这些条件只要满足就可以一直以下钻（深度）的模式前进直到限定条件阈值达到或找到符合条件的环路并返回。

2. K 邻查询

K 邻查询是路径查询之外的另一个大类查询，它的目的通常是量化地分析一个节点的影响力随着遍历深度增加后的逐级变化趋势。K 邻查询通常采用广度优先的方式进行计算，这是由 K 邻的特性决定的——找到与被查询顶点的最短路径距离为 K 的符合筛选条件的顶点。如果采用深度优先的方式，则需要遍历完全不可能的路径组合后，标记每条路径上的每个顶点所处的当前路径是否距离原点路径最短，才是符合查询条件的结果路径。

> 注意 在连通度较高的图中（即稠密图），返回全部结果的 K 邻查询的算法复杂度可能与全图遍历相当，尤其是在超级节点上进行该查询。

K 邻查询的逻辑虽然简单，但是具体遍历实现依然有一些细节容易被忽略，进而造成代码逻辑实现错误：

- ❏ 剪枝问题；
- ❏ 顶点去重问题；
- ❏ 计算复杂度与并发挑战。

我们用图 3-30 来说明以上 3 个问题，假设从顶点 C001 出发寻找最短距离为 4 步和 5 步（或者任意其他步幅，步幅等于距离）的全部邻居，可用如下语句来实现：

```
//  K-hop查询：深度范围限定
khop().src({_id == "C001"}).depth(4:5) as neighbor
return count(neighbor)
```

在实现 khop() 函数查询的过程中，剪枝问题随处可见，因为 K 邻查询关注的是顶点而忽略边，即边的意义仅限于用来遍历及丈量顶点间的路径是否符合最短路径规则，一旦最短路径已经锁定，多余、重复的边并不影响遍历结果。

去重是 K 邻查询中最容易被忽略的问题，也会导致计算结果错误，并且在大图中很难通过排查的方式来验算结果准确性。例如图 3-30 最内圈中的 3 个节点为 C001 的 1 度邻居，但是因为这 3 个节点间存在相连边，如果没有正确的去重机制，这些节点都有可能被重复计算在 C001 的 2 度邻居集合内。依此类推，每一度（K）邻居集合计算的时候，都需要确保该集合中不包含任何从 $K-1$ 到 0 度的邻居在其中，否则就需要对该顶点进行删除（去重）操作。

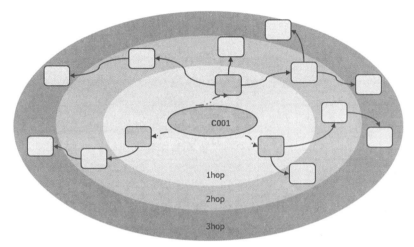

图 3-30　K 邻查询

K 邻查询在面对超级节点的时候，很容易形成遍历全图的局势，这个时候通过并发查询可以在很大程度上以"分而治之"的方式在更短的时间内完成。读者可以参考图 2-11 的 K 邻并发算法示意图，考虑如何实现自己的高性能 K 邻查询。

采用 K 邻查询也可以实现类似于路径过滤查询的效果，例如在图 3-31 中，我们采用模板 K 邻查询来实现一种典型的反欺诈模式识别。

```
// 带过滤的K邻查询
khop().n({_id == "U001"}).re().n({@card}).le().n({@apply}).
re().n({@phone}).le().n({@apply}).re().n({@card}) as suspect
return count(suspect)
```

从用户类型顶点 U001 出发，向右（出边的方向）找到户头下的卡，该卡关联（信贷）申请的电话号码与其他卡的申请号码相同，对全部的关联路径计数。这个计数统计结果就是与该账户关联的全部有欺诈嫌疑卡片的个数。

K 邻查询在图论研究中要比路径查询更为常见，特别是在单边图比较常见的时代，很多广度优先搜索（BFS）遍历算法在本质上就是在进行 K 邻查询。但是随着多边图的涌现，外加很多图计算或图数据库系统的底层 K 邻查询代码实现逻辑漏洞等问题，很多 K 邻查询的结果都出现了准确性等问题。在第 7 章中会用专门的篇幅介绍图数据库正确性验证的问题。很多时候，K 邻查询也可以被认为是一种特殊的最短路径查询，只是它关注的结果是顶点的集合而非路径（点边的集合）。

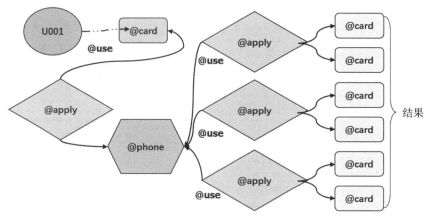

图 3-31   模板 K 邻查询

3. 元数据查询

在图数据库中，最基础的查询是元数据查询（meta-data query），即面向图中"骨骼"数据（故称为元数据）点、边及其属性字段的查询，该类查询与传统数据库的查询类似，包括对元数据进行增查改删操作。

图数据库查询语句的两个特点在图 3-32、图 3-33 中体现得很明显：

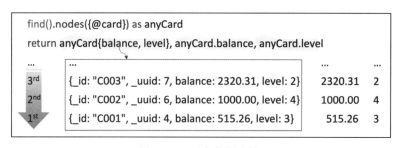

图 3-32   顶点数据查询

❑ schema 的使用起到了提纲挈领的作用，相对于传统的通过过滤来筛选记录的方式更为高效。

❑ 返回结果可以以任意方式组合，包括不同字段的组合，以及对某些字段进行聚合运算。

对于查询结果的任意组合，从数据格式层面上看是对异构类型数据的支持，我们可以选择轻量级的数据资料交换格式，例如 JSON、BSON（Binary JSON）或 YAML（可以看作是 JSON 的超集，支持内嵌注释）来实现 Web 类型的前端组件与图数据库服务器端的对接

（一些 NoSQL 数据库，特别是文档数据库，例如 MongoDB、CouchDB 使用 BSON 或 JSON 来作为数据存储格式）。相对于更传统的 XML 格式而言，JSON 要简洁、高效（轻量级）得多。

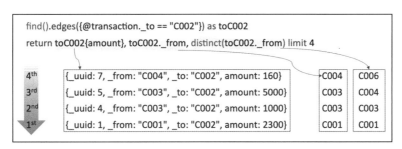

图 3-33　边数据查询

图数据库中面向元数据的插入、更新、覆盖操作，类似于传统数据库的 insert、update、overwrite 或 replace 操作。

insert 语句的语法非常简单，如果用链式语法来表达，只需要指定 schema（不指定则会自动指向默认模式），以及 nodes() 或 edges()：

```
// 在当前图集中为某 schema 插入点
insert().into(@<schema>)
    .nodes([
    {<property1>:<value1>, <property2>:<value2>, ...},
        {<property1>:<value1>, <property2>:<value2>, ...},
        ...
          ])

// 在当前图集中为某 schema 插入边
insert().into(@<schema>)
    .edges([
        {<property1>:<value1>, <property2>:<value2>, ...},
        {<property1>:<value1>, <property2>:<value2>, ...},
        ...
          ])

//插入顶点，返回系统生成的_uuid(uint64)
insert().into(@account)
    .nodes([
        {_id: "U001", name: "Graph"},
        {_id: "U002", name: "Database"}
    ]) as nodes
        return nodes._uuid

//插入边，用户未提供_uuid，系统自动生成
insert().into(@transaction)
    .edges({no: "TRX001",
```

```
        _from: "C001",
        _to: "C002",
        amount: 100,
        time: "2021-01-01 09:00:00"
    }) as edges
return edges
```

在上面的插入操作中，顶点的 _id 是用户指定的（可以是字符串类型），用户的原始 ID 数据记录很多都是字符串，例如 32B 或 64B 的 UUID（再长的 UUID 也有，但占用过多存储空间，与 UUID 的含义不符）。图数据库存储引擎需要对这些原始 ID 进行序列化编码，以实现更高效的存储（降低空间占用）、访问寻址，序列化后的系统内部 ID 可以称作 _uuid 或 _system_id。如果把几种不同的数据结构罗列在这里，它们的访问效率从高到低按照如下顺序：_uuid > _id > 存储系统索引。也就是说，在能使用更高性能的索引或 ID 来访问的时候，尽可能使用之。

insert() 操作在 _uuid 已经存在并冲突的情况下会失败，也正因为如此插入操作还有几个变种。

❑ upsert：更新或插入，这个操作可以看作 insert 与 update 的二选一智能操作。

❑ overwrite：覆盖或插入，与 upsert 的区别在于没有指定覆盖的属性字段会被自动清空（取决于具体的字段类型，可以是空字符串、NULL 或数值 0）。

🔲 **注意** 有趣的是，在关系型数据库中 upsert 操作已经是尽人皆知，但是 overwrite 操作并没有被糅合成一个新专有词汇 oversert。

最后再来分析一下元数据的删除操作。我们可以按照点删、边删，通过元数据的唯一 ID，或者是通过模式或模式下的任何属性字段来删除，甚至可以把整张图都删除。

```
// 按ID删除
delete().nodes({_id == "C003"})
// 按_from ID删除
delete().edges({_from == "C003"})
// 按多个属性字段删除
delete().nodes({@card.level == 5&& @card.balance == 0})

// 在图集中删除全部点、边
truncate().graph("<graphset>")
// 删除全部顶点
truncate().graph("<graphset>").nodes("*")
// 删除全部边
truncate().graph("<graphset>").edges("*")
```

注意，点、边之间是存在依存关系的。删点的时候，默认（隐含）需要把它的所有边都删除；而删边的时候，不需要（也不可以）把点删除。也就是说，删边可能形成孤点，但是删点不应该形成孤边，否则就会造成内存碎片及泄漏。另外，超级节点的删除操作非常复杂，如果按照双向边存储的话，一个有 100 万个邻居的顶点，需要双向删除 200 万条边，先删除 100 万顶点中指向该顶点的边，后删除另外 100 万指向其他顶点的边，这个操作的时间复杂度可想而知。

4. 图查询语言编译器

图数据库的查询语言编译器在逻辑及处理流程上与传统数据库没有本质区别。特别是随着用户体验越来越优质的 IDE（集成化开发环境）的发展，很多语法解析工具都可以让开发数据库查询语言编译器的工作更为简单。例如 ANTLR、Bison 等软件可以帮助图数据库开发工程师们更快上手。

图数据库查询语句的生成、传输及处理全流程步骤如下（图 3-34）：

1）生成语句（通过 CLI 或 Web 管理器前端录入，或通过 API/SDK 调用发送查询指令）；

2）语法分析器（parser）处理语句，形成语法树及对应的执行声明；

3）查询优化器（如果存在）对相应的执行声明进行优化，形成执行计划（指令）；

4）数据库引擎处理相应的执行计划，并组装返回结果。

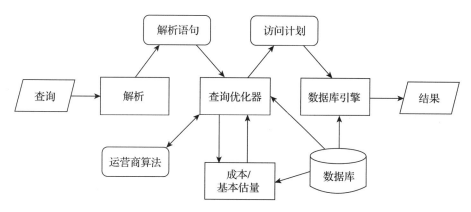

图 3-34 典型数据库查询语句解析处理流程

语法分析器的核心组件工作内容如下。

❑ 词法分析器（lexer，又称为 scanner 扫描器）：将查询语句的字符串序列转换为标记（token）序列，通常这个过程会生产出一种中介码（intermediate language），方便编译器进行优化，同时保证查询语句的信息无损。

❑ 构建语法分析树（parse tree 或 syntax-tree）：这个过程先依据上下文无关文法（context-free grammar）来生成具体语法树 CST（Concrete Syntax Tree，也可以简称为分析树），然后转换并生成抽象语法树 AST（Abstract Syntax Tree）。

图 3-35 展示的是对如下查询语句所构建的具体语法树的效果，注意语法树的树根、第

4 层的 pathPatternList（表明语法逻辑上认为是 MATCH 之后、RETURN 之前的字符串默认是在定义路径模板列表）、第 9 层的 nodePattern、第 12 层叶子节点。

```
// 返回全部顶点及其属性…
MATCH (*) RETURN *
```

> **注意** 具体语法树与抽象语法树的区别在于，抽象语法树通过树结构本身隐式地表达一些内容（如括号、连接符等），而具体语法树则会事无巨细地还原语句中的所有细节，如图 3-35 所示。

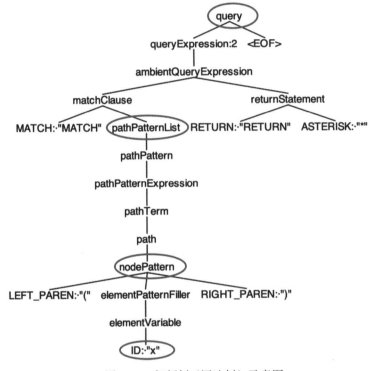

图 3-35　解析树（语法树）示意图

解析器的细节和可优化之处非常多，但是不能因为有解析器和优化器的存在，就认为任何语句都可以高效地完成。实际上，查询语句的查询逻辑本身依然是最重要的，用什么样的查询方式能最迅速地获取结果更多地取决于用户采用何种查询、遍历的逻辑，调用哪个具体的查询函数或算法，解析器只负责"忠实地"执行用户的意志——不同的查询函数显然因为内在的遍历逻辑与算法复杂度的差异，而导致查询时效性与资源消耗会有很大差异，即便它们都可能返回相同的、正确的结果。

另外，解析器在遇到输入语句语法错误时也必不可少地需要提供报错反馈，例如在

图 3-36 的自组网路径查询中，因为限定返回结果函数中的入参存在非法字符"A"，在 Web 管理器中会直观、准确地提示并定位错误。注意错误信息显示参数异常，错误位置预期的是右括号，这是非常典型的通过语法树遍历了定位的错误。

图 3-36　Web 管理器中对查询语句错误的提示

3.3.2　图谱可视化

传统数据库的操作界面主要是命令行接口（CLI）以及随着显示器技术的迭代出现的可视化界面。随着互联网、浏览器的出现，C/S 与 B/S 模式的数据库可视化管理组件越来越常见，特别是 Web-CLI 因其开发流程便捷、迭代迅速，越来越多地替代了传统的桌面视窗管理程序。图数据库因其高维性和异构数据的复杂性，对图数据的可视化呈现需求尤为突出。

传统意义上的数据库、大数据框架的主要用户对象是 IT 技术开发人员与数据科学家，界面的美观性、合理性、操作用户体验并不是第一优先级，这直接导致了业务人员与这些底层技术相距较远，技术人员在很大程度上充当了业务语言到程序执行命令之间的翻译员——无论是生成一个报表，运行一个批处理程序，还是实现一个业务功能，业务人员都需要依赖技术人员来操作完成，等待几天到几周是司空见惯的事情，效率非常低下。在图数据库时代，这一切都需要做出改变了。图数据库离业务更近，图数据的建模直接反映的是业务的诉求，图查询语言的逻辑与方式就是业务语言与逻辑的 100% 映射。因此，图数据库是有可能以贴近业务的方式来服务于业务场景的，而可视化的、直观易用的图数据库管理组件（Web-CLI 管理前端）或基于该组件所构造的定制化应用所面向的用户群体，除了技术人员，也可以是业务人员。

传统关系型数据库的主要数据呈现方式是列表，可以把这种方式看作是离散的数据聚类呈现。图数据库中的数据则可能以如下多种方式被聚合和呈现。

1）列表方式：包括点、边、属性和路径。

2）高可视化方式：包括 2D 平面、3D 立体、2D/3D 交互式和可编程（二次开发）图谱。

图谱数据可视化从布局策略上有很多方式和流派。例如：近年来走向主流的力导向图（force-directed graph layout）、光谱布局（spectral layout）、对角线布局法、树状布局、分层布局、弧线图、环状路径布局、主控布局法（dominance layout）。

对于网络化数据、关联数据的布局，通常有如图 3-37 所示的 7 种拓扑可视化方法：点对点、总线型、环形、星形、树状、网状、混合模式等。

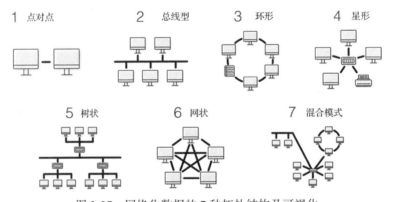

图 3-37　网络化数据的 7 种拓扑结构及可视化

从设计一款通用的图数据库前端可视化组件角度出发，力导向图显然是最具有普遍性的，也是相对而言最能适应动态数据与海量数据可视化的。

从功能模块上划分，可视化管理组件包含如下几大类：

❑ 用户管理、登录管理、权限管理；

❑ 图集管理、模式管理、元数据管理；

❑ 查询管理、结果管理；

❑ 图算法管理、任务管理、状态管理；

❑ 数据导入、导出管理；

❑ 图谱二次开发、插件管理、用户可定制功能管理；

❑ 系统监控模块、日志管理等。

图 3-38 展示了一些常用的可以被组件化快捷访问的功能模块：

❏ 点、边查询；

❏ 路径查询、K 邻查询；

❏ 自动展开、自动组网；

❏ 模板查询、富文本搜索；

❏ 系统监控管理；

❏ 定制化业务模块及插件管理等。

图 3-38　Web-CLI 中的用户可定制插件（便捷功能入口）

以上所有功能模块都是通过调用图数据库的 API/SDK 并与 Web-CLI 集成而成的，通过释放预定义接口，可以让用户方便地完成插件管理与二次开发，真正做到应用、功能与开发的自主可控。

1. 模式管理与元数据显示

模式为图数据库中数据的灵活性插上了翅膀，它允许用户更方便地管理数据。每一张图上可以定义多种模式，用户可以提纲挈领地通过模式来整体定位数据，并方便地描述数据间的关系，且能直接反映业务逻辑。但是，这种灵活性对于模式管理也提出了挑战，精细化的管理是有必要的。

图 3-39 左侧展示了点、边模式下属性字段的定义。当属性被定义后，可以按照模式来搜索相关的元数据，也可以全局搜索数据，不同模式下的数据会被分门别类地聚合显示。

图 3-39　模式管理（左侧）与元数据列表结果（右侧）

2. 查询结果的多种显示方式

图数据库在可视化层面与关系型数据库最大的区别在于返回结果集的高维性，它返回的数据可以包含点、边构成的路径，进而构成网络（子图）。网络可视化有 3 种模式：列表模式（图 3-40）、2D 模式（图 3-41）和 3D 模式。

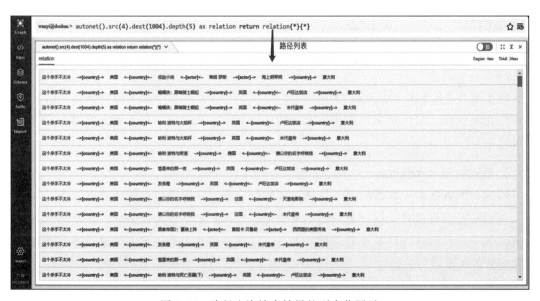

图 3-40　路径查询搜索结果的列表化展示

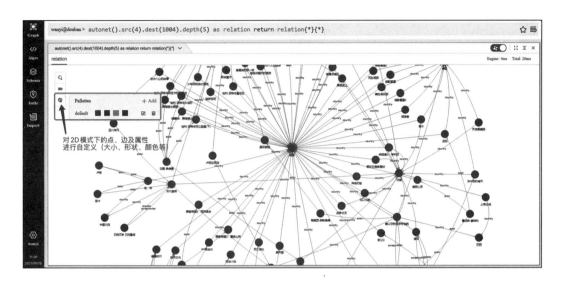

图 3-41 路径查询结果的 2D 可视化展示

通常，2D 模式对于 1000 以内规模的"点 + 边"所构成的网络视图的展示布局及互动流畅性可以做到游刃有余（如图 3-41 所示的力导向图）。但是，如果点、边的数量更大，2D 的布局就会非常困难，因为边交叉覆盖会造成可视化效果不理想。这个时候 3D 可视化的效果更好，并且可以通过浏览器 WebGL 加速实现 10 万级图网络可视化。

力导向图的绘图渲染复杂度是一个需要在设计实现过程中关注的问题，理论上它的复杂度为 $O(N^3)$，即有 N 个顶点需要渲染的时候，迭代 N 次，每次每个顶点需要与所有其他顶点进行 N 的平方次渲染计算。但是，这种理论假设是完全联通图（即全部节点间互相关联）的情况，实际情况中每个节点的关联度可以是 $\log N$，渲染时的复杂度可以降低到 $N \log N$，如果通过分层渲染还可以进一步降低"大图"渲染时的计算复杂度，进而提升渲染的时效性与交互流畅度。

3. 图算法可视化

图算法可视化是个全新的领域。图算法按照局部数据和全局数据的标准来衡量有两大类：一类面向个体数据，典型的有度计算、相似度计算；另一类面向全局数据，如 PageRank、连通分量、三角形计算等。

对于前者，可视化可以清晰地展示算法结果，帮助用户厘清问题；对于后者，在大数据集上（百万点边以上），只适合用抽样的方式重构数据并可视化呈现，如图 3-42 所示的鲁汶算法的可视化，通过可视化的鲁汶算法调用，自动抽样选择了结果集中的 3 个社区的 5000 个节点来自动组网，形成 3D 空间的效果，隶属于每个社区的顶点用不同的颜色来区分。

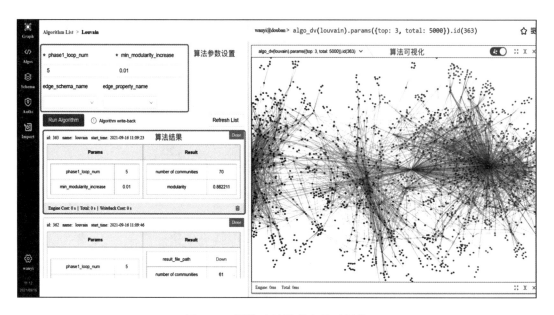

图 3-42　图算法结果列表及可视化

第 4 章　*Chapter 4*

图 算 法

　　图算法可以看作一种特殊的图查询语句。如果按照计算复杂度来衡量，有的图算法是针对个体节点的，有的是针对全量数据的，后者往往因为计算量巨大，而通常在中、大图上（百万或千万量级以上）以批处理的方式运行。有的图算法是求精确解的，有的则通过求近似解的方法来以较低（指数级地节省计算资源与降低时耗）的成本"推测"答案。

　　关于图算法的分类，业界并没有严格意义上的共识。侧重于学术研究的图计算框架甚至会把广度优先或深度优先搜索作为算法单列，尽管它们更适合作为一种图遍历模式存在。还有的像最短路径算法，在 20 世纪计算机发展的前 30 年间，最短路径算法不断推陈出新，对计算机体系架构的发展有很大的推动作用。本书把最短路径算法放在图查询部分。

　　本书综合了学术界和产业界图计算领域目前最新的发展情况，把图算法划分为以下 9 大类。

- ❑ 度计算（degree）：如节点出入度、全图出入度等；
- ❑ 中心性计算（centrality）：如接近中心性、中介中心性、图中心性等；
- ❑ 相似度计算（similarity）：如 Jaccard 相似度、余弦相似度等；
- ❑ 连通性计算（connectivity）：如强弱连通分量、三角形计算、子图拼接、二分图、MST（最小生成树）等；
- ❑ 排序算法（ranking）：如经典的 PageRank、SybilRank 等；
- ❑ 传播算法（propagation）：如标签传播 LPA、HANP 等；
- ❑ 社区识别算法（community detection）：如鲁汶算法等；
- ❑ 图嵌入类算法（graph embedding）：如随机游走、FastRP、Node2Vec、Struc2Vec、GraphSage 等；

❑ 复杂图算法（advanced graph algorithms）：如 HyperANF、kNN、K-Core、MST 等。

还有一些从其他维度出发的分类，如环路分析、最小生成树类、最短路径类、最大流（Maximum Flow）等算法。

需要指出的是，虽然分类有助于梳理知识，但并非一成不变，有一些算法可能会出现在多个分类中，例如 MST 算法既属于连通性算法也可以算作复杂图算法。算法本身也会不断演进。有一些算法在发明之时做了一些假设，但是随着数据的变化，那些假设已经不再适合了，仍以 MST 算法为例，它的最初目标是从一个顶点出发，使用权重最小的边连通与之关联的所有顶点，该算法假设全图是连通的（即只有一个连通分量），但在很多真实的场景中，由于存在大量的孤点以及多个连通分量，这样就需要去适配这些情况，因此在算法调用接口及参数上就需要支持多 ID、指定权重对应的属性字段、限定返回结果集数量等。

本章将介绍前 8 大类中有代表性的图算法实现逻辑，并在最后一节着重阐述图算法的可解释性。

4.1 度计算

度计算指的是图数据集上单一顶点或批量顶点的边的总数，或者计算边上某一类属性的总和。

度计算有很多细分场景，例如：点的出度计算；点的入度计算；点的出入度计算（简称点的度计算）；点的 1 步关联关系的计算（边属性过滤）；全图出度、入度、出入度计算；全部顶点的关联边计算。

度计算在科学计算、特征提取中扮演着至关重要的角色。针对一个点的度计算，取决于具体的图数据库或图计算框架的设计与实现方式，可能会以实时或批处理的方式执行；而针对全图所有顶点的度计算，多半会以任务的方式进行。在图计算中，通常认为度计算是最简单、最高效的一类图算法，也是分布式系统比较容易通过横向扩展来提升效率的一种算法，毕竟它属于面向元数据的浅层（≤1 层）计算。

度计算的结果除了可以实时返回至客户端外，还可以实时更新数据库或回写落盘文件。典型的应用场景包括通过对全量（全图）数据运行度计算，回写数据库或文件为后续的操作进行铺垫。

度算法的接口设计如下：

❑ 回写数据库，可能需要创建新的属性或覆盖现有的属性字段，如 #degree_right、#degree_left、#degree_bidirection 或 #degree_all 等；

❑ 算法调用，命令为 algo(degree)；

❑ 参数配置，如表 4-1 所示。

表 4-1 度算法接口参数及定义

名称	类型	规范	描述
id	[]int	>0	需要计算的节点的 UUID 列表，不设置则表示计算所有节点
edge_schema_name	string	边模式	边权重所在的属性模式，不设置则权重为 1（需与 edge_property_name 一起设置）
edge_property_name	string	边属性（数值型）	边权重所在的属性名称，不设置则权重为 1（需与 edge_schema_name 一起设置）
limit	int	>0 或 –1	最多返回的结果的条数，–1 或不设置时返回所有结果
order	string	ASC，DESC	对返回结果按计算值进行排序，不设置则不排序
direction	string	left，right	需要计算的边的方向，可以指定为出度（right）或入度（left），不设置则不限制方向

示例 1：计算点（UUID=1）的出度。

```
algo(degree).params({ ids: [1], direction: "right" })
```

示例 2：计算点（UUID=1,2,3）的度中心性，即入度和出度的总和。

```
algo(degree).params({ ids: [1,2,3] })
```

示例 3：计算全图点的度中心性，以属性 @card.level 为权重，返回 5 条结果。

```
algo(degreeall).params({ edge_schema_name: "card", edge_property_name: "level",
    limit: 5 })
```

示例 4：计算全图点的入度，按入度降序排列，返回前 3 个结果。

```
algo(degreeall).params({ order: "DESC", direction: "left", limit: 3 })
```

前面多次提到过图算法的可解释性，下面演示如何通过多种途径以白盒化的方式来校验度算法的准确性。

以某数据集中的顶点 ID（12242）为例，通过 spread() 操作展开其全部 1 度邻居及与该顶点相连的边（忽略方向，即包含全部的入边与出边），从图 4-1 中可以看到，总计展开了 12 个顶点、18 条边。这里需要对邻点和邻边的概念加以区分。在早期图论与社交网络研究中，若是单边图（simple graph），邻点和邻边是等同的概念，但是在多边图（multi-graph）中，如果两个顶点间存在多条边，则邻边的数量会相应地多于邻点的数量。下面通过其他图查询操作来印证展开操作的结果正确性。

度的计算是对某个顶点的邻边进行计算，如果要对邻点进行计算，我们可以使用 K 邻操作（K-Hop）。如图 4-2 所示，用 K 邻操作来对该顶点进行操作，可以得出结果为 12 个顶点。该结果与展开操作结果一致。

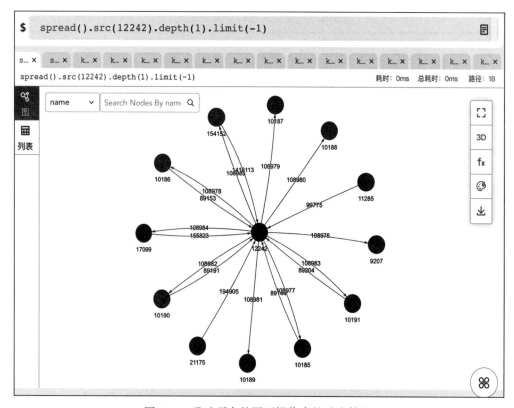

图 4-1　通过顶点的展开操作来校验度算法

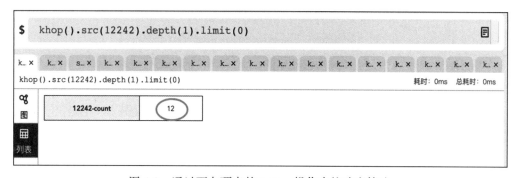

图 4-2　通过面向顶点的 1-Hop 操作来校验度算法

在图 4-3 中，我们先运行了面向全图的度算法，并实时地得到全图平均度的计量值。实际上无论多大的图，只要知道全部顶点与边的数量就可以实时计算出全图平均度，公式为 "全图平均度 = 2 × 边的数量 ÷ 顶点的数量"，该算法最复杂的地方是逐个计算每个顶点的度的数量，并回写数据库属性字段。在算法运行完毕后，查询发现数据库中顶点 12242 的属性字段 #degree_all=18，与之前用自动展开操作得出的结果完全一致，如图 4-4 所示。

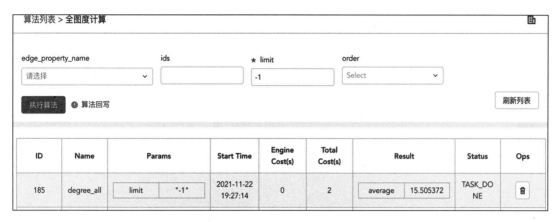

图 4-3 全图度算法（含数据库回写）运行结果

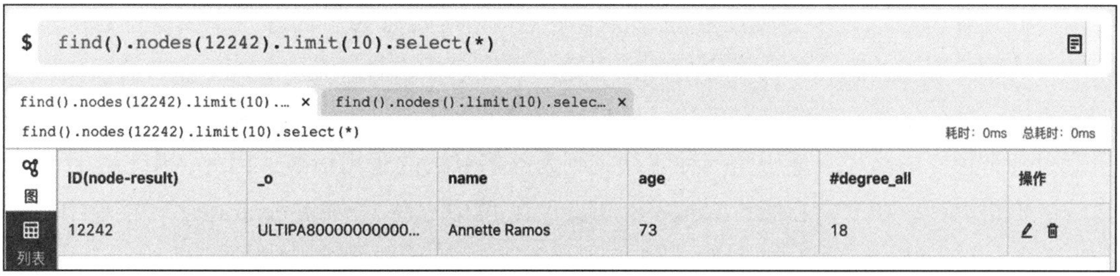

图 4-4 度算法回写到图数据库后的顶点属性 #degree_all

度计算还有一种非常实用的计算模式，是按照与顶点关联的边属性来计算的。如图 4-5 所示，通过指定边属性来对全图进行度计算，计算结果回写至全图所有顶点中，并进行校验，如图 4-6 所示，ID=12242 的点按边累加的度为 758，也是该顶点的全部 18 条边的 rank 属性数值之和。

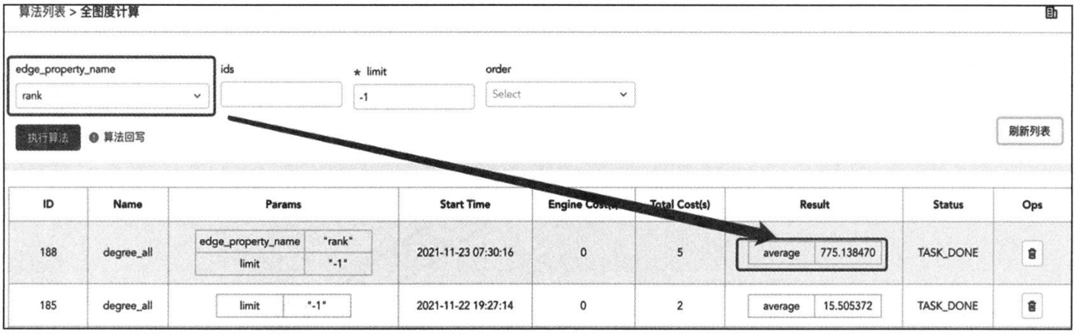

图 4-5 全图度算法中按照边的某个属性计算并回写

```
$  find().nodes(12242).limit(10).select(*)
```

ID(node-result)	_o	name	age	#degree_all	操作
12242	ULTIPA8000000000002...	Annette Ramos	73	758	✎ 🗑

find().nodes(12242).limit(10)... ×   find().nodes().limit(10).selec... ×

find().nodes(12242).limit(10).select(*)   耗时：0ms   总耗时：0ms

图 4-6　顶点的度计算回写值校验

4.2　中心性计算

中心性计算指的是一大类图算法，在本质上，中心性是为了回答一个关键问题——一个重要的顶点有哪些特征？为了更好地回答这个问题，中心性（或中心度）算法会面向图中的顶点进行量化计算，并通过对量化结果排序筛选出哪些顶点更重要。多数中心性计算会计量穿过各个顶点的路径，至于是何种路径，则是这些算法的逻辑细节，因此，中心性计算可以细分出很多种，如度中心性（degree centrality）、图中心性（graph centrality）、接近中心性（closeness centrality）、中介中心性（betweenness centrality）、特征向量中心性（eigenvector centrality、prestige score 或 eigencentrality）、跨团中心性（cross-clique centrality）等。

本节主要介绍图中心性、接近中心性和中介中心性 3 个算法。

1. 图中心性算法

图中心性，即单一或批量地计算点在其所属连通分量中与其他点的最短路径长度的最大值的倒数。计算的结果能够表示该点是否位于图的最中心。具体公式如下：

$$C_G(x) = \frac{1}{\max\limits_y d(x,y)}$$

图中心性算法的逻辑非常简单，以图 4-7 为例，各个顶点的图中心性数值如下。

❑ 顶点 1：1/4 = 0.25
❑ 顶点 2：1/3 = 0.3333

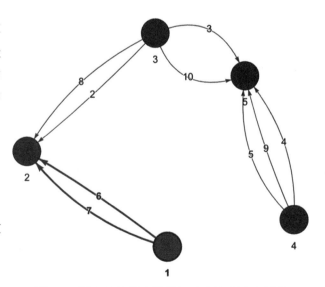

图 4-7　图中心性算法逻辑与正确性验证（小图）

- ❑ 顶点 3：1/2 = 0.5
- ❑ 顶点 4：1/4 = 0.25
- ❑ 顶点 5：1/3 = 0.3333

图中心性算法复杂度的重点是计算从任一顶点出发的最长、最短路径，如果是在高度连通的图中，或者说全图只有一个连通分量，那么面向任一顶点的最长、最短路径的计算过程会遍历全部的顶点（和边）。因此，理论上该算法的复杂度为 $O(N + E)$，其中 N 为全部顶点的数量，E 为全部边的数量。

2. 接近中心性算法

接近中心性也常被缩略为接近性，即指定某个点，在该点所在的连通分量中，计算该点到其他点的最短路径的和的倒数。具体公式如下：

$$C(x) = \frac{1}{\sum_y d(x,y)}$$

其中，$d(x,y)$ 为该点 x 到其他某点 y 的最短路径长度。由于此算法得出的数值通常比较小，具体实现中会通过计算最短路径"平均值"的倒数来提升结果的可读性，公式如下：

$$C(x) = \frac{k-1}{\sum_y d(x,y)}$$

其中，k 为当前连通分量中全部顶点的数量，在完全连通或只有一个连通分量的图中，$k = N$，N 为全部顶点的数量。

以图 4-7 为例，各个顶点的接近中心性数值如下。

- ❑ 顶点 1：4/(1+2+3+4) = 0.4
- ❑ 顶点 2：4/(1+1+2+3) = 0.571 429
- ❑ 顶点 3：4/(2+1+1+2) = 0.666 667
- ❑ 顶点 4：4/(4+3+2+1) = 0.4
- ❑ 顶点 5：4/(1+1+2+3) = 0.571 429

与度计算类似，接近中心性算法中也可以设定多个限制参数。

- ❑ 方向：出度或入度，或全部；
- ❑ 采样：是否采样；
- ❑ 返回：是否限定返回的结果数量。

由于需要计算全图从当前点出发的到达所有其他顶点的最短路径，计算复杂度至少为 $N*O(N + E)$，即 $\geq O(N^2)$，因此接近中心性将会消耗相当量级的计算资源。在对点数超过一定数量（例如 10 000）的图集进行接近中心性计算时可以采用采样近似的方法。例如，采样点的数量为全部顶点的对数。这样的话，一个千万量级的大图只需随机采样大概 7 个顶点的最长、最短路径即可实现，当然近似采样数量倍增可能会获得更好的效果。在效率与效果之间有时需要做出一些明智的取舍。

3. 中介中心性算法

中介中心性算法也是通过最短路径计算来衡量图中心性的一种算法，它通过单一或批量顶点来计算其在图集中处于其他任意两点之间最短路径中的概率。根据美国社会学家 Linton Clarke Freeman（1977）的定义，首先计算图集中顶点 x 以外的任意两个顶点对之间的所有最短路径，计算出它们通过顶点 x 的概率，然后求出所有这些顶点对的概率平均值：

$$C_B(x) = \left(\sum_{i \neq j \neq x \in V} \frac{\sigma_{ij}(x)}{\sigma_{ij}} \right) \Bigg/ \left(\frac{(k-1)(k-2)}{2} \right)$$

其中，σ 为任意两个其他顶点 i 和 j 之间所有最短路径的数量，$\sigma(x)$ 为这些最短路径中通过点 x 的路径数量，$(k-1)(k-2)/2$ 为 i 和 j 的组合数量。

仍以图 4-7 为例来演算中介中心性是如何对任一顶点工作的，以顶点 3 为例。

❑ 其他 4 个顶点两两配对，共有 6 种组合，组合数量为 $4 \times 3/2 = 6$；
❑ 两两组合间的最短路径数量如下：
  ○ 顶点 1、2 间的最短路径为 2；
  ○ 顶点 1、5 间的最短路径为 8；
  ○ 顶点 1、4 间的最短路径为 24；
  ○ 顶点 2、5 间的最短路径为 4；
  ○ 顶点 2、4 间的最短路径为 12；
  ○ 顶点 4、5 间的最短路径为 3；
❑ 顶点 3 在以上顶点对之间的概率如下：
  ○ 顶点 1、2 间的概率为 0；
  ○ 顶点 1、5 间的概率为 1；
  ○ 顶点 1、4 间的概率为 1；
  ○ 顶点 2、5 间的概率为 1；
  ○ 顶点 2、4 间的概率为 1；
  ○ 顶点 4、5 间的概率为 0。
❑ 顶点 3 的中介中心性 = $4/6 = 0.666\,666\,7$，与图 4-8 所示的算法运行结果完全一致。

由于需要计算全图经过该点 x 的最短路径数量，因此在大图中，中介中心性的计算复杂度非常高，会消耗大量的计算资源。换言之，原生的中介中心性算法并不适合在大图上进行操作。通常的优化手段是采用采样近似的方法。需要注意的是，在小图中贸然使用采样计算，会让准确率变得非常低。例如，对图 4-7 进行采样操作，则可能只对 1 对顶点进行计算，结果如图 4-9 所示，与图 4-8 中的顶点 2、3 和 5 的中心性结果值有明显的误差。

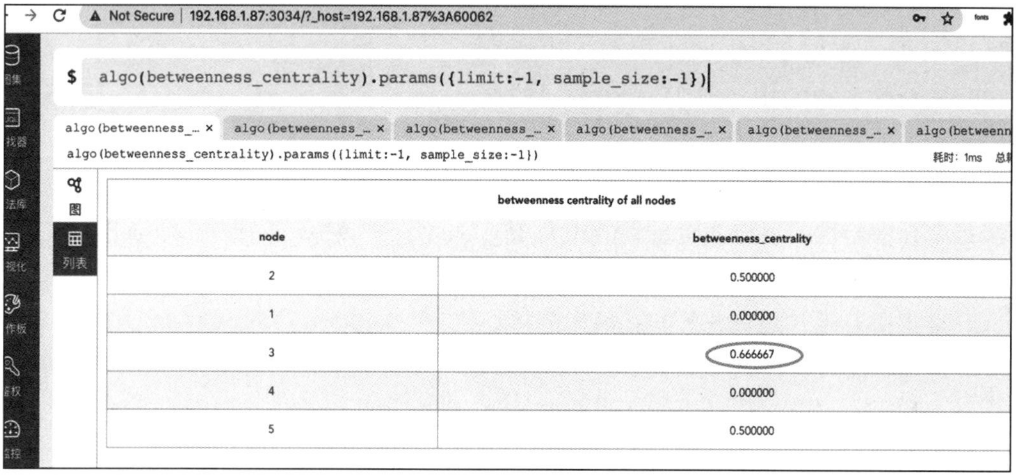

图 4-8　中介中心性算法逻辑与正确性验证

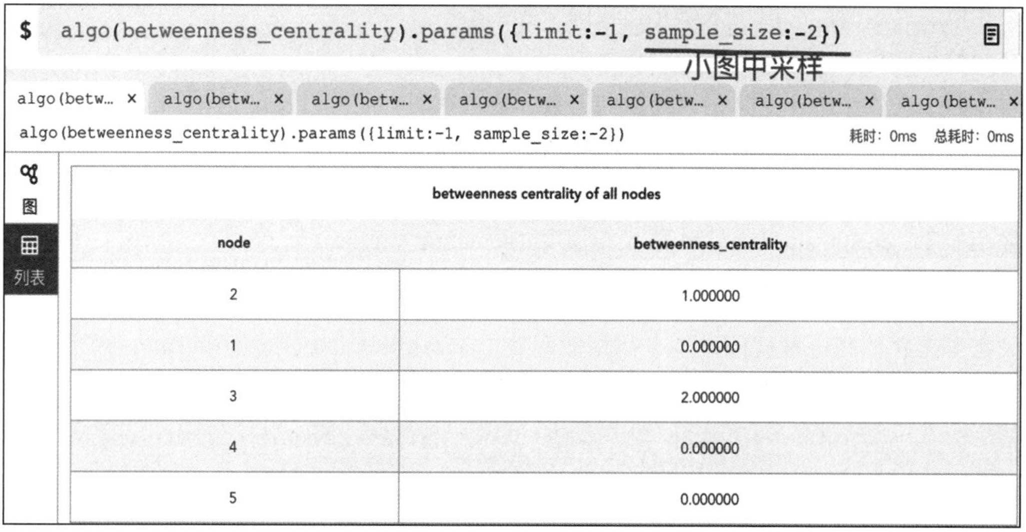

图 4-9　中介中心性算法中采用采样近似后的效果

中心性算法的缺点和它的简单易懂的优点同样显著，具体如下：

1）不同的中心性算法得出的结论可能完全不同，即一张图中运算不同的中心性算法，最大中心性的顶点可能完全不同。

2）某些中心性算法的计算复杂度非常高，并不适合在大图中运行。这也意味着这种算法仅限于学术研究而不具备工程化的可行性，因此衍生出一些近似性算法来大幅降低算法复杂度。当然，近似性算法不仅限于中心性算法，也包含如社区识别、图嵌入等多种算法。

在 20 世纪 90 年代，美国卡耐基梅隆大学的社交网络理论研究员 David Krackhardt 绘制了一张像风筝一样的简单图，又称 K 氏风筝图（Krackhardt Kite Graph），如图 4-10 所示，其中运行不同的中心性算法有不同的结果。

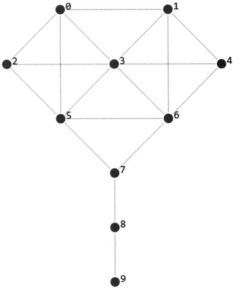

❑ 度中心性：顶点 3 有最大的度值 6。

❑ 中介中心性：顶点 7 有最大的中介中心性。

❑ 接近中心性：顶点 5 和 6 有最大的接近中心性。

4.3　相似度计算

相似度算法被广泛地用来量化比较两个实体之间的相似程度。在图论语境中，相似度可以看作两个实体在拓扑空间距离函数的倒数，数值区间一般可以设计为在 [0, 1] 之间的一个实数，两个完全相似的实体相似度为 1，而完全不同的实体则相似度为 0。

图 4-10　K 氏风筝图中运算多种度与中心性算法

和中心性算法类似，相似度算法也有很多种类，如杰卡德相似度（jaccard similarity）、余弦相似度（cosine similarity）、语义相似度（semantic similarity）等。

1. 杰卡德相似度算法

杰卡德相似度也常被称作杰卡德相似系数（jaccard similarity coefficient），用于比较样本集的相似性与多样性。具体公式如下：

$$J(A, B) = \frac{|A \cap B|}{|A \cup B|} = \frac{|A \cap B|}{|A| + |B| - |A \cap B|}$$

杰卡德相似度算法的定义是，给定两个集合，计算它们之间的交集与并集相除的结果（图 4-11），结果数值越大（≤1）相似度越高，数值越小（≥0）相似度越低。在图中，通常用被查询顶点的 1 度（直接关联）邻居作为集合（但不包含被查询顶点）来进行运算，即采用两个被查询顶点间的共同邻居数除以它们的全部邻居数。

我们可以为杰卡德相似度设计多种不同方式的调用，比如一对节点间计算相似度；多对节点间计算相似度；一个节点比对全图寻找最相似的节点，排序且限定返回数量。

杰卡德相似度应用场景很多，从推荐到反欺诈不一而足。如图 3-28 所示的多路径子图查询也可以通过计算两个信贷申请顶点之间相似度的方式来实现，并且效率很高，相当于计算两个集合的相似度，如果采用哈希表的方式，算法复杂度为 $O(M)$，M 为两个顶点邻居集合中数量较多的那个集合。事实上，高性能图数据库可以完全以纯实时（毫秒甚至到微秒级）的方式完成杰卡德相似度计算，并且性能可以做到与图的大小无关，因为杰卡德计算是典型的局部计算，即便是理论上在全图寻找某个顶点的最相似的顶点集合，算法复杂度也只和该顶点的 1 度邻居数量正相关。

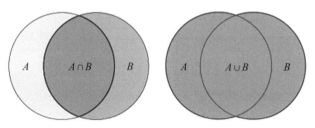

图 4-11　杰卡德相似度示意图

示例 1：以图 4-7 为例，计算集合（ID=1,2,3）与集合（ID=4,5）任意两点之间的杰卡德相似度，对结果进行降序排列，返回全部结果。

```
algo(jaccard).params({ ids1: [1,2,3], ids2: [4,5], limit: -1, order: 'DESC' });
```

按照杰卡德相似度算法的定义，可知顶点 3 和 4 之间的共同邻居为顶点 5，而它们的全部 1-Hop 邻居为顶点 2 和 5，故计算结果为 1/2 = 0.5。类似地，我们可以计算顶点 2 和 5 之间的相似度为 1/3=0.333 33。全部计算结果如图 4-12 所示。

```
$  algo(jaccard).params({ ids1: [1,2,3], ids2: [4,5], limit: -1, order: 'DESC' });
```

| algo(ja… × | algo(ja… × | algo(be… × | algo(be… × | algo(be… × | algo(be… × | algo(be… × | algo(be… × | algo(be… × |

algo(jaccard).params({ ids1: [1,2,3], ids2: [4,5], limit: -1, order: 'DESC' });　　　　耗时: 0ms　总耗时: 0ms

jaccard similarity result		
node1	**node2**	**similarity**
3	4	0.500000
2	5	0.333333
1	4	0.000000
1	5	0.000000
2	4	0.000000
3	5	0.000000

图 4-12　对两组实体顶点计算杰卡德相似度

示例 2：对于图 4-7 的顶点集合（ID=2,3）中的每一个点，计算出与该点最相似的全部顶点及相似度。

```
algo(jaccard).params({ ids1: [,2,3], limit: -1});
```

以顶点 3 为例，它与顶点 2、5 直接相邻，不存在共同邻居，故相似度一定为 0；但是顶点 1 与其相似度为 1/2 = 0.5；顶点 4 与其相似度也为 0.5。由图 4-13 可知结果完全正确。

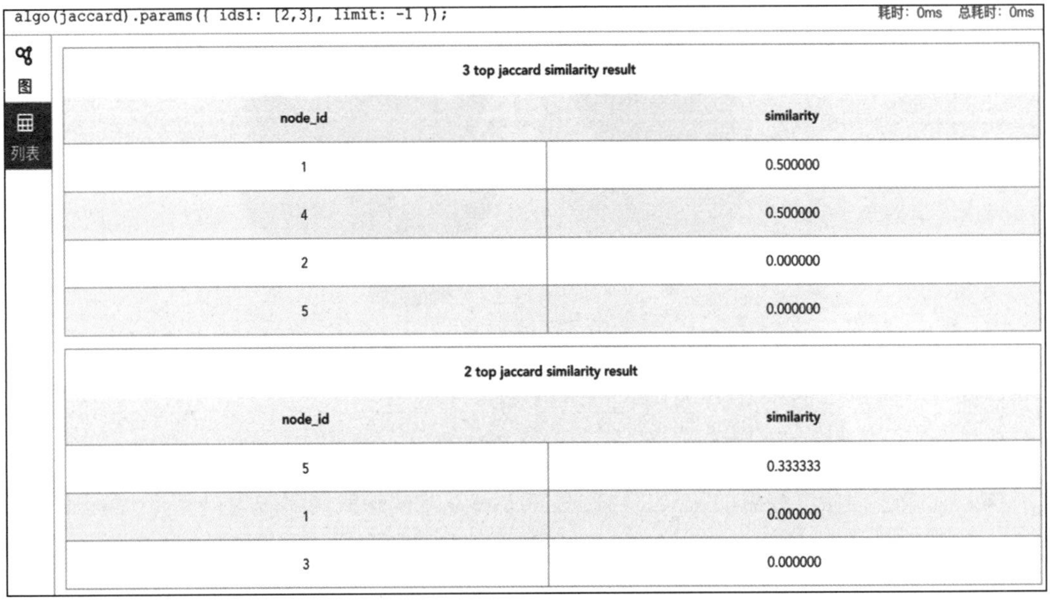

algo(jaccard).params({ ids1: [2,3], limit: -1 });	耗时: 0ms 总耗时: 0ms
3 top jaccard similarity result	
node_id	similarity
1	0.500000
4	0.500000
2	0.000000
5	0.000000
2 top jaccard similarity result	
node_id	similarity
5	0.333333
1	0.000000
3	0.000000

图 4-13　对一组实体逐个计算全图杰卡德最相似顶点

杰卡德相似度实际上相当于对图中的每个顶点进行了最多 2 层（2-Hop）的探索，如果用上下游的全视角来看，相当于深度达 4 层的穿透计算。在实时反欺诈、智能营销等多种场景中都可以用到杰卡德相似度。

另外，杰卡德相似度算法很适合做大规模并发，面向任意一对节点间或任意节点的全图相似度运算都可以以极低的延迟完成（微秒级），在对全局或大量数据进行相似度计算时可以以高并发的方式进行。这种性能可随着并发资源的利用而线性化提升，即如果是串行执行需要耗时 1s，10 线程并发在 100ms 左右就可以完成，而 40 线程并发在 25ms 就可以完成。

笔者做了一些简单的实验来评估高密度并发图计算可能实现的加速效果。在一个千万量级的连通度较高的数据集上（AMZ0601）分别对单个顶点与 10 个出入度类似的顶点进行杰卡德相似度计算，发现耗时增长仅 100%，而不是 1 000%，在原理层面，高密度并发计算可以更充分地调动 CPU 的算力资源，进而实现超低时耗，这个过程并不是通过缓存来实现加速的，计算时耗如图 4-14 所示。

| algo(jaccard).params({ ids1: [12], limit: -1 }); | 耗时: 1ms | 总耗时: 2ms |
| algo(jaccard).params({ ids1: [12,11,21,34,40,40000,500,8001,90002,10101], limit: -… | 耗时: 2ms | 总耗时: 6ms |

图 4-14　杰卡德相似度（单个顶点与批量顶点并发）

2. 余弦相似度算法

余弦相似度算法是另一种常见的相似度算法。理解余弦相似度的前提是了解欧几里得集合中的点积（又称为数量积、内积，如图 4-15 所示）等基础概念。两个点的 N 个不同属性组成两个 N 维向量，计算这两个 N 维向量的夹角的余弦值来表示它们的相似度。通常我们会对相似度进行"归一化"处理使结果在 0 到 1 之间，结果越大，表示相似度越高。

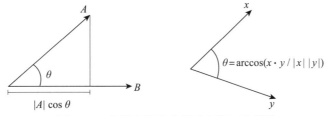

图 4-15　向量空间的内积（点积）示意图

余弦相似度的计算公式如下，在图数据集上可分解为 A 与 B 两个实体之间的内积计算，并由此反推出相似度值。具体逻辑是 A 的属性字段与 B 的属性字段参与运算，其中，分子部分为 A 的属性 1 乘以 B 的属性 1，依此类推，并对全部乘积求和；分母部分为对 A 和 B 分别做如下操作：全部属性的平方、求和，并开根号，最后两者相乘。

$$\text{similarity} = \cos(\theta) = \frac{A \cdot B}{\| A \| \| B \|} = \frac{\sum_{i=1}^{n} A_i B_i}{\sqrt{\sum_{i=1}^{n} A_i^2} \sqrt{\sum_{i=1}^{n} B_i^2}}$$

依旧以图 4-7 为例，我们可以演算一下顶点 1 与顶点 2 的余弦相似度，这里采用 3 个属性字段：#in_degree_all、#degree_all、#out_degree_all，如图 4-16 所示。

ID(node-result)	_o	#betweenness_centrality	#degree_all	#out_degree_all	#in_degree_all	操作
1	ULTIPA800000000…	0	2	2	0	✎ 🗑
2	ULTIPA800000000…	1	4	0	4	✎ 🗑
3	ULTIPA800000000…	2	4	4	0	✎ 🗑
4	ULTIPA800000000…	0	3	3	0	✎ 🗑
5	ULTIPA800000000…	3	5	0	5	✎ 🗑

find().nodes().limit(-1).select(*)　　耗时: 0ms　总耗时: 0ms

图 4-16　顶点属性字段

按照上面的余弦相似度计算公式，顶点 1 即 $A = (0, 2, 2)$，顶点 2 即 $B = (4, 0, 4)$，则分子 $A \cdot B = 0 + 0 + 8 = 8$；分母 $||A|| \cdot ||B|| = \mathrm{sqrt}(0 + 4 + 4) * \mathrm{sqrt}(16 + 0 + 16) = 16$，由此得出余弦相似度值为 0.5，与图 4-17 完全吻合。

```
1   algo(cosine_similarity).params({
2     node_id1: 1,
3     node_id2: 2,
4     node_property_names: ["#in_degree_all","#degree_all","#out_degree_all"]
5   });
```

| algo(cosine_simil… × | algo(cosine_simil… × | algo(cosine_simil… × | find().nodes().li… × | algo(cosine_simil… × | algo(cosine_simil… × |

algo(cosine_similarity).params({ node_id1: 1, node_id2: 2, node_property_names: ["#in_degree_all","…   耗时：0ms   总耗时：0ms

| cosine similarity between the node 1 and 2 | 0.5 |

图 4-17　三属性余弦相似度计算结果

余弦相似度在 AI、信息挖掘领域有广泛的应用，例如比较两个文档的相似性，最简单的一种计算方式是每个文档中的关键单词及出现的频率分别作为属性及属性值，进行余弦相似度计算，由以上详细的算法分解已经知道它的算法复杂度相当于杰卡德相似度，完全可以做到实时计算。

4.4　连通性计算

连通性是图论学科中相当重要的一个概念，在运筹学、网络流（network flow）研究中都涉及图数据的连通性问题。绝大多数学术界对图的连通性研究着眼于如何对图进行切割，确切地说，当最少移出几个顶点后，剩下的顶点间就会形成两个或多个无法互通的子图（连通分量），因此连通性实际上反映了图数据所形成的网络的耐分割性。门格尔定理（menger's theorem）是图的连通性研究中一个的重要定理，它的核心思想（结论）是：在一张图中，最小割集（minimum cut）的大小等于在所有顶点对之间能找到的任意不相交路径（disjoint path）的最大数量。

图 4-18 示意了示例图数据网络的最小割集与最大割集。其中，最小割集的边（权重）之和等于切割后的两个子图之间的最大流——这也是在网络流优化理论中的"最大流最小割定理"（max flow minimum cut theorem）。

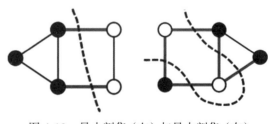

图 4-18　最小割集（左）与最大割集（右）

衡量图的连通性有很多个维度，也有很多种算法，比较常见的有连通分量（分为弱连通和强连通）、最小生成树、三角形计数、三连点、共同邻居数等算法。

1. 连通分量算法

连通分量（connected components）也常被称作分量或元件，在无向图中，一个连通分量指的是该分量中任意两个顶点都存在相连路径。如果一个图中只存在一个连通分量，那就意味着全部节点都是相互连通的。连通分量的计数逻辑非常简单，就是统计当前图集中能连通的"极大子图"（max subgraph）的个数，若当前图集为全连通图，那么连通分量为1。如果存在孤点（没有任何关联边），每个孤点都是一个独立的分量。

上面对于连通分量的定义是弱连通分量（Weakly Connected Component，WCC），如果改为有向图，并要求从任意顶点到另外一个顶点存在单向的路径，那么这个时候找到的最大子图就是强连通分量（Strongly Connected Component，SCC）。

以图 4-7 为例，我们先后进行弱连通分量计算与强连通分量计算，结果如图 4-19 所示：WCC＝1，SCC＝5。连通分量的运行结果可以把每个顶点所属的连通分量的 ID 赋值写回到数据库顶点属性字段中，如图 4-20 所示。注意，当我们用有向图强连通逻辑来对每个顶点进行运算的时候，它们都无法与任意的其他顶点强连通（双向连通），故 SCC＝5。

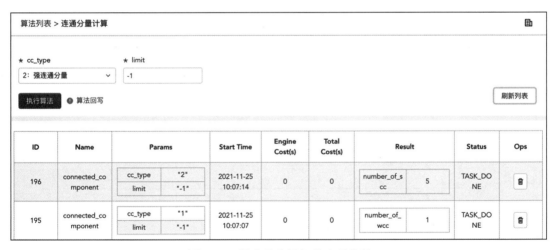

图 4-19 弱连通分量与强连通分量

在图 4-7 的基础上增加一个顶点 6，以及多条边，如图 4-21a 所示，此时我们再运行 SCC 的结果为 3（图 4-21b），顶点 2、顶点 3、顶点集合 1-4-5-6 分别构成了 3 个（强）连通分量（图 4-21c），其中顶点 1、4、5、6 之间双向都可存在连通路径。SCC 的运算结果由此可知校验正确。

$ find().nodes().limit(-1).select(*)

find().nodes(... × | algo(cosine_s... × | algo(cosine_s... × | algo(cosine_s... × | find().nodes(... × | algo(cosine_s... × | algo(cosine_s... ×

find().nodes().limit(-1).select(*)　　耗时：0ms　总耗时：0ms

ID(node-result)	_o	#betweenness_centrality	#degree_all	#out_degree_all	#in_degree_all	#connected_component	操作
1	ULTIPA800000...	0	2	2	0	1	
2	ULTIPA800000...	1	4	0	4	2	
3	ULTIPA800000...	2	4	4	0	3	
4	ULTIPA800000...	0	3	3	0	4	
5	ULTIPA800000...	3	5	0	5	5	

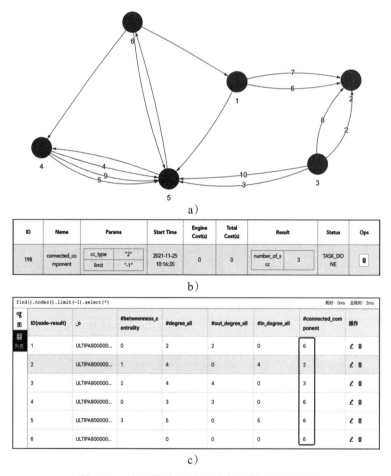

图 4-20　运行强连通分量后数据库回写值 #connected_component

a）

ID	Name	Params	Start Time	Engine Cost(s)	Total Cost(s)	Result	Status	Ops
198	connected_component	cc_type "2"; limit "-1"	2021-11-25 10:16:35	0	0	number_of_scc 3	TASK_DONE	

b）

find().nodes().limit(-1).select(*)　　耗时：0ms　总耗时：2ms

ID(node-result)	_o	#betweenness_centrality	#degree_all	#out_degree_all	#in_degree_all	#connected_component	操作
1	ULTIPA800000...	0	2	2	0	6	
2	ULTIPA800000...	1	4	0	4	2	
3	ULTIPA800000...	2	4	4	0	3	
4	ULTIPA800000...	0	3	3	0	6	
5	ULTIPA800000...	3	5	0	5	6	
6	ULTIPA800000...		0	0	0	6	

c）

图 4-21　连通性改造过后的全图集 SCC 结果

a）6 顶点图集示意图　b）该图集上运行 SCC 连通分量算法　c）运行完 SCC 算法后结果回写顶点属性

统计图中连通分量的个数在拓扑学中是对图的拓扑空间的内禀性质的探寻，即拓扑不变量（topological invariant 或 topological property，拓扑特性）。从某种角度来看，对于一张图而言，只要连通分量的个数没有发生变化，就可认为它的拓扑特性没有变化。当然，连通分量是一个比较粗颗粒度的计量方式，它更多的是在宏观上看一整套图数据的特征，因此并不能有效地反映微观的、围绕着每个顶点的近邻关系的变化，近邻关系的变化却可以影响连通分量值的变化。

连通分量的计算可以通过广度优先或深度优先的方式来达到同样的最终目的——从任一顶点出发，统计出其所在分量中全部关联的顶点。如果访问每个顶点的邻居的时耗为 $O(1)$，那么计算连通分量的时耗为 $O(V)$，其中 V 为全部顶点的数量。

2. 最小生成树算法

最小生成树（Minimum Spanning Tree 或 Minimum Weight Spanning Tree，MST）即使用权重和最小的边连通图中所有节点的连通子图，且子图中不存在环路（因此称为树）。一张图的极小连通子图可能有多个解，该算法从某一指定点出发，计算并返回至少一种解中的所有边。已知最早的 MST 算法是 Borůvka 算法，是捷克数学家 Otakar Borůvka 在 1926 年对捷克城市 Moravia 进行电力布线时发现并提出的。MST 算法直到 1965 年被法国人 Georges Sollin 正式提出才得以被世人所熟知。

对于不连通图，要遍历出完整的 MST 需要给图中的每个连通分量都指定起点。算法从第一个起点开始，在当前连通分量中充分生成 MST 之后，再到下一起点，继续生成 MST，直到所有起点都计算完毕。如果有多个起点属于同一连通分量，则仅最先被计算的起点有效，图中的孤点也无效。

> 注意 对于连通图，其 MST 中包含的边数等于图中的顶点数减 1，即对于任意一张图，其 MST 中包含的边数加上连通分量个数再加上孤点数等于图中的全部顶点个数。如果统计图中全部连通分量的全部 MST，该结果称作 MSF（Minimum Spanning Forest）。另外，MST 的计算因为涉及权重，采用边的属性字段作为权重，如果该字段为空，可假设每条边的默认权重为 1。

示例：在存在多个连通分量的图中调用 MST 算法，从多点集 IDs=[1,5,12] 出发，使用边的属性 @transaction.amount 作为权重来生成最小生成树，即用真实场景中的"最短距离"连接所有点，代码如下，表 4-2 列出了 MST 算法可能的入参情况。

```
// MST算法调用
algo(mst).params({
ids: [1,5,12],
edge_schema_name: "transaction",
edge_property_name: "amount",
```

```
limit: -1
})
```

表 4-2　最小生成树算法的调用参数配置定义

名称	类型	规范	描述
id	[]int	>0，必填	起点的 UUID 列表，每个连通分量最多设置一个起点，第二个及更多起点无效，孤点无效
edge_schema_name	string	必填	作为权重的边属性的模式，属性类型为数值
edge_property_name	string	必填	作为权重的边属性的名称，属性类型为数值
limit	int	>0 或 –1，必填	需要返回结果的条数，–1 表示返回所有结果

MST 在工业界中有着广泛的应用，特别是在电力、交通、建筑、通信等行业，具体如电网铺设、路网建设、工业布线、管道铺设等。举个例子，在建筑设计中，一幢房子需要预先铺设网线，在不形成环路的条件下，如何铺设最小距离（权重）的网线从室外的集线器（或室内路由器）出发到全部需要覆盖的房间，就是一种典型的 MST 计算模式。

MST 算法在不同的数据结构与算法实现中算法复杂度的跨度很大（表 4-3），一般认为其合理的时间复杂度为 $O(E \log V)$，其中 E 为边的数量，V 为顶点的数量。对于大图而言（千万边以上的图），该算法的计算耗时较长，因此对其进行并发研究也起步较早。最早的并行 MST 算法是 Prim 算法，它是对 Borůvka 算法的并发改造。

表 4-3　不同 MST 数据结构下对应的算法时间复杂度

MST 算法复杂度（时间）	对应的数据结构
相邻矩阵	$O(V^2)$
相邻链表与堆	$O(E \log V)$ 或 $O(E + V \log V)$ $O(E + V \log V)$
相邻哈希、队列或向量	$\geqslant O(E + (V \log V/P))$ 其中 P 为最大并发规模

需要注意的是，以 Prim 算法为例，它无法做到完全并行，下面的伪码描述了 Prim 算法的具体流程，其中第 4 部分可以实现并发，在算法时间复杂度中，我们忽略了实际的集群间网络通信及延迟。

```
// 并发MST伪码
0. 假设全图顶点数量为V,边的数量为E;
1. 假设K个处理器（线程）参与并发处理,编号P(1)到P(k);
2. 为每个处理器分配对应的顶点子集合,平均每个处理器处理V/P个顶点;
3.1. 为每个顶点维护一个最低权重值C[v],以及提供该最低权重的边的ID(E[v]),
     初始化C[v]为无穷大,设定E[v]初始值为-1,表示尚未访问任何边;
3.2. 初始化两个数据结构F与Q,其中F为空数据集,Q为全部顶点;
4. While循环,直至Q为空为止:  //此部分可并发规模≤P
     从Q中移出一个顶点v,当其为最低可能的C[v]值;
```

```
/* 在并发模式下，需向其他所有处理器广播选中的顶点 */
    添加该顶点v进入F，且如果E[v]!=-1，向F添加E[v]；
For v 关联的全部边中的每一条边e对应的顶点w:
    如果w属于Q，且e权重小于C[w]:
        C[w] = weight of e;
        E[w] = ID of e //指向e边
返回F
```

在图 4-22 中，我们尝试在 Ultipa 图数据库的 Manager 上运行约 400 万点边量级的 AMZ 图集的 MST 并行计算算法（系统设定最大并发规模为 16 线程），可以看到计算和数据回写总时间为 3～6s，回写的数据是 MST 中全部边的集合。

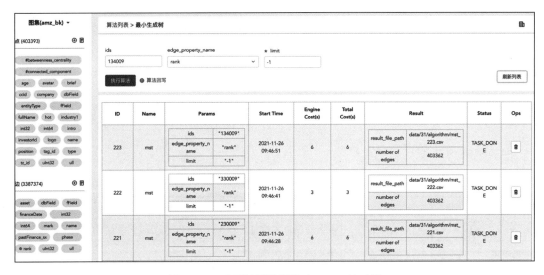

图 4-22　百万级图数据集上 MST 的时耗

连通性计算还有很多其他算法与计算模式，如三角形计算、三连点计算等，我们会在 4.7 节进行介绍。

4.5　排序计算

图数据排序算法在社交网络、Web 网页链接结构分析、引用分析等场景中得到了广泛应用，其中较为知名的算法有网页排序（PageRank）、西比尔排序（SybilRank）、超链导引题目搜索排序（Hyperlinked Induced Topic Search，HITS）、位置力函数排序（Positional Power Function，PPF）等。

以上算法，除了 SybilRank 算法出现较晚（2012 年），其他算法都在 1999—2001 年出现，并且都用于 Web 网页排序。本节主要介绍最具代表性的网页排序算法与西比尔排序算法。

1. 网页排序算法

网页排序是在有向图中将点的分值沿有向边的方向进行传递，直至得到收敛的分值分布的一种迭代算法。最早主要用于通过网页之间的关系来计算网页的重要性，为搜索结果提供排名依据。随着技术的发展与大量关联性数据的产生，网页排序被应用到了众多领域。

在每次迭代中，节点的当前分值会被平均分配给与该节点的出边相连的邻居节点，同时该节点会收到与其入边相连的邻居节点传来的分值，将这些收到的分值相加即为该节点在本轮迭代中的得分：

$$PR'_x = \sum_{y \in N^i_x} \frac{PR_y}{d^o_y}$$

其中，N 为当前节点 x 的入边邻居集合，d 为节点的出度。由于上式对入度为 0 的节点会给出 0 分的计算结果，故引入阻尼系数 q 使这种入度为 0 的点可以得到 $1-q$ 分，表示在真实的互联网环境中那些没有有效外链的站点仍然有 $1-q$ 的概率会被访问到：

$$PR'_x = 1 - q + q \cdot \sum_{y \in N^i_x} \frac{PR_y}{d^o_y}$$

PageRank 算法的入参配置如表 4-4 所示。

表 4-4　入参配置

名称	类型	规范	描述
init_value	float	/	初始分值，不设置则为 0.2
loop_num	int	>0，必填	算法迭代的次数
damping	float	>0 或 <1，必填	阻尼系数，即用户继续停留在当前页面进行浏览的概率，一般取 0.85
limit	int	>0 或 -1，必填	需要返回的结果的条数，-1 表示返回所有结果
order	string	ASC，DESC	对返回结果进行排序，不设置则不排序

示例：在图 4-23 的图集中，执行 PageRank，设置迭代次数为 5，阻尼系数为 0.8，默认分值为 1，并回写到数据库点属性（自动生成新属性）。代码如下：

```
algo(page_rank)
    .params({ loop_num: 5, damping: 0.8, init_value: 1, limit: -1 })
    .write_back();
```

计算结果如图 4-24 所示，其中最容易判断的是顶点 3 与顶点 8，由于这两个顶点都没有入边，因此它们的 PR 值均为 $(1-0.8)=0.2$。其他顶点的数值则需要经过 5 轮迭代，逐层演算。例如顶点 7 的 $PR=1-0.8+0.8 \times 0.2=0.36$，与图 4-24 完全吻合。

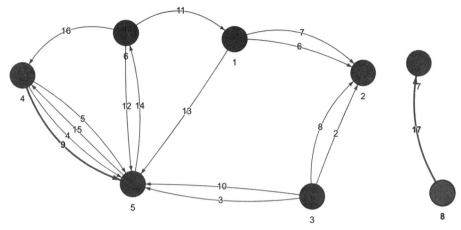

图 4-23　排序算法所用的小图集

ID(node-result)	#page_rank	操作
1	0.417837037037037	✎ 🗑
2	0.4866646913580246	✎ 🗑
3	0.19999999999999996	✎ 🗑
4	0.961908148148148	✎ 🗑
5	1.4046775308641974	✎ 🗑
6	0.744071111111111	✎ 🗑
7	0.35999999999999993	✎ 🗑
8	0.19999999999999996	✎ 🗑

（find().nodes().limit(10).select(#page_rank)　耗时: 0ms　总耗时: 0ms　图　列表）

图 4-24　网页排序算法的回写结果

PageRank 的计算涉及全图数据的迭代，其算法复杂度为 $O(K*V*E/V)$，其中 V 为顶点数量，E 为边的数量，E/V 可视作点的平均度，K 为迭代的次数。在大图上（≥1000 万顶点边）需要以任务的方式来异步执行，且其数值可以回写到数据库顶点属性字段或文件中。PageRank 算法是较早实现了大规模分布式运算的算法，在下一章中我们会详细介绍如何在分布式架构下实现各种图查询与计算的高效性。

2. 西比尔排序算法

西比尔排序算法原指在线社交网络（OSN）中的虚假账号所发起的一种攻击模式 Sybil Attack，恶意用户通过注册多个虚假账户发起攻击，导致 OSN 出现无法提供服务等恶性问题，进而胁迫 OSN 服务商提供赎金来免于系统全面瘫痪。由于社交网络的飞速发展，来自 Sybil 的攻击日益增多。通过 SybilRank 算法可以帮助社交平台或相关企业更高效地定位虚假账号（点），防止恶意灌水、骚扰信息等。

图 4-25 示意了虚假账户与正常账户之间所形成的"社区"差异，事实上本节介绍的排序算法也可以被归类到社区（识别）类算法中去。虚假账户与真实账户间只存在相对有限的关联关系，而虚假账户集合内部则可能会有较紧密的关联关系。SybilRank 算法的实现方式是从可信的种子节点出发进行短路径随机游走来对 OSN 用户进行排序，筛选出得分最低的账户即高概率潜在虚假用户。与 PageRank 算法一样，SybilRank 算法也使用幂迭代法（Power Iteration）经过若干轮迭代计算获得收敛。

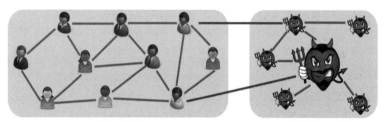

正常账户群　　　　　　　　　　　　虚假账户群

图 4-25　OSN 正常账户与虚假账户示意图

SybilRank 算法的入参配置如表 4-5 所示。

表 4-5　入参配置

名称	类型	规范	描述
loop_num	int	> 0，必填	算法轮询的次数
sybil_num	int	> 0，必填	返回多少个最可疑的顶点
trust_seeds	id[]	必填	传入可信的点
total_trust	int	必填	设置最多可信点数量

示例：在图 4-26a 中，顶点 3、4 为可信顶点，最大迭代 5 轮，全部可信顶点为 5 个，意图找到 4 个虚假账户。代码如下：

```
algo(sybil_rank).params({
    loop_num: 5,
    sybil_num: 4,
    trust_seeds: [3,4],
    total_trust: 5
})
```

由图 4-26b 所示结果可知，顶点 2、7、8、9 被认为是虚假账户。在小数据集中，会出现一定的偏差（顶点 2 应被视作正常账户），但在大数据集上，Sybil 准确性的优势就会非常明显。SybilRank 算法的原作者们在 2012 年的报告中显示，在 1100 万 Tuenti 社交用户中，通过 SybilRank 计算排名垫底的 20 万账户中有 18 万属于虚假账户（90%），可以说 SybilRank 的反欺诈能力确实不错。

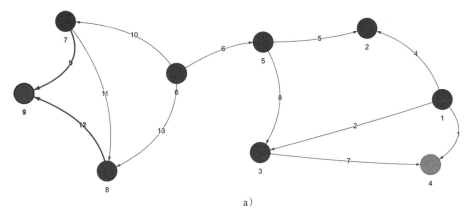

a）

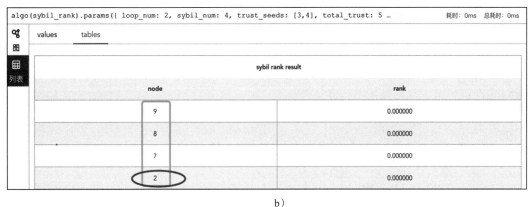

b）

图 4-26　小图中运行 SybilRank 的结果

a）SybilRank 测试用小图集　b）SybilRank 算法运行结果

SybilRank 算法的复杂度为 $O(N \log N)$，N 为用户数，即图数据集中的顶点数量。一般而言，SybilRank 算法的复杂度低于 PageRank，但是可扩展性与 PageRank 相当。

4.6　传播计算

在真实世界的数据所构成的复杂网络（complex network）中，数据间会倾向于形成某种社区结构（community structure），找到这种结构的算法一般被称作社区（识别）类算法或标签传播类算法。确切地说，传播是过程和手段，社区是结果和目标，到底把一个算法归类为传播算法还是社区算法完全取决于我们关注的是过程还是结果。

传播类算法比较典型的有标签传播（Label Propagation Algorithm，LPA）、热度稀释与顶点优选以及其他 LPA 类算法的变种。

1. 标签传播算法

标签传播是一个将图中现有标签（例如节点某一属性的值）进行传播并达到稳定，从而对节点按照标签进行（社区）分类的迭代过程。在每次迭代中，节点将获得其邻居中权重最大的顶点的标签值：

$$l'_x = \arg\max_l \sum_{y \in N_x} (nw_y \cdot ew_y)$$

其中，N 是当前节点 x 的邻居集合，nw 是某邻居点的权重，ew 是该邻居与当前节点 x 之间的边的权重，$nw \cdot ew$ 即为该邻居的标签权重，将每个邻居的标签权重按照标签值进行分组求和，最大的权重和之值所对应的标签值即为当前节点 x 在本轮迭代中获得的标签值。

值得注意的是，LPA 算法中的邻居是基于当前节点直接关联的每一条边找到的邻居，即通过多条边找到的同一邻居无须去重；对于含有自环（指向自己的边）的节点，该节点自身也作为邻居参与权重计算，且每一个自环对应两个该节点（自环被视为两条边，一条出边和一条入边）。这样处理的优点是能够解决多边图带来的区别于传统社交网络中的单边图的问题。

LPA 算法的典型入参配置如表 4-6 所示。

表 4-6　典型入参配置

名称	类型	规范	描述
loop_num	int	> 0，必填	传播算法迭代次数
node_property_name	string	/	标签所在的属性名称
node_weight_name	string	/	点权重所在的属性名称，属性类型为数值，不设置则权重为 1
edge_weight_name	string	/	边权重所在的属性名称，属性类型为数值，不设置则权重为 1

示例：以图 4-23 为例，运行全图标签传播算法，迭代次数设为 5，标签所在属性选择 label 字段，忽略点边权重属性字段（默认取 1）。代码如下：

```
algo(lpa).params({
    loop_num: 5,
    node_property_name : "label1"
});
```

从图 4-23 中，我们可以直观地推测出顶点 4、5 具有较高的加权权重值，因此其标签值（label 属性所对应的值）有较大概率向外传播，而在同一连通分量中的其他顶点则权重相等，此时会随机化确定某个顶点的标签得以传播，从图 4-27b 中可以看到，顶点 2 的标签（label=C）被传播到了顶点 1、3 上；在另一连通分量中，顶点 7 与 8 的标签则直接发生了置换。

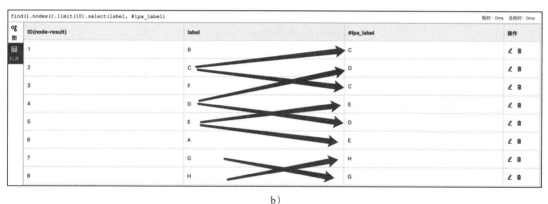

a）

b）

图 4-27　LPA 迭代结果以及对应的顶点属性值调整

a）LPA 迭代结果　b）顶点属性值调整

在图 4-27a 中，我们还注意到图数据库的返回结果集的一个特点：异构数据，即运行 LPA 算法后，返回了至少两个数据结构：values 和 tables，其中 values 包含算法运行的实际迭代次数与 LPA 最终社区数目，在 tables 中则列出了标签传播的具体结果，即每个顶点对应更新了的标签属性（在算法调用的两种模式中，一种是直接回写至数据库并生成或覆盖相应的属性字段，另一种是通过 API 直接返回给调用程序）。

LPA 算法有广泛的应用场景，如虚拟社区挖掘、多媒体信息分类等。它的最大优势是算法复杂度较低（$O(K*N*E/N)$），假设 K 为迭代次数，N 为顶点数，E 为边的数量，因为 K 一般为较小的整数，且 E/N 在大多数情况下与 K 接近，所以该算法的时间复杂度约等于 $O(N \log N)$，适合在大图上运行。另外，LPA 算法通常适合进行并发运算，因为每个顶点的标签权重计算仅取决于它的 1 度邻居的属性及权重计算结果。

2. 热度稀释与顶点优选算法

热度稀释与顶点优选（Hot Attenuation & Node Preference，HANP）算法是 LPA 算法的

扩展，在计算标签权重时考虑标签的活性和邻居节点的度。HANP 算法在每轮迭代中给某节点计算出的标签值如下：

$$l'_x = \arg\max_l \sum_{y \in N_x} \left(\frac{s_y + |s_y|}{2} \cdot d_y^m \cdot ew_y \right)$$

其中，N 仍是当前节点 x 的邻居集合（多条边的共同邻居不去重，双倍自环数量的当前节点），s 是体现某邻居 y 的标签活性的分值，$(s + |s|) / 2$ 表示只有当分值大于 0 时，该邻居才参与权重计算，d 为该邻居的度，d 的指数 m 的正负号体现选择标签时对邻居的度的偏向性，ew 为该邻居与当前节点 x 之间的边的权重。

HANP 算法在迭代开始时将所有点的标签分值设置为 1，每次迭代将邻居中所有被选中标签的最高分值进行衰减，并传递给当前节点：

$$s'_x = \max_{y \in N'_x} s_y - \delta$$

其中，N' 为当前节点 x 的邻居中，标签值被选中的邻居集合，δ 为标签活性的衰减因子。由于只有分值大于 0 的节点标签会参与权重计算和传递，对于初始值为 1 的分值，标签的最大传递步数为 $1/\delta$。有些算法（比如定制化产品）在新标签与当前节点本来的标签相同时，不对新的标签分值进行衰减，从而延长标签的活性。

HANP 算法的入参配置如表 4-7 所示。

表 4-7　入参配置

名称	类型	规范	描述
loop_num	int	> 0，必填	算法的迭代次数
edge_property_name	string	必填	作为权重的边属性名称，属性类型为数值
node_property_name	string	必填	标签所在的点属性名称
m	float	必填	邻居节点度的幂的指数（power iteration），表示对邻居节点的度的偏向性 ● $m=0$：不考虑邻居的节点度 ● $m>0$：偏向节点度高的邻居 ● $m<0$：偏向节点度低的邻居
delta	float	≥0，必填	传播中标签活性的衰减因子，值越大衰减得越快，能传递的次数越少

示例：在改造过的 AMZ 数据集上运行全图 HANP，设定最大迭代次数为 5，边属性字段为 rank，点属性字段为 age，m=1，delta=1。算法运行结果如图 4-28 所示。

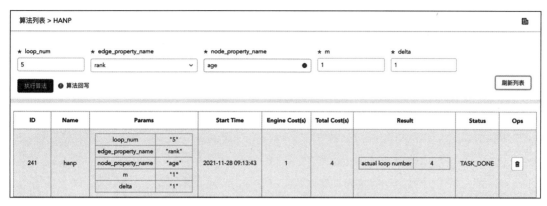

图 4-28　HANP 算法调用及运行结果

4.7　社区计算

在复杂网络的分析与研究中，如果一个网络（图）中存在着不同的社区，即具有不同特征的顶点聚集形成不同紧密组合的集合（社区），那么这张图就具备了社区结构（community structure）。社区计算包含多种算法，如最小割算法（minimum cut）、K-Core 算法、K 均值算法（K-means）、鲁汶社区识别算法、三角形计算（triangle counting）、团算法（clique）等。

本节主要介绍三角形计算与鲁汶社区识别算法。

1. 三角形计算

三角形计算又称作三角计数，计算全图的三角形数量，并返回构成每个三角形的点或边。在图论中，三角形计算用途广泛，比如社交网络发现、社区识别、紧密度分析、稳定性分析等。在金融交易场景中，账户（卡）交易所构成的三角形数量标识了该金融机构的账户间的连通度及连接紧密度。在生物学研究中，细胞分子间的相互作用的生物途径（biological pathways）也常会以多个连续的三角形拓扑结构来表达。

三角形计算可以看作是一种通用图算法，在不同的上下文环境中，它也可以被归类为连通性、社区识别、链接预测、垃圾过滤类算法。

三角形计算分为两种方式：一是按照边组装三角形；二是按照点组装三角形。其中，按边组装的三角形数量可能会远多于按点组装的三角形数量，计算复杂度也相应更高。例如，在 AMZ 数据集上运行三角形计算，按点有接近 400 万个三角形，按边则有超过 1400 万个三角形（图 4-29）。感兴趣的读者可以先通过小图来进行计量，以图 4-21a 为例，按边统计有 10 个三角形，按点则仅有 2 个三角形（结果如图 4-30 所示）。

需要注意的是，按点统计三角形与按边统计三角形，它们各自的返回结果集大相径庭。前者返回的每个三角形由三个顶点的 ID 来唯一识别，而后者返回的三角形则需要通过边的 ID 来唯一识别。

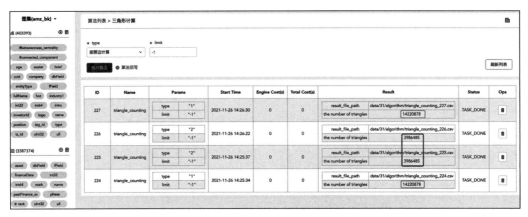

图 4-29　三角形计算集成在图数据库前端管理器中的算法调用

以社交网络分析主导的图论研究一般都采用按点组装三角形并计数的原则，而完全忽略任意两点间存在多条边的可能性。按点还是按边来统计三角形对于三角形算法的设计与实现，以及算法复杂度和优化过程会产生很大的影响。在图论中，这两种计算方式的区别就是单边图（简单图）与多边图的区别，或者说是社交网络与金融和知识图谱网络的区别。

```
algo(triangle_counting).params({type: 2, me: 2, limit: 10})        耗时: 0ms  总耗时: 0ms
```

triangle list		
nodeA	nodeB	nodeC
4	5	6
1	5	6

a)

```
algo(triangle_counting).params({type: 1, me: 2, limit: 10})        耗时: 0ms  总耗时: 0ms
```

triangle list		
edgeA	edgeB	edgeC
15	14	16
15	12	16
9	14	16
9	12	16
5	14	16
5	12	16
4	14	16
4	12	16
13	14	11
13	12	11

b)

图 4-30　三角形计算算法的图查询语言调用按点与按边计数

a) 按顶点计数的三角形个数（结果列表）　b) 按边计数的三角形个数（结果列表）

从算法设计的角度看，三角形计算的回写机制并不适合回写到数据库属性字段，但是可以批量回写到磁盘文件中，或者在通过 API/SDK 调用时返回相应的点、边模式的三角形组合。

三角形拓扑结构（triangles）是由更基础的拓扑结构三连点（triples，即点－边－点－边－点）首尾相连构成的，因此三角形也称作闭环三连点（closed triples）。如果每个三连点用中间的点来唯一标识，那么能够构成同一个三角形的 triples 必然有 3 个。图的传导性（transitivity）定义为闭环三连点的数量（分子）除以全部三连点的数量（分母）：

$$\gamma(G) = \frac{|\Pi^{\square}|}{|\Pi|} = \frac{|\Pi^{\square}|}{|\Pi^{\angle}| + |\Pi^{\square}|}$$

其中，□表示闭环三连点，∠表示开放三连点。如果仅考虑简单图的情形，闭环三连点的数量为三角形数量的 3 倍。

三角形计数算法的复杂度和最终的时效性取决于如下几个因素：

❑ 数据结构；

❑ 算法；

❑ 系统架构（包含编程语言、工程实现、网络拓扑等）。

通过暴力循环来遍历（闭环）三连点组合的方式来实现的三角形计算的复杂度为 $O(N^3)$，显然这个复杂度对于只有 1000 个顶点的图而言也是过于高的。通过对点或边进行遍历或排序后再遍历的模式，可以大幅降低时间复杂度。

2. 鲁汶社区识别算法

鲁汶算法是基于模块度（modularity）的社区识别算法，是以最大化模块度为目标的一种对点进行聚类的迭代过程。该算法由比利时鲁汶大学的 Vincent D. Blondel 等于 2008 年提出，因其能以较高的效率计算出令人满意的社区识别结果，而成为近年来最多被提及和使用的社区识别算法。

鲁汶算法的整体逻辑比较复杂，我们可以把它拆分为权重度、社区压缩、模块度、模块度增益几个部分，逐个领会。

权重度是考虑了边上权重的度的计算。鲁汶算法在计算模块度时用到了节点权重度和社区权重度两个概念。节点权重度是指与某个点有关（以该点为端点）的所有边的权重和，包括该点的邻边（连接至其他点）以及该点的自环边（连接至该点自身）。社区权重度是指一个社区内所有节点的权重度的和。

如图 4-31 所示，A 节点有 3 条邻边和 1 条自环边，因此该点的权重度为 $1 + 0.5 + 3 + 1.5 = 6$（注意：自环的权重只被计算 1 次）。

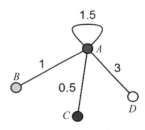

图 4-31　鲁汶节点权重度

如图 4-32 所示，A 节点的权重度为 $1+0.5+3+1.5=6$，B 节点的权重度为 $1+1.7=2.7$，C 节点的权重度为 $0.5+0.3+2=2.8$，D 节点的权重度为 3，因此 I 号社区的权重度为 $6+2.7+2.8+3=14.5$。

社区内部权重度是指在计算一个社区的权重度时，仅考虑两个端点均在该社区内的边；或者说，从该社区的权重度中去掉该社区和其他社区之间的边的权重。如图 4-32 所示，I 号社区和其他两个社区之间共有 3 条边，权重分别为 1.7、0.3 和 2，因此 I 号社区的内部权重度为 $14.5-1.7-0.3-2=10.5$。

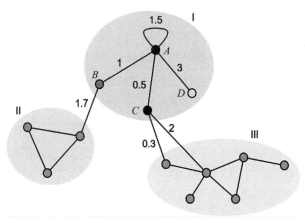

图 4-32　鲁汶社区权重度

注意，社区内部权重度并不是两个端点均在社区内的边的权重和，而是这些边中的非自环边的权重和的两倍再加上自环边的权重和。原因是非自环边的两个端点会令该边被计算两次。换句话说，社区内部除了自环类型的边的权重只被计算一次，其他边会被计算两次——因为每个边会连接 2 个端点，按照社区内部权重度的定义，边的权重需要乘以 2。

用图 4-32 进行验证，I 号社区的内部权重度可以计算为 $(1+0.5+3) \times 2+1.5=10.5$。

全图权重度是指图中所有节点的权重度的和。如果将全图划分为多个社区，由于图中每个点属于并且仅属于一个社区，全图权重度也等于这些社区的权重度的和。

如图 4-33 所示，I 号社区的权重度为 14.5，II 号社区的权重度为 $0.7 \times 3 \times 2+1.7=5.9$，III 号社区的权重度为 $1 \times 6 \times 2+0.3+2=14.3$，全图的权重度为 $14.5+5.9+14.3=34.7$。

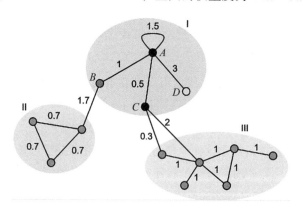

图 4-33　鲁汶全图权重度

如果将全图看成一个社区，那么全图权重度也可以理解为该社区的内部权重度。仍用图 4-33 进行验证，全图权重度为 $(1+0.5+3+1.7+0.7 \times 3+0.3+2+1 \times 6) \times 2+1.5=34.7$。

以上两种计算方法可以相互印证，结果是一致的。

鲁汶算法中使用了大量的社区压缩，在不改变局部权重度及全图权重度的前提下，通过最大限度减少图的点、边数量来提高后续（迭代）的计算速度；社区内的点在压缩后将作为一个整体进行模块度优化的计算，不再拆分，从而实现了层级化（迭代化）的社区划分效果。

社区压缩是将每个社区内的所有节点用一个聚合点来表示，该社区的内部权重度即为此聚合点的自环边的权重，每两个社区间的边的权重和即为相应两个聚合点之间的边的权重。

如图 4-34 所示，对左边 3 个社区进行压缩，Ⅰ号社区压缩后的自环边的权重为该社区的内部权重，即 10.5，其与Ⅱ号社区之间的边压缩后权重为 1.7，与Ⅲ号社区之间的边压缩后权重为 $0.3 + 2 = 2.3$；Ⅱ号社区压缩后自环边的权重为 $0.7 \times 3 \times 2 = 4.2$；Ⅲ号社区压缩后自环边的权重为 $1 \times 6 \times 2 = 12$，压缩后的全图权重度为 $10.5 + 4.2 + 12 + (1.7 + 2.3) \times 2 = 34.7$，与压缩前相同。

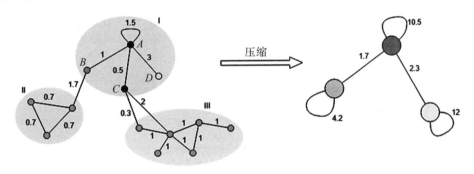

图 4-34　鲁汶社区压缩

从几何意义上讲，模块度试图通过计算权重度来对比社区内及社区间节点联系的紧密程度。令 $2m$ 为全图的权重度，如果 C 是图中任意一个社区，$\sum_{tot}$ 为 C 的权重度，$\sum_{in}$ 为 C 的内部权重度，则模块度 Q 可以表示为：

$$Q = \sum_c \left[\frac{\sum_{in}}{2m} - \left(\frac{\sum_{tot}}{2m} \right)^2 \right]$$

模块度的取值范围为 $[-1, 1]$，对于连通图（或连通子图）而言，模块度范围为 $[-1/2, 1]$。

模块度的意义是反映社区划分的好坏，模块度的数值越高，社区划分越合理。对比图 4-35 中的两种社区划分方式，区别是图中 A 节点的归属，从直观上我们会认为左侧的划分更为合理。

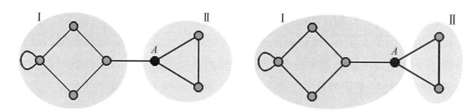

图 4-35   鲁汶模块度

假设图 4-35 中所有边的权重均为 1，则全图权重度为 $1+8\times2=17$，且有：

- 左侧的 I 号社区权重度为 10，内部权重度为 9；II 号社区权重度为 7，内部权重度为 6；左侧划分后的模块度为 0.3668。
- 右侧的 I 号社区权重度为 13，内部权重度为 11；II 号社区权重度为 4，内部权重度为 2；右侧划分后的模块度为 0.1246。

该计算结果符合预期。

模块度增益是指社区划分改变后模块度比原先增加的数值。鲁汶算法在调整某个点的社区归属时，通过考察模块度增益来决定是否要对该点进行调整。

令 i 为图中一个节点，c 为图中一个不包含 i 的社区；$k(i)$ 为 i 的权重度，即当 i 加入某社区时对该社区的权重度的贡献；$k_{i,in}$ 为 i 与某社区之间的边的权重和的 2 倍，即当 i 加入某社区时对该社区的内部权重度的贡献；如果 i 不属于任何社区，当其加入社区 c 时，产生的模块度增益 ΔQ 可以表示为：

$$\Delta Q = \frac{k_{i,in}^{c}}{2m} - \frac{2k_i \Sigma_{tot}}{(2m)^2}$$

又令 a 和 b 为图中两个不包含 i 的社区，当 i 从社区 a 转移到社区 b 时，产生的模块度增益为：

$$\Delta Q = \frac{k_{i,in}^{b} - k_{i,in}^{a}}{2m} - \frac{2k_i(\Sigma_{tot}^{b} - \Sigma_{tot}^{a})}{(2m)^2}$$

重新考察图 4-35，计算 A 节点从社区 a 转移到社区 b 时产生的模块度增益。

从图 4-36 可以看出：

- 全图权重度 $2m$ 为 17，A 节点的 $k(i)$ 为 3；
- a 社区的 Σ_{tot} 为 10，$k_{i,in}$ 为 2；
- b 社区的 Σ_{tot} 为 4，$k_{i,in}$ 为 4；
- 代入公式得出模块度增益为 $(4-2)/17 - 2\times3\times(4-10)/(17\times17)=0.2422$，与之前的计算结果 $0.3668-0.1246=0.2422$ 一致。

在进行算法的程序设计时，模块度可使用以下

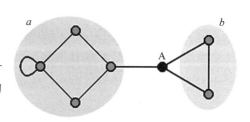

图 4-36   鲁汶模块度增益

公式进行计算：

$$Q = \frac{1}{2m} \sum_{i,j \in V} \left[A_{ij} - \frac{k_i k_j}{2m} \right] \delta(C_i, C_j)$$

式中，$2m$ 是全图权重度，i 和 j 是图中任意两点，当 i 和 j 属于同一社区时 δ 为 1，否则 δ 为 0，即公式中的求和计算仅在 i 和 j 属于同一社区时进行：

❑ 当 i 和 j 为不同点时，A_{ij} 是 i 和 j 之间边的权重和，由于 $A_{ij} = A_{ji}$，此时 A_{ij} 求和后为该社区内的非自环边的权重和的 2 倍；

❑ 当 i 和 j 为同一点时，A_{ij} 是该点的自环边的权重和，此时 A_{ij} 求和后为该社区内的自环边的权重和。

综合上述两种情况，A_{ij} 求和后为该社区的内部权重度 $\sum_{in}$；上式中的 k 是某点的权重度，$k_i k_j$ 的求和可以拆解为 k_i 的求和结果乘以 k_j 的求和结果，即该社区的权重度的平方 $(\sum_{tot})^2$。至此，上式与之前定义的模块度完全等价。

模块度的优化是一个 NP 困难问题，鲁汶算法采用了启发式算法（heuristic algorithm），用多轮复合式迭代的方式来优化模块度。每轮大循环分为两个阶段。

第一阶段：迭代。该阶段最初将每个点看作一个单独的社区；在每一轮迭代中，为每个点计算是否能够找到一个它的邻居所在的社区，如果将该点分配过去能够产生最大且为正的 ΔQ，即能够最大程度地增加模块度，如果能找到，则将该点调整至新社区；用同样的方法对下一个点进行计算和调整；所有点都计算调整完毕后，进入下一轮迭代。第一阶段按此规则循环迭代直至没有点可以被重新分配，或迭代的轮数达到限制。

第二阶段：社区压缩。对第一阶段划分的各个社区进行压缩，得到一张新的图。如果压缩后的新图与本轮大循环开始时的图结构一致，即模块度没有提升，则算法结束，否则将新图作为下一轮大循环的初始图。

考虑到大型图的计算收敛性，程序在判断模块度是否有改进时引入了模块度增益阈值，该值是一个大于 0 的浮点型数据，作用是当 ΔQ 未超过该数值时则判断为模块度没有改进。

对图 4-37 进行鲁汶社区识别，图中每条边的权重均为 1，模块度增益阈值为 0。

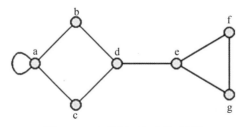

图 4-37　鲁汶社区识别初始图

❑ 第一轮循环、第一阶段、第一轮迭代：如图 4-38 所示。

❑ 第一轮循环、第一阶段、第二轮迭代：如图 4-39 所示。

当前点	调整至	ΔQ	选择	社区调整结果
a	→{b} →{c}	22/(17*17) 22/(17*17)	√	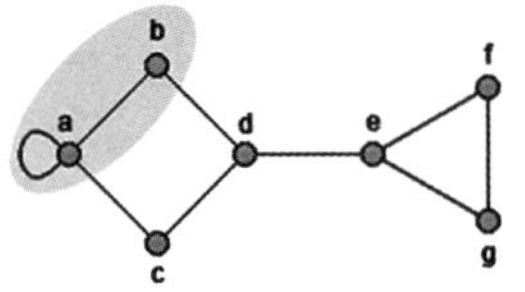
b	→{d}	0		同上
c	→{a,b} →{d}	14/(17*17) 22/(17*17)	√	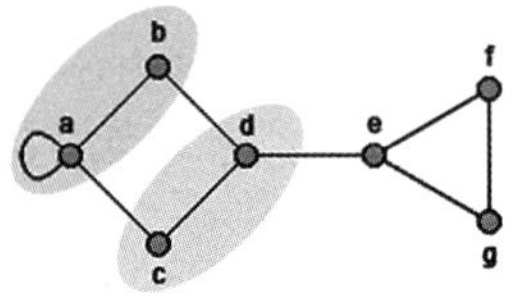
d	→{a,b} →{e}	-18/(17*17) -6/(17*17)		同上
e	→{c,d} →{f} →{g}	4/(17*17) 22/(17*17) 22/(17*17)	√	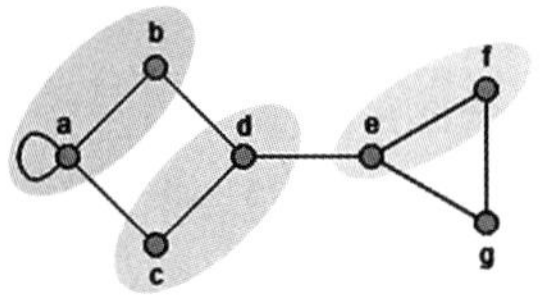
f	→{g}	4/(17*17)	√	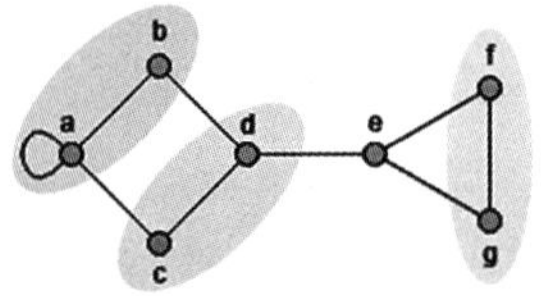
g	→{e}	-4/(17*17)		同上

图 4-38　鲁汶社区识别第一轮迭代（一）

当前点	调整至	ΔQ	选择	社区调整结果
a	→{c,d}	-18/(17*17)		同上
b	→{c,d}	-8/(17*17)		同上
c	→{a,b}	-8/(17*17)		同上
d	→{a,b} →{e}	-18/(17*17) -6/(17*17)		同上
e	→{c,d} →{f,g}	4/(17*17) 10/(17*17)	√	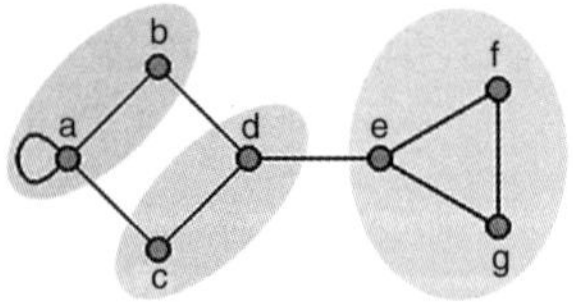
f	N/A			
g	N/A			

图 4-39　鲁汶社区识别第一轮迭代（二）

❏ 第一轮循环、第一阶段、第三轮迭代：没有点可以被移动，过程略。

❏ 第一轮循环、第二阶段：如图 4-40 所示。

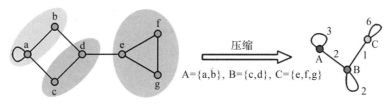

图 4-40　鲁汶社区识别第一轮结束后状态图

❏ 第二轮循环、第一阶段、第一轮迭代：如图 4-41 所示。

当前点	调整至	ΔQ	选择	社区调整结果
A	→{B}	18/(17*17)	√	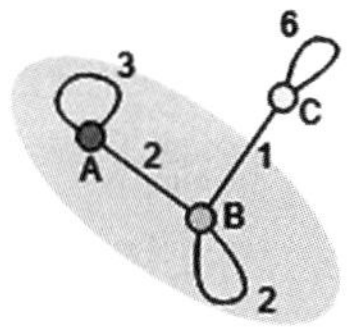
B	→{C}	-54/(17*17)		同上
C	→{B}	-106/(17*17))		同上

图 4-41　鲁汶社区识别第二轮迭代

❏ 第二轮循环、第一阶段、第二轮迭代：没有点可以被移动，过程略。

❏ 第二轮循环、第二阶段：如图 4-42 所示。

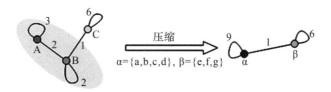

图 4-42　鲁汶社区识别第二轮结束后状态图

❏ 第三轮循环、第一阶段、第一轮迭代：没有点可以被移动，过程略。

❏ 第三轮循环、第二阶段：社区压缩前后，图的结构相同，算法结束。

结论：原图共分为两个社区，即 {a, b, c, d} 和 {e, f, g}。

如果图中存在孤点，则该孤点必然自成一个社区，无论经过多少轮循环迭代，都无法和其他节点合并。原因是孤点没有邻边，即孤点对任何其他社区或节点的 $k_{i,in}$ 为 0，移入其他社区时所产生的 ΔQ 为负值。

对于不连通图，各个不连通的区域之间没有邻边，来自不同区域的点不能合并，因此各个不连通的区域都是独立的社区，鲁汶算法的社区划分仅在连通区域内部有意义。

鲁汶算法在计算权重度时对自环边的处理与节点度算法不同。在节点度算法中，每条自环边被计算 2 次；在鲁汶算法中，每条自环边被计算 1 次。

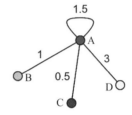

如图 4-43 所示，在节点度算法中 A 节点的权重度为 $1+0.5+3+1.5\times2=7.5$，而在鲁汶算法中该点的权重度为 $1+0.5+3+1.5=6$。

图 4-43 鲁汶算法中节点度的计算

鲁汶算法的实现过程是：可以将图集看成无向图，并按照上述过程计算每个点的所属社区 ID 以及最终模块度的值写回到点属性中，且将最终的模块度值存于任务信息中。除此之外，还要生成一个结果文件，记录每个社区的点的个数，用于后续的特征工程处理。

鲁汶算法的计算复杂度非常高，通常用 Python 等解释性语言来实现的程序即便是在百万量级点边的图上运行也要数个小时，如果在上亿量级的大图上运行则需要数天、数周或者因内存不足而无法完成运算。因此，要对鲁汶算法加速无外乎以下几点：

❑ 采用编译型语言实现算法，贴近硬件，执行效率高；

❑ 尽可能实现并行处理，需要数据结构支持；

❑ 尽可能使用内存计算。

以笔者的经验来说，充分利用架构层面的优势可以实现指数级（成百上千倍）的性能提升，百万级图谱的鲁汶可以在 1 秒内完成，而亿级大图的鲁汶可以在分钟级内完成。

鲁汶算法调用的入参配置如表 4-8 所示。

表 4-8 鲁汶算法入参配置表

名称	类型	规范	描述
edge_schema_name	string	/	作为权值的边的属性模式，不填则忽略模式
edge_property_name	string	/	作为权值的边的属性名称，属性类型为数值，不填则权值为 1
phase1_loop_num	int	>0，必填	算法第一阶段中的迭代次数
min_modularity_increase	float	>0，必填	触发停止的模块度变化的阈值

```
// 运行 louvain, 设置停止的模块化阈值为 0.01, 轮询次数为 5
algo(louvain).params({
    phase1_loop_num: 5,
    min_modularity_increase: 0.01
})
```

图 4-44 展示的是在一个有 6 亿点、边的全国工商图谱上运行鲁汶算法，迭代 5 次，最小模块化度为 0.01（1%），引擎计算时间为 760s，全量数据库属性磁盘回写时间约为

2000s，并进行抽样 3D 可视化的效果。注意在图 4-45 中，该数据集在算法回写时会自动生成一个新的属性（如果之前不存在）#louvain，它可以用来标注每个顶点所属的社区 ID。后续基于这些社区 ID 信息可以进行类似于协同过滤、精准营销等业务操作。

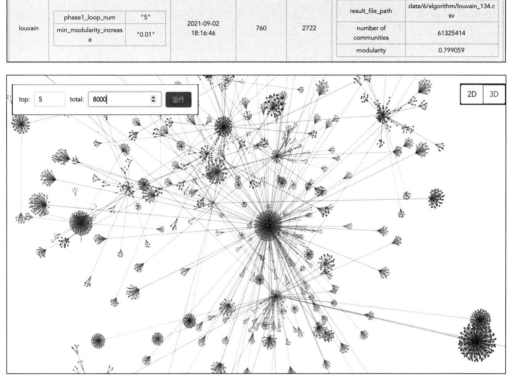

	phase1_loop_num	"5"				result_file_path	data/6/algorithm/louvain_134.csv
louvain	min_modularity_increase	"0.01"	2021-09-02 18:16:46	760	2722	number of communities	61325414
						modularity	0.799059

图 4-44　鲁汶社区识别算法实时可视化

图 4-45　鲁汶社区识别算法回写元数据（顶点）属性字段

4.8 图嵌入计算

图嵌入算法源自图论中对于图的拓扑结构 embedding（或 imbedding，即嵌入）的研究，目的是对高维数据抽象后映射到低维空间（低维数据）。图嵌入算法按照一定的算法逻辑抽取高维数据形成低维可表示的因子，而这些因子及因子的某种组合又可以对应于原始的高维图中的点及边。

图嵌入是近几年来图计算领域中相当热门的研究方向，一方面是因为相当多的 AI 研究者将研究方向由深度学习、神经网络转为图嵌入、图神经网络，另一方面是工业界也越来越多地发现结合图嵌入可以获得更好的反欺诈或智慧营销的效果。

图嵌入类算法是个不断扩大的算法门类，如随机游走类算法（random walking）、Node2Vec、Struc2Vec、Graphlets（小图）、LINE、GraphSage 等。

本节介绍并分析具有典型性的完全随机游走算法与 Struc2Vec 算法。

1. 完全随机游走算法

完全随机游走（Fully Random Walking，RW 或 FRW），顾名思义，是指在图中从某个顶点（任意或全部顶点）出发，通过随机遍历某条边到达另一顶点，并重复此过程直至遍历完全图可触达的顶点或达到遍历的限定深度或时间而结束。"随机游走"这一概念是由英国数学家、生物统计学家 Karl Pearson 于 1905 年正式提出的。

图 4-46 形象地表达了随机游走的效果，图 a 为一维随机游走，其中 X 轴为时间（步数），Y 轴（一维）表达当前值与原始值的偏离；图 b 为二维（平面）随机游走的一种可能的结果表示；图 c 为在三维空间中，从某个顶点出发 3 次随机游走的叠加效果。

随机游走在科研领域有非常广泛的应用，例如被用来近似模拟金融市场中的股票价格走向、投资者的财务状况，动物学中动物的觅食路线，化学领域分子在某种媒介中的运动路线等。事实上，分子运动轨迹的随机性在物理学中就是布朗运动（brownian motion）——在随机分析中，布朗运动过程是一种呈正态分布的连续随机过程。

从 1827 年苏格兰植物学家 Robert Brown 最早提出植物花粉分子在水中做布朗运动的概念，到 1905 年理论物理学家爱因斯坦（1921 年获得诺贝尔物理学奖）通过模型论证了花粉分子是被水分子推动着进行"随机"运动，再到 1908 年法国物理学家 Jean Perrin 通过实验证实了爱因斯坦的模型以及证明了分子与原子的存在，并在 1926 年获得诺贝尔物理学奖，跨越了整整 100 年。

在图数据集中，全图随机游走从每个顶点出发，按照限定的游走深度（即经过的顶点数量，或边的数量 +1）、游走过滤条件（一般可设定为某条边的属性），以及游走的次数，最终返回的是从每个顶点出发的随机游走路径。

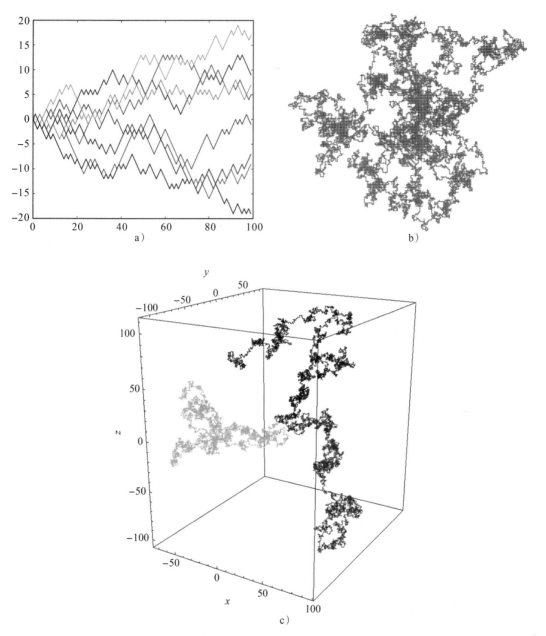

图 4-46 完全随机游走之一维、二维和三维随机游走

a）一维 b）二维 c）三维

完全随机游走算法的典型配置如表 4-9 所示。

示例：以图 4-23 为例，我们设定游走 300 次，每次游走深度为 30，沿边 weight 属性游走，结果如 4-47 所示。代码如下：

表 4-9　典型配置

名称	类型	规范	描述
walk_num	int	>0，必填	游走的次数（全局迭代次数）
walk_length	int	>0，必填	每次游走的长度
edge_property_name	string	/	沿着某一类边随机游走
limit	int	>0 或 –1，必填	需要返回的结果的条数，–1 表示返回所有结果

```
algo(random_walk).params({
    walk_num:300,
    walk_length:30,
    edge_property_name: "weight",
    limit: -1
})
```

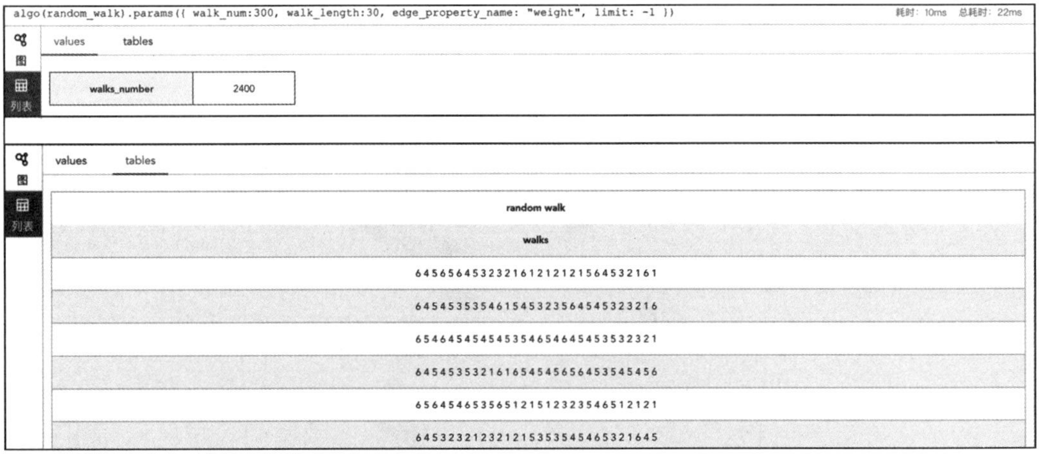

图 4-47　随机游走结果（返回路径条数及每条路径包含顶点内容）

在上面的例子中，全图有 8 个顶点，300 次随机游走，会生成 2 400 条路径，每条路径的长度为 30 个顶点，因此全部结果有 72 000 个顶点及路径组合。随机游走过程中，在从每个顶点出发访问其邻边与邻居的最优复杂度为 $O(1)$（实际上，从某顶点出发，定位某个边属性的时间复杂度为 $O(E/N)$）的条件下，随机游走算法的复杂度为 $O(N*K*D)$ 或 $O(K*D*E)$，其中 N 为顶点数量，E 为边的数量，K 为游走次数，D 为游走深度。很显然，随机游走算法可以通过从多个顶点出发以高并发的方式来实现性能提升与时耗的大幅降低。但是，水平分布式系统却无法对深度随机游走提速，因为水平分布式在跨实例获取邻居顶点及边信息的过程中会产生大量网络通信与延迟，进而造成整体游走效率大幅降低。

上面把完全随机游走等同于随机游走，实际上随机游走有多种形式，如 Node2Vec 随机游走、Struc2Vec 随机游走、Graphlets 采样等。其中，Node2Vec 通过设置两个额外的参数 p 和 q，分别控制回走（回头、返回）概率和左右横向或深度游走的概率；而 Struc2Vec 则通过游走层数（k）以及保留在当前层的概率来控制具体可能的游走模式。

2. Struc2Vec 算法

Struc2Vec 算法出现得非常晚，最早发表在 SIGMOD 2017 年的会议上，它甚至没有一个明确的中文译名，如果从其字面意思上翻译是"结构到向量"算法。该算法描述了一种在图上生成顶点向量并能保留图结构（即拓扑结构的等同性或相似性）的框架。与 Node2Vec 算法的主要区别在于，Node2Vec 通过对顶点嵌入进行优化而使得图中邻近的顶点有着类似的嵌入表达（值），而 Struc2Vec 则通过采集顶点的角色（roles，即便两个相似的顶点在图中距离非常遥远）并随机游走来构建对应每个顶点的多维网络图（multi-layer graph 或 multi-dimensional network），形成可表达每个顶点的结构特征的向量值。

确切地说，Struc2Vec 通过每个顶点所处的图的高维空间拓扑结构来判断它所扮演的角色，这区别于传统的通过顶点的属性或近邻邻居来判断顶点角色的逻辑。

Struc2Vec 算法框架非常繁杂，在本章的最后一节中我们会通过剖析 Node2Vec 与 Word2Vec 算法来引入白盒化可解释图的概念，但无论如何，图嵌入确实因其逻辑复杂而让图的白盒化可解释性略显复杂了，而 Struc2Vec（以及 GraphSage）毫无疑问让这种情况雪上加霜。

Struc2Vec 的复杂程度从表 4-10 中列出的可能的调用配置即可看出。

表 4-10　配置表

名称	类型	规范	描述
walk_num	int	>0，必填	游走的次数
walk_length	int	>0，必填	每次游走的步数
k	int	必填	随机游走当中，分层数量
stay_probability	float	必填	保持在当前层游走的概率
window_size	int	> 0，必填	滑动窗口大小
dimension	int	> 0，必填	例如：100
learning_rate	double	> 0 且 < 1，必填	推荐（默认值）：0.025
min_learning_rate	double	>0 且 <1，必填	例如：learning * rate * 0.0001
sub_sample_alpha	double	必填	默认值为 −1，word2vec 中可以是 0.001，公式：(sqrt(x / 0.001) + 1) _ (0.001 / x)
resolution	int	必填	推荐：10 或 100
loop_num	int	>0，必填	迭代次数
neg_num	int	>0，必填	负采样中的文字数量
min_frequency	int	≥0，必填	滤掉出现次数少于 'min_frequency' 的顶点

Struc2Vec 算法的复杂度大概是目前所有算法中最高的，约为 $O(K*N*(E/N)D)$，其中 K 为游走次数，D 为游走深度，N 为顶点数量，E 为边的数量。在连通度较高的图中，Struc2Vec 的时间复杂度约为 $O(E*N)>>O(N^2)$。以 AMZ 图集为例，约 40 万顶点、680 万条边（双向），多次深度游走的时间复杂度高达万亿级别。

在图 4-48 中看到，通过高度并发优化，在 AMZ 数据集上运行 Struc2Vec 可以以近实时的方式完成，其中最主要的时耗在随机游走阶段（如图 4-49 所示），可以认为本算法的随机游走（采样）部分的时耗占全部耗时的 95% 左右，与 Struc2Vec 原论文中的结论一致。区别在于，论文中的算法是以串行方式为主执行的，在数 10 万量级的顶点图集上的时耗超过 10 000s，显然，并发可以实现指数级（约 500 倍）的性能提升。

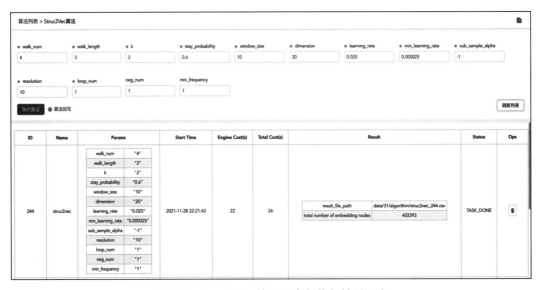

图 4-48　Struc2Vec 算法入参与执行结果示意

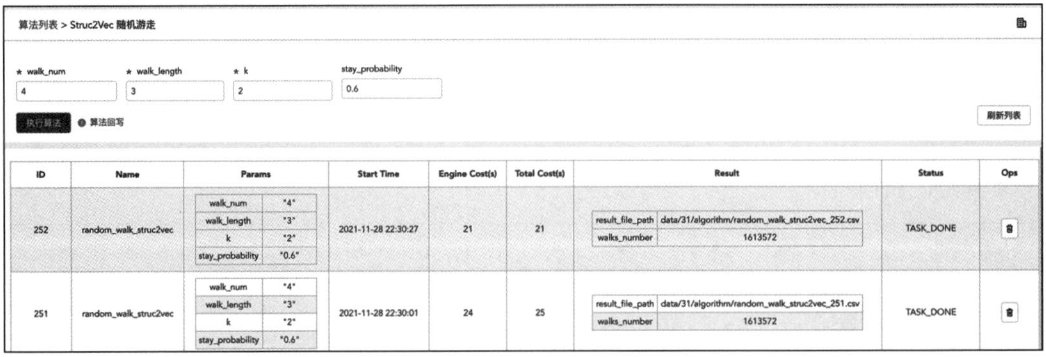

图 4-49　Struc2Vec 随机游走算法

4.9 图算法与可解释性

在大数据时代，越来越多的商家、企业喜欢使用机器学习来增强它们对于商业前景的可预测性，有的采用了深度学习、神经元网络的技术来获取更大的预测能力。围绕这些技术手段，以下 3 个问题一直萦绕不断：

- ❑ 生态中的多系统间割裂问题（siloed systems within AI eco-system）；
- ❑ 低性能（low performance AI）；
- ❑ 黑盒化（black-box AI）。

图 4-50 就很好地呼应了上面提到的 3 大问题。首先，机器学习的技巧很多，从统计学模型到神经元网络，从决策树到随机森林，从马尔可夫模型到贝叶斯网络到图模型，不一而足，但是这么多零散的模型却并没有一个所谓的一站式服务平台。大多数的 AI 用户和程序员每天都在面对多个相互间割裂的、烟囱式的系统——每个系统都需要准备不同类型、不同格式的数据、不同的软件硬件配置，大量的 ETL 或 ELT 类的工作需要完成。其次，基于机器学习和深度学习的 AI 还面临性能与解释性的双重尴尬，所谓高准确率的深度学习往往并不具备良好的过程可解释性，这在各类神经元网络中体现得尤为强烈——人类用户作为最终的决策者是很难容忍过程不可解释、非白盒化的 AI 解决方案的。这也是为什么在欧洲、美国、日本、新加坡等地，金融机构、政府职能部门都在推动 AI 技术与应用落地时的白盒化、可解释性。最后，性能问题同样不可忽视，数据处理、ETL、海量数据的训练和验证，整个过程是复杂和漫长的。这些问题都是不可忽视的存在。理想状态下，我们需要基础架构层的创新来应对并解决这些挑战。

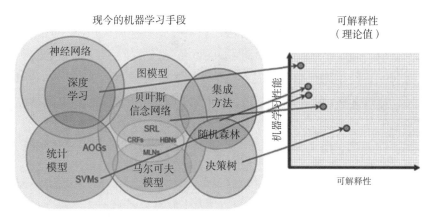

图 4-50 AI 机器学习技巧以及性能与可解释性

传统意义上，数学和统计学的操作在图（数据集）上是非常有限的。在前面的章节中我们介绍过图数据结构的演进路线。简而言之，在相邻矩阵或相邻链表类的数据结构中，很少的数学和统计学的操作可以被完成，在灵活性与性能上也存在很多挑战。为了在图数据集上可以支持更丰富的数学、统计学的计算与操作，引入向量型数据结构有其必然性与合理性，图嵌入也应运而生。

图嵌入（graph embedding）理念的基础是把一张属性图（property graph）转换到向量空间（vector space），因为向量空间内更多的数学、统计学的操作可以被实现和完成。这种转换实际上是把高维度数据压缩到低维空间来表达，同时保留了一些属性，如图的拓扑结构、点边的关系等。这种转换还有其他的优点，如向量操作简单、迅捷。需要指出的是，向量空间的操作所覆盖的是非常广泛的一大类数据结构，如数组、多维数组、矢量、Map、HashMap 等，在这些数据结构上有可能实现高性能、高并发的操作。

对于图嵌入操作而言，这种底层的向量空间数据结构就是以嵌入的方式、原生图的方式存储图的基础数据（点、边、属性等），任何在此基础之上的数学、统计学计算等需求都可以更容易被实现。而当我们在数据结构、基础架构以及算法的工程实现层面做到了可以充分释放和利用底层硬件的并发能力的时候，在图上的很多非常耗时的图嵌入操作就可以非常高效和及时地完成。

举例来说，在一台双 CPU 的 X86 PC 服务器架构中，超线程数可达 112 甚至更高，也就是说如果全部 100% 并发，CPU 最大并发规模可以达到 11 200%，而不是 100%。遗憾的是，很多互联网后台开发程序员试图证明在不让一台服务器的最大并发能力充分释放（满负荷运转）的情况下，可以通过多机的分布式系统来实现更高的效率。高并发的正确打开方式是我们需要先把一台机器的并发能力释放出来后，才会以水平可扩展的方式去释放第二台、第三台的算力。

下面通过 Word2Vec 的例子来解释为什么图嵌入类的操作可以跑得更快，也更简洁（如轻量级存储、过程可解释）。Word2Vec 方法可以看作是其他面向顶点、边、子图或全图的图嵌入方法的基础。简而言之，它把单词（word）嵌入（转换）到了向量空间——在低维向量空间中，意思相近的单词有相似的嵌入结果。著名的英国语言学家 J. R. Firth 在 1957 年曾说过：你可以通过了解一个单词的邻居（上下文）而了解这个单词。也就是说，具有相似含义的单词倾向于具有相似的近邻单词。

在图 4-51、图 4-52、图 4-53 中介绍了实现 Word2Vec 所用到的算法和训练方法：

❑ Skip-gram 算法；

❑ Softmax 训练方法；

❑ 其他的算法，如 Continuous Bag of Words、Negative Sampling（负取样）等。

图 4-51 中展示的是当采样窗口大小为 2 时（意味着每个当前关注、高亮的单词的前两个和后两个相连的单词会被采样），采集到的样本集的效果。

> 注意 在改进的 Word2Vec 方法中，亚采样（Subsamplings）方法被用来去除那些常见的单词，例如"the"，并以此来提高整体的采样效果和性能。

为了表达一个单词并把它输入给一个神经元网络，使用了一种叫作 one-hot 的向量方法，如图 4-52 所示。输入的对应单词 ants 的 one-hot 向量是一个包含 1 万个元素的向量，其中只有一个元素为 1（对应为 ants），其他元素全部为 0。同样地，输出的向量也包含 1 万个元素，还包含每一个近邻单词出现的可能性。

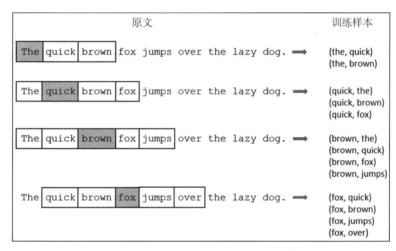

图 4-51　Word2Vec 从原文到训练采样数据集

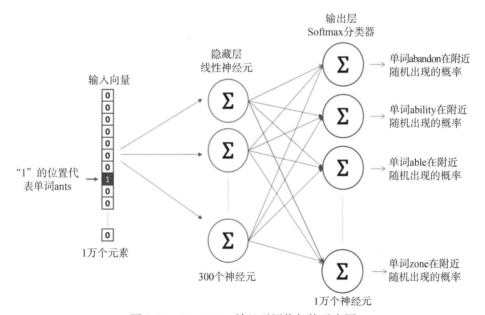

图 4-52　Word2Vec 神经元网络架构示意图

假设我们的词汇表中只有 1 万个单词（words），以及对应的 300 个功能（features）或者是可以用来调优 Word2Vec 模型的参数。这种设计可以理解为一个 10 000×300 的二维矩阵对应在隐藏层（hidden layer）中的 300 个神经元（neurons），如图 4-53 所示。

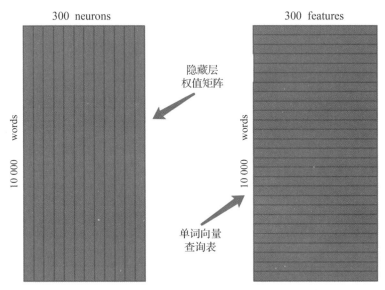

图 4-53　巨大的单词向量（3 000 000 种权重组合）

从图 4-53 中可以看到，隐藏层和输出层都负载着权重达 3 000 000 的数据结构。对于真实世界的应用场景，词汇数量可能多达数百万，每个单词有上百个 features 的话，one-hot 的向量会达到数以十亿计，即便是使用了 sub-sampling、negative-sampling 或 word-pair-phrase 等（压缩）优化技术，计算复杂度也是不可忽略的。很显然，这种 one-hot 向量的数据结构设计方式过于稀疏了，类似于相邻矩阵。同样地，利用 GPU 尽管可以通过并发来实现一定的运算加速，但是对于巨大的运算量需求而言依然是杯水车薪（低效）。

现在，让我们回顾 Word2Vec 的诉求是什么？在一个搜索与推荐系统中，当输入一个单词（或多个）的时候，我们希望系统给用户推荐其他什么单词？对于计算机系统而言，这是个数学——统计学（概率）问题：有着最高可能性分值的单词，或者说最为近邻的单词，会被优先推荐出来。从数据建模的角度来看，这是个典型的图计算问题。当一个单词被看作是图中的一个顶点时，它的邻居（和它关联的顶点）是那些经常在自然语句中出现在它前后的单词。这个逻辑可以以递归的方式延展开来，进而构成一张自然语言中完整的图。每个顶点、每条边都可以有它们各自的属性、权重、标签等。

我们设计了两种近邻存储的数据结构（相邻哈希，adjacency hash），如图 4-54 所示，表面上看它们类似于 bigtable，但是在实现层，通过高并发架构赋予了这些数据结构无索引查询（index-free adjacency）可计算性能。基于此类数据结构，Word2Vec 问题可以被分解为如下两个清晰（但并不简单）的步骤：

1）为图中每个关联两个单词（顶点）的有向边赋值一个"可能性"权重，可以通过基于统计分析的预处理方式实现。

2）搜索和推荐可以通过简短的图遍历操作来实现，例如对于任何出发的单词（顶点），查询并返回前 X 个数量的邻居顶点。该操作可以以递归的方式在图中前进，每次用户选定一个新的顶点后，就会实时地进行新的推荐。当然也可以进行深度的图路径计算以实现类似于返回一个完整的、长句子的推荐效果。

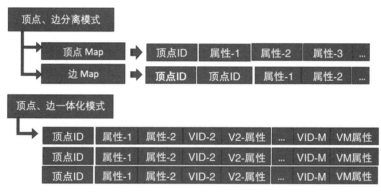

图 4-54 原生支持图嵌入的图数据结构

第二步的描述非常类似于一套实时搜索与推荐系统，并且它的整个计算逻辑就是人脑如何进行自然语言处理的白盒化过程。

上面描述的就是一个完整的白盒化的图嵌入处理过程，每一个步骤都是确定的、可解释的、清晰的。它和之前的那种黑盒化和带有隐藏层（多层）的方法截然不同（参考图 4-52、图 4-53）。这也是为什么说深度的实时图计算技术会驱动 XAI（eXplainable AI，可解释的人工智能）的发展。

相邻哈希数据结构采用图嵌入的方式构造——当图中的数据通过相邻哈希的结构被存储后，嵌入过程就自然而然地完成了，这也是相邻哈希类原生图存储在面向图嵌入、图神经网络时的一个重要优势。

让我们来看第二个例子：深度游走（deep walk）。它是一个典型的以顶点为中心的嵌入方法，通过随机游走来实现嵌入过程。利用相邻哈希，随机游走的实现极为简单，仅仅需要从任一顶点出发，以随机的方式前往一个随机相邻的顶点，并把这个步骤以递归的方式在图中深度前行，例如前进 40 层（步）。需要注意的是，在传统的计算及 IT 系统中，通常来说每一层深入查询或访问都意味着计算资源的消耗指数级增加。如果平均每个顶点有 20 个邻居，查询深度为 40 层的计算复杂度为 20^{40}，没有任何已知的系统可以以一种实时或近实时的方式完成这种暴力运算任务。但是，得益于相邻哈希数据结构，我们知道每一层的顶点可以以并发的方式去访问它的相邻顶点，时间复杂度为 $O(1)$，然后每个相邻顶点的下一层邻居又以并发的方式被分而治之，如果有无穷的并发资源可以被利用，那么理论上的深度探索 40 层的时间复杂度为 $O(20*40)$。当然，并发计算资源实际上是有限的，因此时间复杂度会高于 $O(800)$，但是可以想见，会指数级低于 $O(20^{40})$！

图 4-55 示意的是典型的深度游走的步骤。利用相邻哈希，随机游走、训练和嵌入过程被降解为原生的图操作，例如 K 邻和路径查询操作。这些操作都是直观、可解释的，即是 XAI 友好的。

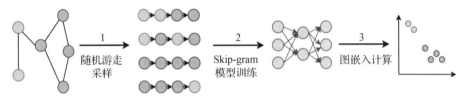

图 4-55　深度游走的步骤分解

深度游走在学术界和业界经常被批评缺少通用性（普适性），它没有办法应对那种高度动态的图。例如，每个新的顶点（及边）出现后都要被再次训练，并且本地的邻居属性信息也不可以被保留。

Node2Vec 被发明出来就是要解决上面提到的 Deep Walk 非通用性中的第二个问题。图 4-56 展示了整个学习过程的完整步骤——10 步（含子进程），其中每个步骤又可以被分解为一套冗长的计算过程。传统意义上，像 Node2Vec 类的图嵌入方法需要很长时间（以及很多的资源，例如内存）来完成（用过 Python 的读者可能更有体会），但是，如果可以把这些步骤都进行高并发改造，通过高效利用和释放底层的硬件并发能力来缩短步骤执行时间，Node2Vec 完全可以在大数据集上以近实时的方式完成。

```
 6
 7 void node2vec::runAlgorithm(adjacency_hashstar& embedded_vector){
 8    // node2vec random walk
 9    walker w(convertedRelations,edges);
10    for(size_t i=0; i<walk_num; ++i)
11        w.node2vec_walk(walks,walk_length,p,q);
12    // Word2Vec
13    word2vec w2v(walks,dimension_word_vector,learning_rate,min_learning_rate);
14    w2v.calExpTable();
15    w2v.learnVocab();
16    w2v.removeLowfrequencyVocab(min_frequency);
17    w2v.subSample(sample);
18    w2v.initNet();
19    w2v.initUnigramTable(resolution);
20    w2v.train_skip_gram(window_size,neg_number,iter_num);
21    w2v.get_word_vectors(embedded_vector);
22 }
23
```

图 4-56　Node2Vec 算法步骤中对于 Word2Vec 的依赖

以图 4-56 为例，如下的进程（步骤）都被改造为并发模式：

❑ Node2Vec 随机游走。

❑ 准备预计算。

❑ 词汇学习（from training file）。

❑ 剔除低频词汇（low-frequency vocabularies）。

❑ 常见单词（vectors）的 sub-sampling。

❑ 初始化网络（隐藏层、输入输出层）。

❑ 初始化 Unigram Table（负采样）。

❑ Skip-Gram 训练。

通过高度的并发实现，Node2Vec 算法完全可以实现高性能与低延迟。在图 4-57 中，我们对增强的 AMZ0601 数据集运行 Node2Vec，可以在完全实时的条件下完成多进程列表中的全部操作。

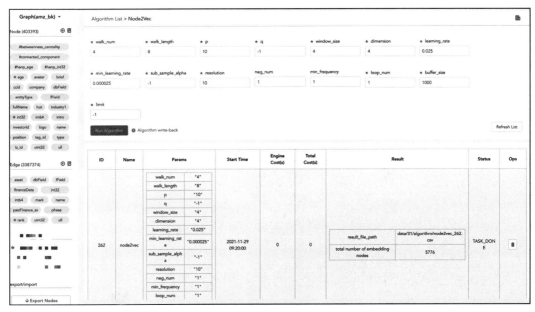

图 4-57　中型图数据集上运行高并发 Node2Vec 算法

值得指出的是，没有实现高并发运算的每一秒钟，对于底层的计算（或存储、网络）资源而言都是一种浪费——是对环境污染的一种漠视。还有其他的图嵌入技巧具有相似的理念和步骤，例如取样和标签（sampling and labeling）、模型训练（如 skip-gram、n-gram 等）、嵌入计算（computing embeddings）等。

有些计算需要在顶点或子图级别完成，有些则需要对全图进行运算，因此也会因计算复杂度的指数级增加而耗费更多的计算资源。无论是哪一种模式，可以实现以下效果将会是非常美妙的：

- 在数据结构、架构和算法实现层面实现高性能、高并发；
- 每一步的操作都是确定、可解释的以及白盒化的；
- 理想状态下，每个操作都以一站式的方式完成（连贯、统一的，无须数据迁移或反复转换的）。

再回顾一下图 4-50 所涉及的可解释性与性能的问题。决策树有较好的可解释性，因为我们明白它每一步在做什么，树在本质上就是简单的图，但是它并不包含环路、交叉环路这种数学（计算）意义上复杂的拓扑结构——因为后者更难解释，当这种高难度的不可解释性层层叠加后，整个系统就变成了一个巨大的黑盒，这也是今天很多 AI 系统所面临的真实窘境——试问人类可以忍受一套又一套 AI 系统在为我们服务的时候，始终以黑盒、不可解释的方式存在吗？例如通过 AI 来实现的人脸识别或小微贷款额度计算，即便在 10 亿人身上认证过它是准确的，但如何确保在下一个新用户出现时它仍是准确且公正的呢？只要人类不能精准、全面地回溯整个所谓的 AI 计算过程，这种风险就一直存在。不可解释的 AI 注定是不会长久的，即便在一定时期内它可能还很火爆。不得不说，在 XAI 的方向上有巨大的 IT 系统升级换代的空间与机遇。

图是用来表达信息与数据的高维关联关系的，图数据库、图中台、图计算引擎是忠实地还原高维空间表达的终极方案。如果人脑是终极数据库，那么图数据库是迈进终极数据库的必然途径。

第 5 章 *Chapter 5*

可扩展的图

和所有其他类型的数据库一样，可扩展的图数据库（Scalable Graph Database）是图数据库发展的必然阶段。单机（单实例）所能承载的最大数据量、吞吐率、系统可用性显然是有限的，也正是这种限制，几乎所有的新型数据库系统都会把扩展能力，特别是通过多实例形成的水平集群扩展能力，作为一个重要的能力衡量指标。这也是分布式数据库方兴未艾的核心原因。本章将详细剖析构建面向业务需求与痛点的分布式图数据库的系统底层架构逻辑，以及不同架构选择的利弊。

5.1 可扩展的图数据库设计

在探讨可扩展的图数据库设计时须明确一点，只有在垂直扩展没有可能的时候，才开始追求水平可扩展系统的构建与迭代。换句话说，很多业务问题，无论是从数据量、吞吐量、性能还是其他要素来考虑，通过垂直扩展方式解决一定是复杂度最低、代价最小的。事实上，水平可扩展系统的设计、实现及运维复杂度，远远超出绝大多数开发者的预期，而且很多情况下，系统的稳定性、时效性因真实世界的业务复杂性而变得不可预知，反而会形成一种颇具讽刺意味的效果：很多所谓的大规模水平分布式系统的实际应用效果往往差于预期，更弱于它们所取代的那些 Monolithic（所谓的单机版）系统——最典型的基于秒杀类短链条交易场景而构建的分布式关系型数据库的性能、稳定性、用户总拥有成本、效率真的全面超越了它们所"取代"的 Oracle 数据库吗？

或许，我们在关注分布式图数据库架构设计的时候，可以更多地从真实的业务需求出发，避免让架构设计变成一种为了追求分布式而分布式的死循环。本节先探讨垂直扩展的可能性，再探讨水平扩展的意义和优劣。

5.1.1　垂直扩展

传统意义上的垂直可扩展指的是在单节点（单实例）上，通过对存储、算力及网络三要素进行升级来获得更高的系统性能、吞吐率，以实现服务更多客户请求的业务目标。在水平可扩展的概念被开发者与客户广泛接受前，垂直可扩展几乎是我们升级系统的唯一途径。一般认为水平可扩展肇始于 AWS 开始对外提供大规模云计算服务的 2006 年，在技术栈上则是源自 Yahoo! 向开源社区贡献的 Apache Hadoop 系统中的核心组件 MapReduce+HDFS，让低成本的廉价 PC 通过大规模组网实现对海量数据的批处理，而 Hadoop 的核心理念则受到了 2003—2004 年谷歌的基于其内部闭源系统的两篇关于 MR 与 GFS 论文的启发，这是后话。随着水平可扩展架构及理念的广泛传播，很多人认为垂直可扩展系统已经一无是处了。然而，在计算机体系架构的不断发展过程中，垂直可扩展的方式依然有其顽强的生命力，如图 5-1 所示。

图 5-1　垂直可扩展的系统示意图

很多人把垂直可扩展系统简单等同于对计算机系统及其周边关联设备的"硬件升级"，即对如下的云计算三要素进行扩容。

❑ 存储：硬盘、网盘、内存等。

❑ 计算：CPU、GPU 等。

❑ 网络：网卡、网关、路由器等。

通过对硬件层面的存储、计算、网络资源升级，以及对主板、总线结构等的升级，的确可以获得更高的"算力"，但这种硬件层面算力的提升仅停留在理论层面，它并不能等比例的、不言自明的，不通过任何"软件升级"让业务系统及应用程序获得更高的吞吐率、更低的延迟等。这一点是垂直可扩展系统经常忽略的问题，常被人们诟病。

　　不可否认，把 5400r/min 的磁盘升级为 10 000r/min 的确会获得近 50% 的数据吞吐能力提升，把 CPU 的主频从 2GHz 升级为 3.2GHz 也可以获得接近 60% 的计算效率提升。同样地，从 100Mbit/s 的网卡升级为 1Gbit/s 也会有至少 5 倍的带宽升级效果。然而，还有很多硬件能力指标是需要软件的升级改造来释放的。我们举 3 个例子来说明这个问题。

　　例 1：从传统的企业级磁盘（HDD）升级为企业级固态硬盘（SSD）。

　　例 2：从 8 核 CPU 升级为 2 个 40 核 CPU。

　　例 3：从 1Gbit/s 网卡升级为带有 Zero-copy RDMA 功能的 10Gbit/s 网卡。

　　在例 1 中，从 HDD 升级为 SSD，对于数据库级别的服务器端软件而言，最大的差异在于是否能充分释放 SSD 的能力优势。在第 3 章中介绍过，SSD 相比 HDD 的性能优势在随机读写时是 2 个数量级（约 100 倍），在顺序连续读写时却只有几倍（如 3～5 倍），也就是说在不同的读写模式下，SSD 和 HDD 之间的性能会有 1～1.5 个数量级的差距（例如，100 倍与 5 倍的落差）。对于数据库而言，最直接的差异会体现在如下两个场景：第一类场景是数据连续写入或读取；第二类场景是数据的随机读取或更新（删除、插入）。

　　第一类场景最典型的是数据库批量加载数据或连续更新日志文件操作；第二类场景则几乎涉及所有的其他操作，特别是对于索引文件或数据库主存储文件的访问，其中前者以读为主，而后者，至少对于 OLTP 类型的图数据库而言，需要兼顾读与写操作的效率。

　　现在回到我们最初的问题，简单地从 HDD 升级为 SSD 是否就拥有了 SSD 所宣称能提供的所有性能吗？答案是，不一定。软件在很多时候是个制约因素，优化的软件架构才能更充分地释放底层硬件的能力。

　　第 3 章的存储引擎部分介绍过 WiscKey，通过对 LSMT 进行算法架构改造，有针对性地面向 SSD 的硬件特点做到了当 KV 键值尺寸大于等于 4KB 时的性能大幅提升。这种改造可以视作一种典型的面向业务数据的性能优化，确切地说，在数据字段（值）的大小超过 4KB 之后的系统吞吐率较改造前有大幅提升——软件层面的优化更充分地释放了底层硬件的能力。

　　数据库查询优化器通常会对查询语句的内在逻辑进行优化，并通过执行它认为最优的路径来完成查询。基于 HDD 的硬件特性而设计的查询优化器可以不经过任何修改就在 SSD 上运行，但是，对于落盘在 SSD 上的数据文件、索引文件、缓存数据，以及数据库日志，通过有针对性地优化面向这些文件的访问路径，例如，降低 I/O 请求、合并多个操作、把随机读写优化为顺序读写等，可以让系统获得更高的数据吞吐率、更低的查询时耗。类似地，通过多级存储及缓存逻辑，可以用低成本的硬件来实现与高成本系统相近的性能产出。

　　例 2 中，从 8 核 CPU 升级为 80 核 CPU，表面上看是 10 倍的计算资源增长，但是，如果没有数据库软件对于这些算力的释放，这个升级将不会带来任何变化。这也是很多人选择性忽略了垂直可扩展的真正意义——通过编写高并发的软件来充分利用多核 CPU、多线程并发来实现更高的系统吞吐率。而高并发的效果实际上往往好于那些所谓的水平扩展系统的性能，因为水平分布式系统通常会伴随大量的网络通信，在其上所消耗的时间带来的系统时延上升、吞吐率下降，往往会抵消水平分布式带来的潜在多实例吞吐率上升的收益。

然而，高并发软件编写或改造的难度并不亚于水平分布式系统的构造难度，虽然两者在架构层面上的关注点差异决定了在具体实现过程中的难点不同，但它们的终极目标都是通过"并发、并行执行"来实现更高的系统吞吐率（更高的投入产出比，以及更好地满足客户的面向未来增长的架构设计与实现）。笔者建议从这一刻开始，摒弃水平扩展与垂直扩展之争，把关注点放在如何实现并发软件上。高并发软件的设计与开发有 3 大"陷阱"：

❏ 缺少并发思维；

❏ 锁（locks）与共享可变状态（shared mutable state）；

❏ 算法（与数据结构）选择。

对于大多数程序员（以及业务人员，甚至用户）而言，缺少并发思维让我们低估垂直扩展的收益，高估水平扩展的回报，也可能会让我们在设计并发系统架构时因为短视而无法考虑更长远的目标，进而导致系统架构需要反复推翻，最终无法实现既定设计目标。

同样，选择什么数据结构才能更好地适配并满足客户的业务需求（例如读写的比重分配、访问行为模式、最大负载情况及常见负载模式等）？选择什么算法来对一份原本串行的工作拆分并进行并发执行改造呢？我们需要承认高效的算法可以带来指数级的效率提升，如同我们在第 4 章中介绍过的典型图查询、图算法中（例如全图度计算、全图 K-Hop、含超级节点的 K-Hop 查询、鲁汶社区识别、三角形计算等），通过多核 CPU、多线程充分并发，可以带来大幅的效率提升。而有一些图查询或算法甚至是"歧视"水平分布式系统的，例如，从某个节点出发的 K-Hop 查询，假设 $K = 5$，如果在一个完全水平分布式的图数据库系统中，无论是从一台实例出发，还是从多台实例出发，只要初始节点的多层邻居分布在整个集群内多个节点上，每向下一层实例访问就会因为实例数量的指数级（约 10 倍）增加带来对应的实例间通信的指数级增加，直至集群内通信成本完全抵消分布式带来的优势，导致无法完成查询操作。

锁（以及共享可变状态）的存在是为了保证多个并发任务（线程或进程）不会由于访问失控而导致数据库的数据不一致或不可预期。锁的存在意味着它的访问（以及它所保护的数据资源）只能以某种串行的方式进行，这也隐式地说明并发系统并不是完全并行的。事实上，任何分布式系统都一定会有一些环节、组件、进程是以串行的方式进行的。这或许才是所有分布式系统的底层真相，只不过在铺天盖地的分布式浪潮中，我们会选择性地忽略这些真相而已。

图 5-2 展示了完全串行的程序在经过部分并行改造后可以获得从 50s 缩减到 40s 的效果，因为其中 2/5 的程序被以 2 倍速并发执行，对整体而言是 1.25 倍速。如果全部环节都可以改造，则可以获得全程序 2 倍速的效率提升。如果可以以 10 倍速执行全部环节，则整

体程序也将获得 10 倍速的效率提升。

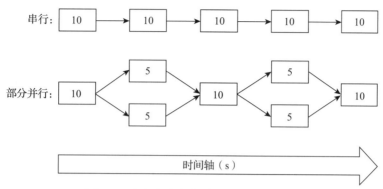

图 5-2　串行程序与部分并行程序示意图

在计算体系架构中，阿姆达尔定律（Amdahl's Law）描述了把程序从串行改造为并行过程中可以获得效率提升的数学模型。具体公式如下：

$$S_{\text{latency}}(s) = \frac{1}{(1-p) + \dfrac{p}{s}}$$

假设一个程序完全串行需要 50s 可以完成，其中大部分（40s）可以改造为充分利用底层硬件的并发处理能力，有 10s 无法改造，则无论如何充分并发，该程序的最短执行时间无法低于 10s。那么上面阿姆达尔公式中的 $p = 40/50 = 0.8$，如果并发可以从串行的 1 倍速改造为 80倍速，则 $s = 80$，则 $S_{\text{latency}} = 1/(0.2 + 0.8/80) = 1/0.21 = 4.76$，即非常接近理论上的 5 倍加速。

从串行改造为并行的挑战在于，当数据可能会被改动的时候，并发访问如果不加以控制就会出现差错。表 5-1 展示了在多线程读写条件下的问题复杂度。

表 5-1　多线程竞争造成的潜在正确性问题

竞争：线程 A 先行		
线程 A	线程 B	V 值
READ V(11)		11
ADD 100	READ V(11)	11
WRITE V(111)	SUB 110	111
	WRITE V(−99)	−99

理想效果：A-B 顺序执行		
线程 A	线程 B	V 值
READ V(11)		11
ADD 100		11
WRITE V(111)		111
	READ V(111)	111
	SUB 100	111
	WRITE V(11)	11

竞争：线程 B 先行		
线程 A	线程 B	V 值
	READ V(11)	11
READ V(11)	SUB 100	11
ADD 100	WRITE V	−99
WRITE V(111)		

在例 3 中，网络从 1Gbit/s 升级为 10Gbit/s，表面上获得了 10 倍的带宽提升，并且这个理论网速让人很容易有一种"错觉"，就是网络的速率已经超越 HDD 了，甚至超越了 SSD（一般的企业级 SSD 的顺序读写效率为 500MB/s，随机读写则更低）。这种错觉会让我们觉得分布式系统的瓶颈已经不复存在了，因为即便是多个节点实例间进行通信，有如此之快的网络，则完全不需要再担心网络延迟的问题了。但实际的情况是，特别是对于数据库系统，网络从来都不是系统瓶颈之所在。

为了更好地说明这个问题，我们举个例子：假设用 10Gbit/s 传输 100 万个小文件，每个文件约 4KB，以及传输一个 4GB 的文件（在文件大小层面，4GB = 4KB × 100 万），请问两者的传输时间差异是多少？

差异可能至少在 100 倍以上，甚至多达 300 倍。为什么会这样呢？因为我们大多数人会习惯性地忽略 I/O 的代价，传输 1 个大文件，假设 10Gbit/s 带宽的最大、有效利用率是 80%，即 8Gbit/s，那么 4s 就可以传输完成，但是传输 100 万个文件，则会有数百万次 I/O，假设读取 1 个文件（block）只需要 400μs（0.4ms），100 万次读取也需要 400s，也就是说，10Gbit/s 的最大可能传输带宽根本不是瓶颈，即便是 1Gbit/s 对于这些小文件也绰绰有余了。

而实际上，在数据库系统中，多个实例间的信息同步问题类似于上面的百万量级小文件，这些小文件、小数据包往往只有几个字节到几百个字节，多实例之间的同步会产生大量的、频繁的 I/O 操作。我们甚至可以说：在分布式系统的设计中，能最低限度地使用网络同步是系统性能提升（降低延迟）的法宝。但是，规避网络同步似乎等同于去追求垂直扩展而非水平扩展；而垂直扩展的系统中同样也追求通过并发来实现增效、提速。

那么，到底是垂直扩展还是水平扩展，这两者似乎更像薛定谔的猫。追求极致的并发才是更底层、更极致的挑战，才是我们需要关注的硬核问题。

在例 3 中，还有另外一个有趣的技术点——zero-copy RDMA（Remote Direct Memory Access，远程直接内存访问）。图 5-3 右侧示意了 RDMA 技术，它让请求发起方的应用程序可以直接跨过多级缓存而直接通过支持 RDMA 的网卡向接受方实例的应用程序写入数据，在这个过程中，相比于传统的网络间数据交换模式，有如下几个优点：

❑ 零复制（zero-copy）；

❑ 低 CPU 介入；

❑ 无须操作系统内核介入；

❑ 几乎无网络性能损耗；

❑ 存储与计算融合。

但 RDMA 能发挥最大效用的前提是应用程序需要大幅改造。传统应用程序通常对硬盘 I/O 存在依赖，而改造后的应用（例如内存数据库）可更充分地利用 RDMA 的硬件加速能力。事实上，任何数据库都可以通过对内存的扩大利用和充分利用来获得更好的增速。对于图数据库而言，通过内存来提速的渠道有很多，枚举如下：

❑ 索引常驻内存；

❑ 部分数据常驻内存，例如元数据；

❑ 中间数据内存存储；

❑ 缓存数据常驻内存；

❑ 日志常驻内存；

❑ 以上多种类型数据的混搭常驻内存，或基于可定制策略的内存常驻逻辑；

❑ 全部数据常驻内存。

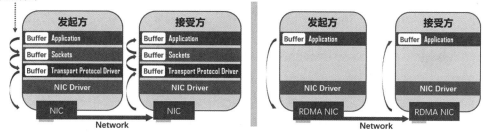

图 5-3　普通网络通信与 RDMA 技术

关于内存，笔者认为有以下几点重要认知：

❑ 内存会成为新的硬盘，大内存技术毫无疑问是未来 10 年内计算机体系架构升级换代技术栈中最重要的一环；

❑ 升级内存来获得更高的系统性能往往是最简易、最低成本的方案；

❑ 内存与外存以及网络可以构造一整套多级存储加速的架构，绝大多数现有数据库系统的改造和加速都没有充分考虑内存加速这一环。

在计算机体系架构中，从 HDD、SSD 到内存再到 CPU 缓存组件，如果再包含网络存储，至少有 5 级存储，任意相邻的两级之间存在指数级的性能落差，如图 5-4 所示。这种性能落差，无论是垂直扩展还是水平扩展都是客观存在的。真正能让我们获得性能提升的是高并发与低延迟的实现，或许这也是任何高性能系统的本质。

图数据库系统的性能提升，无外乎通过如下几个手段来实现：

❑ 更好的硬件；

❑ 与硬件匹配的，可以支持最大并发、低延迟的系统架构，包括体系架构、数据结构、编程语言等；

❑ 对图数据库中所有可能的操作进行并发优化、算法逻辑优化，以实现最低的延迟和最大的吞吐率。

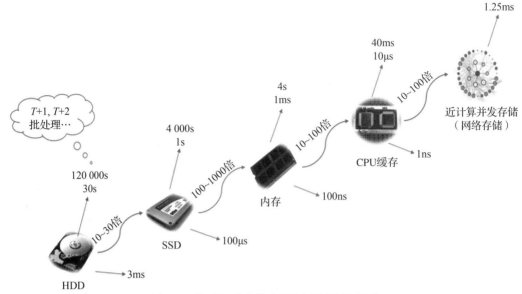

图 5-4　体系架构中的多层加速逻辑示意图

　　在高并发（或高并行）领域一直存在一个有趣的、无心的认知误区，高并发（high-concurrency）与高并行（high-parallelism）经常被混用，但是实际上它们代表不同的含义，如图 5-5 所示。

　　如图 5-5 所示，高并发其实是存在明显的单节点资源障碍的，即共享可变状态区，而高并行则不存在。但是，大家都已经把高并发等同于高并行了，本书也依照惯例不再加以区分。

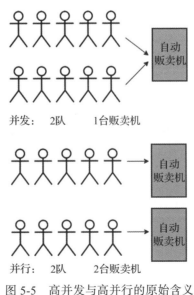

图 5-5　高并发与高并行的原始含义

在前面的章节中，我们多次阐述过对图数据库中的一些操作进行高并发实现可以获得指数级的性能提升，图 5-4 右上展示的就是一个在 CPU 层面串行执行 40ms 才能完成的工作，如果能充分利用 32 倍速并发，可以在 1.25ms 内完成，但是如果在内存层面，则需要 4s，SSD 层面需要超过 1h，HDD 层面需要超过 1 天……永远不要低估并发加速的效果，但这种效果在垂直扩展的系统上相对更容易获得，这和图数据库中复杂查询的特征有关——深度查询，例如多级（多步）路径查询、K 邻查询、多层子图查询、复杂的图算法，它们的一个共有特征是节点之间通过大量的边关联，如果这些点、边不能整体地存储在同一个数据结构中，势必会出现海量的网络请求或大量因文件系统访问而出现的 I/O，这些额外的请求与 I/O 是任何分布式系统的最大敌人。

5.1.2 水平扩展

水平可扩展的分布式系统伴随着云计算与大数据等概念的出现而蓬勃发展，它与传统的垂直可扩展系统有很大差异，水平与垂直可扩展系统的优缺点比较如表 5-2 所示。

表 5-2　水平与垂直可扩展系统的优缺点比较

可扩展系统	优　点	缺　点
水平扩展	系统性能的提升可以以小步幅方式实现（实例叠加模式）	软件层面需要处理数据分发、同步以及并行处理等复杂问题
	带来了无限（大幅）可扩展的可能性	真正实现水平分布的系统软件少之又少
	较垂直扩展系统具有较少的硬件投入	硬件及软件投入的成本可能并没有想象中那么低，特别是对较复杂查询的性能（时耗）有严苛要求的时候
	高可用是水平可扩展系统的最主要的诉求和承诺	数据一致性的实现非常复杂，很多时候不得不做出妥协，并会产生一些连锁反应
垂直扩展	大多数软件并不需要改写即可直接获得硬件提升带来的系统性能提升	可能会因为购买高端的硬件（如 CPU），导致成本大幅上升
	相对简单的系统安装、管理、维护	系统性能提升的上限可以预见（受限于垂直扩展的硬件能力的上限）
	数据一致性、数据同步等工作相对比较容易实现	单实例无法实现高可用。系统需要外延为主备、主从或更复杂的分布式模式才能实现高可用

水平可扩展系统有很多种形式，如果按照投入成本高低来划分，一种低成本的实现方式如图 5-6 所示，从原来的单机 2 核 CPU，水平扩展为 4 台共 8 核 CPU，我们可以简单地认为这种硬件投入的增长是线性的（4 倍），甚至随着批量购买折扣而存在亚线性的可能。但是对比垂直扩展，从 2 核 CPU 升级为 8 核 CPU，单纯这个升级操作就可能有 4 倍以上的价格差（以 Intel X86 为例，在其高端服务器级 CPU 的销售中，每 10% 的性能提升就意味

着销售价格倍增，这也是 Intel 高利润率的主要原因，另一方面，每个多核 CPU 都是一套复杂的分布式处理微系统，随着核数的增加，多核之间的通信、协同、共识所达成的算法复杂度也更高），也就是说，垂直扩展虽然牵涉的硬件数量少，但是因为超线性的价格浮动而导致成本飙升。

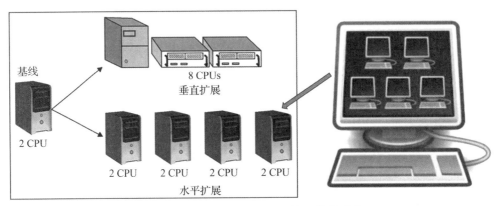

图 5-6　低成本水平可扩展系统可能的形式

事实上，在数据库系统发展的 40 年间，前 20 年都是以小型机（Mini-frame）为主的架构，而近 20 年，随着分布式和 PC 服务器架构的演进，开始出现动辄数十台、上百台 PC 服务器构建的分布式数据库系统，而整体价格上，后者（PC 集群）居然可以低于前者（小型机），可谓是一种奇观。它的核心理念是利用一群低配的机器实现海量数据的多份拷贝存储（HDFS），同时又以分而治之的方式（MapReduce）对数据进行非实时的处理（AP 分析类型的数据处理）。但是，这种理念对于图数据库，特别是需要在线处理的场景而言，基本是不适合的。更过分的是，随着云计算的蓬勃发展，很多所谓水平可扩展的系统，采用虚拟化技术把原本是一台物理服务器的资源通过虚拟化、容器化等方式切割为多份实例（如图 5-6 右侧所示），这些实例间再形成集群。这种水平分布式集群的构造违背了分布式系统的最核心承诺，即提供更高的系统吞吐率，因为这些源自同一底层硬件的虚拟化实例无论如何"巧妙"设计，都不可能突破底层硬件的性能瓶颈。我们可以称这种水平可扩展是一种典型的为了分布式而分布式的系统。

分布式系统的设计核心可以归纳为"分布式算法（逻辑）"，有如下 4 个方面：

❏ 多实例间的协调、协同（Coordination）；

❏ 多实例间的相互合作（Co-operation）；

❏ 信息传播与任务分解（Dissemination）；

❏ 共识达成（Consensus）。

这 4 个方面的英文首字母连写为 CCDC，我们称之为分布式系统的 CCDC。任何分布式系统的设计与实现中一定会涉及这 4 个环节，本节介绍的所有知识点都围绕这几点展开。

分布式系统所面临的挑战很多，如网络问题、安全问题、数据一致性问题、状态同步问题、系统稳健性问题等，大体可以归纳出如下几个方面：

❑ 本地执行与远程执行；

❑ 状态与数据一致性问题；

❑ 异常或失败处理；

❑ 网络相关的问题（网络分割、脑裂等）。

分布式系统的设计与实现首先需要考虑的是任务的本地执行与远程执行的差异性，无论是前者还是后者都涉及以下 3 个方面的挑战：

❑ 解耦，即进程（或线程）收到任务、开始执行、完成执行并返回之间是存在时间差的，无论时间差大或小，解耦（分解）有助于实现模块化；

❑ 流水线或队列，流水线（或队列）设计是为了避免出现上一个任务没有完成的情况下，拒绝服务下一个或其他多个任务的情况；

❑ 吸收并缓解高负载，在高负载、极端负载情况出现时，系统即便平均处理每个任务的时延变长，也好过拒绝接受处理甚至宕机的情况。

以上 3 个挑战其实都是为了解决潜在的远程任务执行可能带来的成倍的时延增长问题——远程任务的时延要高于本地任务，且不要忽略双向网络通信、序列化、去序列化、接口调用等一系列操作的时耗。

分布式系统的状态与数据一致性是个牵涉面很广的问题。在分布式系统中，CAP 的概念已经深入人心，它甚至已经上升到了一种理论高度，即 CAP（Consistency, Availability, Partitioning，一致性、可用性、可分区性）理论。CAP 理论（或假说、结论）认为 CAP 三者不可同时兼得，绝大多数的系统只能达到其中 2 项。CAP 的三要素如果要分出高低，笔者以为"可用性"毫无疑问排第一位，因为系统都不可用了，一致性和可分区性又有何意义？其次是一致性，再次是可分区性。因此，大多数系统都会按照 A+C 模式实现；个别系统会按照 A+P 模式实现，但是会牺牲部分一致性，即集群内在某个瞬时会出现多实例间数据不一致的情况；很少见到 C+P 模式的系统，即数据一致与分区都可以实现，但是系统无法对外提供服务——这种系统大概只存在于理论界。一般认为最早实现了 CAP 三合一的系统是 Google Spanner，但其实现代价很高，谷歌为此在全球范围内通过 GPS 时钟与原子钟来保证数据库服务器节点的时间同步，而节点间的共识达成是通过 Paxos 算法实现的。另外，严格意义上说，Spanner 实现的是顺序一致性（sequential consistency）——一种弱于强一致性（strict consistency，即严格一致性）的实现，因此它并不与 CAP 的核心结论冲突。

我们需要理解，在分布式系统中，实现一致性的前提是节点间达成共识，而后才是状态同步、数据同步等。下面以 Google Spanner（在谷歌云上面统称为 Cloud Spanner）所采用的 Paxos 算法为例介绍一下执行算法的核心逻辑。

Paxos 算法自 20 世纪 90 年代末发布以来，在相当数量的大数据平台、云计算平台以及 NoSQL 数据库中得到了应用。理解 Paxos 的逻辑需要先了解它所定义的三大集群实例角色：提议者（proposer）、接受者（acceptor）和学习者（learner），如图 5-7 所示。其次是它们之间沿时间线的互动关系，如图 5-8 所示。proposer 发起提议，提议会携带一个具有唯一性的数值 n，在得到 acceptor 的承诺 n 后，会发送该数值 n 与一个对应的 value（值），任何在这个时间点之后的数值小于 n 的提议都会被忽略，大于 n 的可以替换之前的数值，但是不会改变 value 值。当这一共识被多数实例接受并达成后，集群内其他角色会自动接受，形成全部共识。整个通信过程很像 TCP 通信协议中的 3 次握手建立连接、4 次握手终止连接，只是 Paxos 的通信可能需要远多于 4 次握手通信。

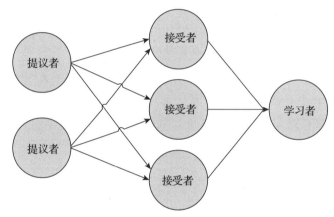

图 5-7　Paxos 一致性算法的基础架构（角色）示意图

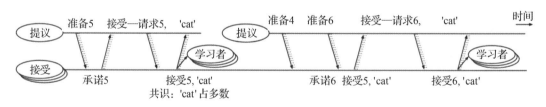

图 5-8　Paxos 角色间通信沿时间轴发展逻辑示意图

Paxos 算法有很多变种，确切地说它代表一大类"共识算法"，如 Classic-Paxos 经典 Paxos、Multi-Paxos 多方 Paxos、Fast-Paxos 快速 Paxos、Flexible-Paxos 灵活 Paxos、Egalitarian-Paxos 平等 Paxos 等。Paxos 类算法的整体逻辑比较复杂，实现复杂度很高，且通信消耗很大，如图 5-9 所示。在一个大型集群内，多个 proposers（10 个）与多个 acceptors（80 个）以及 learners（20 个）之间可能会产生大量的网络通信。以一个包含 110 个实例的集群为例，通信规模约为 $10 \times 80 \times N + N \times 80 \times 20$（$N \geqslant 4$），这仅仅是达成一次共识（例如因角色变化而完成的一次选举），但由于网络堵塞、不稳定或其他原因（如时钟错误）可能会导致这种共识达成操作频繁发生，且因频繁失败而重复同一操作，进而造成网络负载压力。

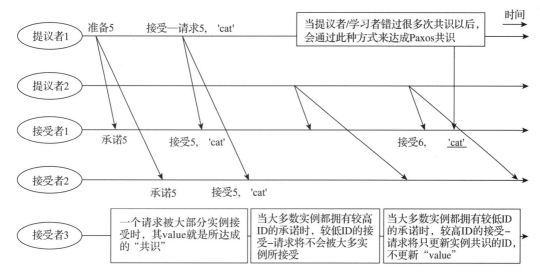

图 5-9　Paxos 角色间共识形成逻辑示意图

从 Paxos 共识算法中可以看到，集群的实例间按照一种在复杂度上接近于全网广播的网络通信模式进行数据交换——这种模式比较适合中小型网络（＜10 或＜100 个节点），在大中型网络中则会造成很多问题。我们有必要更全面地了解网络通信的可能模式，并在分布式系统设计中作出明智的选择。图 5-10 列出了 3 种分布式系统常见的网络通信模式：集中式（广播模式）、分散式（局域广播模式）和分布式（网格模式）。

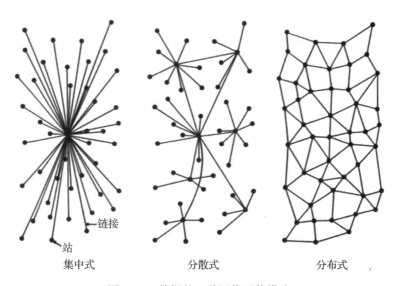

图 5-10　数据的 3 种网络通信模式

1987 年，在 Xerox Palo Alto Research Center 发表的一篇名为 "Epidemic Algorithms for Replicated Database Maintenance" 的论文中着重研究了 3 种网络通信模式，分别为 direct mail（直邮模式，即中心化、广播模式）、rumor mongering（散布谣言模式，即分布式、网络模式）、anti-entropy（逆熵模式，又称反熵，即去中心化、局部广播模式）。

> **注意** 实际上后两种非中心化模式都可以被算作广义的逆熵模式。

逆熵的概念在分布式系统设计中尤为重要。熵（Entropy）是源自热力学领域的重要概念，即热力学第二定律，该定律表述了在热力学过程中存在不可逆性，任何孤立的系统都会自发地朝着最大熵，又称为最大失序状态演化。如果把这一概念延展到分布式系统中，系统内的多个实例间天然地会随着时间推移而产生更多的状态不一致、数据不一致，因此逆熵通信模式是通过分布式共识的算法来实现多实例间的状态与数据一致的重要保证。

分布式系统的逆熵同步算法有很多种，大体可以分为如下几种类型。

- ❑ 读同步式：如读修复（read-repair）、摘录式读取（digest-read）等。
- ❑ 写同步式：如提示移交（hinted-handoff）、宽松仲裁（sloppy-quorum）等。
- ❑ 全量数据同步：如 Merkle 树（通过构建多级哈希树来对全量数据中任意范围内的数据进行跟踪并实现分层同步）、Bitmap Version 向量（通过构建和维护位图版本向量来保证集群内的实例在恢复上线后可以获得最新的待写入的数据）。

一致性算法是分布式系统中相当重要的一环，因为该类系统中的其他重要环节和特性都依赖分布式共识算法来获得。

- ❑ 容错性（fault-tolerance）：系统通过数据传输的可靠性，以及多份拷贝来获得容错性，但是多份拷贝也意味着数据保持一致的难度随着拷贝（replica）数量的增加而增加，甚至是指数级增加，即维护 $2N$ 份拷贝的复杂度是 N 份的 N^2 倍（参考上面 Paxos 中的数据同步通信的复杂度实例）。
- ❑ 可靠性（reliability）：可靠性可以被看作容错性的超集，但是它的关注点略有不同，例如对网络的可靠性、存储稳定性、数据无损传输的可靠性、网络协议的设计而导致的数据同步可靠性等的关注。
- ❑ 可用性（availability）：高可用是所有分布式系统首先需要解决的问题，通常在分布式系统设计中会要求最低一定数量的实例必须在线，整个系统才能提供完整的服务，例如大于 50%（$N/2$）的实例在线。也有的系统有更严苛的要求，例如至少 2/3 的节点在线，或至少在线实例上存有一份 100% 完整全量数据，在线节点占全部节点的百分比取决于数据分割的具体逻辑。
- ❑ 完整性：数据的完整性包括数据存储的物理完整性、逻辑完整性等。数据库底层通过锁（Lock）来实现逻辑层面的数据完整性，特别是在高并发访问的场景中。锁的使用，虽然很多时候是必需的，但是应当尽量避免，因为一旦上锁，其他所有相关进程（或线程）都会处于排队等待状态，可以看作一种资源浪费，好的设计会尽量规避上锁。拴（latche）的作用是物理层面来保证数据完整性，它比锁有更精细的颗粒度，为页面（page）级别，也因此耗时更短。

在并发系统中，关于锁或拴的使用，一般会遇到如下 3 种情况。

❑ 并发只读：这是最简单的并发场景，可以完全在无锁的条件下最大化并发。

❑ 读写混搭：优化点在于可以把读写任务分离，确保多个写入任务不会交叠在一起。读取任务在没有写任务时可以实现完全的并发，但当存在同时读写时，使用读写锁可以解决多读与多写共存时的锁处理逻辑。

❑ 并发写（更新）：并发写入，锁的优化逻辑包括锁的颗粒度，在传统数据库中有数据库级别、表级别、行级别的锁，在图数据库中取决于底层存储引擎的逻辑。无论是行存、列存、KV 存储或其他存储模式，都可以实现类似的粗颗粒度到精细颗粒度的锁逻辑，主要考量的维度包括写操作本身的数据牵涉范围，全图、局部数据或者是其他维度。针对图的数据结构特点，我们大体知道可以按照顶点锁、边锁、点属性锁、边属性锁或更为精细的锁逻辑来实现多并发写入的最优效率。

大多数的并发实现逻辑都被称作"悲观并发"（pessimistic concurrency control），例如著名的 2PC（2-Phase Commit，两阶段提交）技术本质上是一种"阻塞式协议"，由于在集群内的协调进程或节点故障离线会导致阻塞，也因此有人提出了 3PC（三阶段提交）技术，通过引入"放弃"（Abort）状态机制来避免阻塞发生，并通过引入 PreCommit（预提交，也被称作 Prepare，准备阶段）阶段来帮助系统快速恢复——即便是协调节点与参与节点在提交阶段都发生故障的时候。3PC 比 2PC 为分布式系统带来了更高的容错性。

前面提到的大多数锁的实现都是悲观锁，在分布式数据库领域对应着一种更高效的并发实现方式是"乐观锁"。悲观锁（或悲观并发）的实现机制是在任务运行时判断是否存在事务冲突（transaction conflicts）并决定是否阻塞或终止任务，而乐观锁（或乐观并发）假设事务冲突是个小概率事件，因此事务执行被拆分为 3 个阶段：读取阶段、验证阶段和写入阶段。

通常验证阶段和写入阶段的时耗较读取阶段更短，当验证阶段成功的情况下，3PC 可以获得比 2PC 更高效的并发控制。尽管 3PC 包含关键区域（critical section），在分布式事务条件下访问该区域也需要采用串行的方式。

MVCC 或 MCC（Multi-Version Concurrency Control，多版本并发控制）技术通过允许创建数据记录的多版本以及事务 ID 和时间戳来实现存储层面的最小化跨任务协调——读任务不会阻塞写任务，反之亦然。像传统数据库一样，图数据库也可以用 MVCC 技术来支持并发读写场景。MVCC 并非不使用锁，而是尽可能降低锁（及强制性的序列化访问）的使用，也因此会（大概率）获得更佳的性能（更短的时耗）——可以算作是一种通过空间来换取时间的策略，如图 5-11 所示。

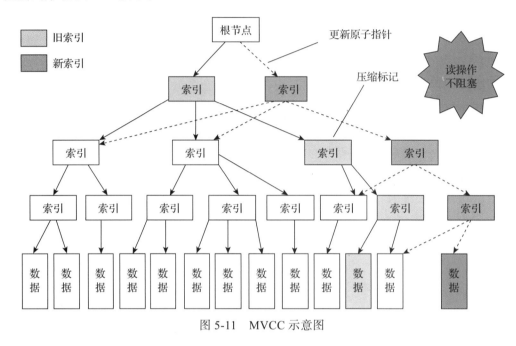

图 5-11　MVCC 示意图

如果在图数据集上更新信息，无论是顶点还是边数据的插入、更新或删除，都可以通过 MVCC 来实现，在微观层面，MVCC 的实现逻辑类似于图 3-12 中的 Copy-on-Write，即在图数据库中某个写入（更新、删除或插入）任务并不会直接在原始数据上操作，而是先创建一个该数据项的新版本，在复杂的情况下可能有多个版本同时存在，并发的每个任务可以看到的版本取决于当前的隔离级别（isolation level）。数据库由低到高实现 4 个级别隔离：读未提交（read uncommitted）、读已提交（read committed）、重复读（repeatable read）和序列化（serializable）。

最高级别的隔离是为了避免出现一些可能发生的问题，如脏读（dirty read）、不可重复读（unrepeatable read）、幻读（phantom read）等。越高级别的隔离，数据库的性能越低下，因此一般数据库实现中并不会采用最高级别的隔离，通常默认为读已提交模式，并且把读未提交与读已提交同等处理。

当写入任务创建新版本时，其他并发的读任务访问的是老版本，随着时间推移，MVCC 系统中一定会出现很多老的数据版本需要清理。显然，如果需要对全量数据进行扫描（例如传统数据库的扫表操作，在图数据库中可能是对全部的顶点或边数据结构进行扫描）以把最新版本的数据更新到数据库中，并把老版本的数据全部清除（如图 5-11 所示，深灰色数据被指向为最新数据，浅灰色数据被删除），这将会是个非常"昂贵"的操作（英文称作 stop-the-world，在关系型数据库中，例如 PostgreSQL，把这个操作称为 vaccum freeze）。另一种可能的"多版本并发"实现方式是快照隔离（snapshot isolation），并在对应的存储引擎层分为两部分：源数据与回滚日志（undo-log，又称撤销日志），源数据部分保留最新的已提交版本的元数据，回滚日志部分可以被用来创建源数据的老版本。这个设计的一个潜在问题是，当源数据量较大且更新操作频繁发生的时候，回滚日志会数倍大于源数据，维护这样一个巨大的日志将是一个复杂的挑战。首先日志访问速度会变慢，其次容易因存储空间不够而导致无法创建快照，进而无法实现快照隔离，最终导致系统无法正常工作。

传统 SQL 类数据库的架构设计是以存储层的存储引擎为核心的，这样设计有其必然性——二维关系表的存储需求天然地与存储引擎架构匹配，而且这种设计思路延续到了 NoSQL 领域，宽表数据库、列数据库、文档数据库、时序数据库都采用了类似的存储逻辑，但如果图数据库也采用二维关系表的结构，则很难实现高维的图计算。图数据的普遍特点是数据之间存在高维关联关系，而这种高维关联关系所带来的挑战并不是传统的分布式存储可以解决的，我们用一个简单的例子来解释一下何谓高维关联。

假设我们有 200 个顶点，平均每个顶点有 50 条边与其他顶点产生关联，全图有 10 000 条边、200 个顶点。如果我们计算从图中任一个顶点出发抵达另外任一个顶点的最短路径，理论上在这个高度联通的图上计算最短路径或最大 K 邻的计算复杂度是 $(|E|/|N|)^k$，其中 $|E|$ 为边的数量，$|N|$ 为顶点数量，$K \cong |N| * |N| / |E| = 4$，即复杂度约为 50^4（约 6 250 000）。如果这张图等比放大 1 000 倍（10 000 000 边、200 000 顶点），查询的计算复杂度并没有等比增加。因为从放大 1 000 倍后的大图的某一个顶点出发，它的每一层可遇见的邻居依然平均只有 50 个，且 $|E|/|N|$ 保持了一个相对恒定的比例，这两点决定了在大图中的最短路径计算（也包含很多其他类型的查询或计算）复杂度没有增加 1 000 倍，或许只增加了 1 倍或数倍，这就是图数据库的特点。面向图数据的关联计算与查询的复杂度并不与全局的数据量成正比，而与具体数据集的拓扑结构、查询逻辑、查询模式相关。

那么，在实际的最短路径查询中，如果我们采用了水平分布式的架构及数据结构，任何向下一层的邻居查询需要从多个分散到集群内的实例上才能找到这些邻居顶点，网络延迟、信息同步及锁等因素会导致这个查询的性能指数级慢于全部邻居都在同一个（实例上的）数据结构中的情形，并且每深入一层，查询就会变得更慢。在 SQL 类数据库中，每深入一层的查询相当于多一张表参与 join 计算，计算复杂度会指数级上升。水平分布式的架构在面向元数据（浅层数据）的查询与计算时，才能体现出其优势。例如，面向 1 万个顶点和面向 1 亿个顶点做遍历，后者的复杂度的确就是前者的 10 000 倍，而水平分布式的架构可以让这个复杂度大幅降低。假设有 10 个实例可以对 1 亿条数据分而治之，就可以实现对单实例查询的近线性的约 10 倍的性能提升。但是如果让这 10 个实例来完成某两个顶点间的多步路径查询，结果可能是深度每增加一步（层）产生约10倍的性能下滑。这也是图数据库相比传统数据库更为复杂的地方。在下一节中我们会关注具体的高可用与分布式图系统的设计，以及比较不同架构间的优劣。

5.2　高可用分布式设计

在上一节中，我们探索了多种可能的系统扩展方式，以及每种扩展方式的优劣。本节通过具体的架构设计方案来对每一种方案的设计、投入产出比、各项指标与功能，以及孰优孰劣等进行评价。

在设计高性能、高可用图数据库的时候，从单实例、单节点出发，一般有3种架构演进选项：主备高可用、分布式共识和大规模水平分布式。

我们都知道这3套系统的实现复杂度是从低到高渐进的，但这并不意味着复杂度更高的系统在不同的应用场景、用户需求、查询模式、查询复杂度、数据特征条件下就能获得更好的效果。

作为未来的图数据库架构师、用户或爱好者，我们希望每一位读者都能在架构选型时冷静、清醒地分析自己所面临的挑战，找到最适合的解决方案。

5.2.1　主备高可用

最简单的高可用数据库是从单实例扩增为双实例的，仅两个实例又可以分化出多种角色扮演：

❑ 单实例（A）负责读写，另一实例（B）负责备份；

❑ 单实例（A_）负责读写，另一实例可以参与读操作负载；

❑ 双实例都支持读写，互为备份。

在以上的第一种角色扮演中，实例A负责承载全部的客户请求，而实例B在一般情况下并不与客户端发生直接互动，它只负责被动接受实例A的备份请求。只有当实例A因故下线的时候，实例B才转为上线，开始承载客户负载。

事实上，即便是这样看似简单的主备模式，还有很多细节值得考虑，例如：

❑ A、B实例之间的通信如何保证可靠？

❑ 当一个实例下线的时候，如何使得另一实例转为上线？

对上面两个问题，答案的探寻会引出网络化、分布式系统架构设计的"潘多拉之盒"——除非我们能确定网络是100%可靠的，且A和B上运行的程序和数据是100%安全可靠的，否则，确定A到B或B到A通信可靠及数据可靠就是一件颇为复杂的事情。

因为当 A 向 B 发送备份信息后，如何确定 B 收到信息并完成了备份操作呢？我们希望 B 向 A 发送一条回执，甚至两条回执，其中一条来表达收到（ACK），另一条来表达已完成（ACK+DONE）。但是，我们是否需要让 B 也知道 A 已经收到回复了呢？这个回复再回复的通信过程可以变成一种死循环依赖。图 5-12 形象地示意了造成两军无限通信（同步）问题的具体情形。

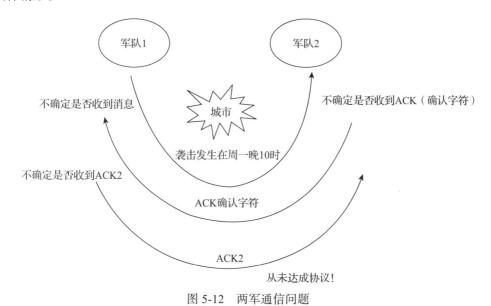

图 5-12　两军通信问题

两军通信问题是拜占庭将军问题的一个简化版本（一种特例），它表达了一种在任意通信失败前提下无法达成系统一致性的可能性。在实际的工程实践中，我们只能在一定程度上规避极端情况的发生，例如 TCP 协议中的 3 次握手建立网络连接与 4 次握手终止网络连接的方案，只能假设在大多数情况下网络是可靠的，A、B 实例上运行的程序是具有完整性的。两军通信问题告诉我们任何系统都存在不可靠性，这也是为什么我们会用"几个 9"的方式来衡量一个系统的稳定性，例如 5 个 9（99.999%）的在线率，我们也见过一些公有云服务对外称有 11 个 9 的稳定性（相当于 3 000 年才会出现一次离线 1s 的故障），然而只要拔掉 1 到 2 根网线或者终止一两个进程就可以让整个系统下线。笔者不确定人类创建的任何计算机系统是否能够 50 年无故障，毕竟还没有任何系统用满了 50 年。

如果把双实例继续演化，则可以构造至少 3 个实例的集群，如图 5-13 所示。

当主备系统有 3 个实例（A、B、C）的时候，它们之间的通信就变得更复杂了，有至少 8 种（2×2×2）可能的互动方式。通常，我们会从最简单的主备实现方式开始，即仅从 A 向 B 与 C 单向同步数据，当 A 下线后，在 B 与 C 中选择（手工或自动切换）一个实例作为新的主节点承担客户端发送请求。

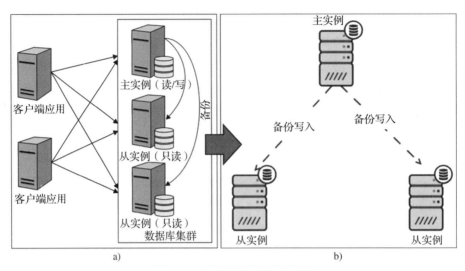

图 5-13　主从备份系统示意图

a）一般形式　b）负载均衡形式

　　但是，当 A 再次上线后，依然存在需要从 B 或 C 中反向输出、同步数据的问题。在 B 成为主实例的期间，若 C 下线，则集群中仅 B 在线，依然可以提供服务，但这种情况下已经不再是高可用的系统。

　　另一种较为常见的，在一定程度上负载均衡的主备系统实现如图 5-13b 所示，即主实例承载全部的读写操作，其他实例负载均衡所有来自客户端的读操作，以及同步来自主实例的备份操作。

　　在主备模式的系统架构中，一个大的假设前提是在任意一个时间切片中至少有一个实例存有全量的、最新的数据。如果这个前提不能被保证，则当前系统的数据一致性已经受到破坏（另一种可能是该系统并非以主备模式运行，后续会进行探讨）。

　　主备系统的架构还可以演化出同城灾备、异地灾备等模式。异地灾备模式如图 5-14 所示，在这种模式中，通常只有一个集群在线工作，另一个集群则整体被动地接受同步数据。从某种程度上看，这样的系统进行了高度的冗余化设计，至少在写入操作的时候，只有 1/6 的节点在工作，而其他 5/6 的节点进行数据同步，并且是分为两个阶段的数据同步，即 2/6 主集群内的实例与 1/6 副集群内的主实例进行第一阶段同步，副集群内的另外 2/6 实例进行第二阶段同步。在第一阶段的同步过程中，副集群的主实例的同步完成时间因为网络距离、网络带宽的限制而存在更大的延迟，很多时候我们会忽略这种延迟。在实际的 30 公里同城双数据中心中，光线路传播就耗时 0.0001s，即 0.1ms，如果是一个折返操作，则会耗时 0.2ms，两个折返通信，则在通信线路上就至少耗时 0.4ms，这在真正的高性能系统设计中已经是一个不可忽略的时耗了。

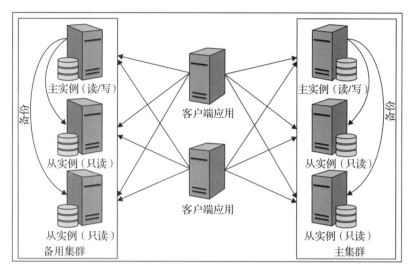

图 5-14　异地（灾备）主从备份系统示意图

这也是为什么在很多交易场景中消费者会明显感受到秒级的延迟，因为在较长通信线路上，光折返通信就可能存在零点几秒的延迟，外加多套业务系统，例如反欺诈系统的多个规则的运行以及事务型交易处理的完全提交，约 2s 的延迟是极为正常的。也正是因为这些通信延迟，图数据库线上化（低延迟）、高并发（高负载）地处理海量数据的能力就显得尤为可贵，毕竟高维数关联、聚合、深度穿透计算的复杂度要显著高于传统数据库的低维、浅层计算的复杂度。

5.2.2　分布式共识系统

前面提到即便在最简单的主备系统架构中也可能发生系统内无法保证一致性的情况，这是因为任何分布式系统在本质上都是异步分布式。所有操作（网络传输、数据处理、发送回执、信息同步、程序启动或重启等）都需要时间来完成，任何交易、任何事务处理在一个实例内都是异步的，而在多个实例之间这种异步性会被放大很多。分布式系统设计最重要的一个原则就是与异步性共存，不追求完美的一致性，但可以假设整个系统在大部分时间内是正常工作的，即便部分进程或网络出现问题，整个系统依然可以对外提供服务。

分布式共识系统，特别是分布式共识算法就由此应运而生，被用来保证即便在分布式系统中出现了各种各样的问题，但是整体服务依然可以保持在线。分布式共识算法有 3 个核心特性：合法有效（validated proposal）、达成一致（reaching agreement 或 unanimity）、快速终止（process can be terminated）。

合法有效指的是进程间的指令信息传播需要基于合理有效的数据，且能让有效的进程集合达成一致，并且最终形成共识，进而终止同步过程的时耗需要在合理的、较短的时间内完成。在高性能分布式系统中可毫秒级完成同步，而在较大规模跨地域的分布式共识系统中，可能会出现秒级甚至需要人工介入的分钟级形成共识，具体的终止时间延迟取决于具体的业务需求。

达成一致等同于形成共识，类似于多个进程间的民主选举，一旦它们形成了共识，任何参与了选举的进程都不再允许对结果产生异议或按照与结果不符的方式或内容执行任务——这种情况就是我们前面提到过的分布式系统无法解决的"两军通信问题""拜占庭将军问题"。

图 5-15 示意了多任务（多进程）间形成共识的过程，这一过程与我们日常生活中的行为并无本质不同。A、B、C、D 四个人在一起讨论晚上去哪里，一开始 A 提议去看电影，得到了 B 的赞同，但是 C 很快提出去吃晚餐，D 赞同 C 的提议，随后 B 改口赞同 C 的提议，最终 A 也改为同意 C 的提议。此时，四人达成了晚上去吃晚餐的共识。这就是多任务共识形成的简单例子。在实际的分布式共识算法中还会引入如角色、阶段以及如何终止共识等问题，下面逐一分析。

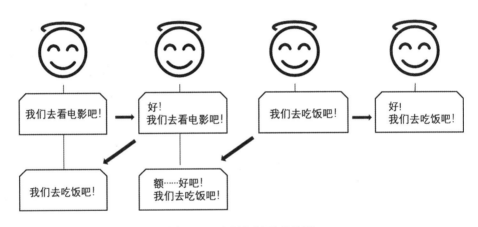

图 5-15　多任务间形成共识

形成共识的过程需要有明确的终止算法，否则就会出现悬而不决、无限等待的问题。例如当某个实例（进程）下线后，剩余进程如果无限等待其重新上线，或是如图 5-15 所示，A、B、C、D 四个进程出现层出不穷的新方案，以至于四人永远无法达成共识。共识算法需要考虑这些情况，并规避其发生。本质上，无论采用何种跨进程的集群内通信方式，都要使用尽可能简洁的算法，让共识的达成（进而终止）代价较低。

那么，分布式共识系统应该采用何种通信手段呢？前面提到过网络系统的 3 种通信方式：中心化（广播式）、去中心化（分层区域广播或多播式）以及点对点分布式，对小型分布式系统而言，最简单和最直接的方式是广播式，因为发起广播者与信息接收者之间的互动逻辑决定了这个交互过程是属于"尽人事听天命"类型的单向一次性传送模式，还是其他更可靠的交互模式。理解这个过程需要考虑这样一种可能发生的情况，即如果发起者 A

在发出请求给 B、C 后下线，但是并没有向 D 发送，那么在广播算法中，就需要考虑加上 B、C 可以向 D 继续广播的逻辑。从通信的复杂度角度看，这样的实现就是一种"可靠广播"模式，在有 N 个实例的分布式系统中，其复杂度为 $O(N^2)$，显然，这种漫灌式重度通信模式（flooding communication）对于大型分布式系统是不合适的，但是它已经具备了通过冗余通信来实现系统完整性、一致性的特征。

下面分析如何在分布式共识通信的过程中保证消息的有序性，即至少需要实现 2 个功能：多消息的事务性（原子性、不可分割性）和序列性。一种比较简单的原子广播算法是分布式 KV 项目 Apache Zookeeper 中的 ZAB（Zookeeper Atomic Broadcast），它把 Zookeeper 集群内的所有进程分为两个角色：领导者（leader）和跟随者（follower），3 种状态：跟随（following）、领导（leading）和选举（election）；它的通信协议分为 4 个阶段：启动选举阶段（leader election phase）、发现阶段（discovery phase）、同步阶段（synchronization phase）、广播阶段（broadcasting phase）。

在启动选举阶段（阶段 0），某个进程在选举状态中开始执行启动选举算法，并找到集群内的其他进程投票成为领导者。

在发现阶段（阶段 1），进程检查选票并判断是否要成为两个角色之一，被选举为潜在领导者的进程称作意向领导（prospective leader），之后该进程通过与其他跟随进程通信发现最新的被接受的事务执行顺序。

在同步阶段（阶段 2），发现过程被终止，跟随进程通过意向领导更新的历史记录进行同步。如果跟随进程自身的历史记录不晚于意向领导的历史，则向意向领导进程发送确认信息。当意向领导得到了主体选举人（quorum）的确认后，它会发送确认（commit）信息，这时意向领导成为确认领导（established leader）。该阶段的算法逻辑如下：

```
/* ZAB 同步阶段的算法逻辑（Pseudo-Code）*/
// 领导进程 L:
Send the message NEWLEADER(e', L.history) to all followers in Q
upon receiving ACKNEWLEADER messages from some quorum of followers do
    Send a COMMIT message to all followers
    goto Phase 3
end
//跟随进程 F:
upon receiving NEWLEADER(e', H) from L do
    if F.acceptedEpoch = e' then
        atomically
            F.currentEpoch ← e' // 在非易失内存中存储
            for each <v, z> ∈ H, in order of zxids, do
                Accept the proposal <e', <v, z>>
            end
            F.history ← H // 在非易失内存中存储
        end
```

```
                Send an ACKNEWLEADER(e',H) to L
        else
            F.state ← election and goto Phase 0
        end
    end
end
upon receiving COMMIT from L do
    for each outstanding transaction <v, z> ∈ F.history, in order of zxids, do
        Deliver <v, z>
    end
    goto Phase 3
end
```

在广播阶段（阶段 3），如果没有新的宕机类问题发生，集群会一直保持在本阶段。在此阶段，不会出现两个领导进程，当前领导进程会允许新的跟随者加入，并接受事务广播信息的同步。

ZAB 的阶段 1~3 都采用异步的方式，并通过定期的跟随进程与领导进程间的心跳信息来探测是否出现故障。如果领导进程在预定的超时时间内没有收到心跳，它会切换至选举状态，并进入阶段 0，同样地，跟随进程也可以在没有收到领导进程心跳后进入阶段 0。

在 ZAB 的具体实现逻辑中，leader 选举是最核心的部分，ZAB 采用的策略是拥有最新历史记录的进程会被选举为 leader，并且假设拥有全部已提交事务（commited transactions）的进程同样拥有最新的已提议事务（most recent proposed transaction）。当然，这个假设的前提是集群内的 ID 序列化及顺序增长，这一假设让 leader 选举的逻辑大幅简化，因此称为快速领导选举（Fast Leader Election，FLE）。即便如此，FLE 过程中的判断逻辑，特别是各种边界情况的考量依然很多，下面是节选的参与选举进程的 FLE 实现代码逻辑：

```
// ZAB 快速Leader选举 (伪码)
// Peer P:

timeout ← T0 // 设定一个合理的超时
ReceivedVotes ← ø; OutOfElection ← ø // K-V对，其中键为服务器ids
P.state ← election;
P.vote ← (P.lastZxid, P.id);
P.round ← P.round + 1

Send notification (P.vote, P.id, P.state, P.round) to all peers

while P.state = election do
    n ←(null if P.queue = ø for timeout milliseconds, otherwise pop from P.queue)
    if n = null then
        Send notification (P.vote, P.id, P.state, P.round) to all peers
        timeout ← 2 × timeout, unless a predefined upper bound has been reached
    else if n.state = election then
        if n.round > P.round then
            P.round ← n.round
            ReceivedVotes ← ø
```

```
if n.vote>(P.lastZxid,P.id)then
    P.vote←n.vote
else
    P.vote ← (P.lastZxid, P.id)
    Send notification (P.vote, P.id, P.state, P.round) to all peers
else if n.round = P.round and n.vote > P.vote then
    P.vote ← n.vote
    Send notification (P.vote, P.id, P.state, P.round) to all peers
else if n.round < P.round then
    goto line 6

else// n的状态为LEADING或FOLLOWING
    if n.round = P.round then
      Put(ReceivedVotes(n.id), n.vote, n.round)
      if n.state = LEADING then
        DeduceLeader(n.vote.id);
        return n.vote
    else if n.vote.id = P.id and n.vote has a quorum in ReceivedVotes then
        DeduceLeader(n.vote.id); return n.vote
    else if n.vote has a quorum in ReceivedVotes and the voted peer
        n.vote.id is in state LEADING and n.vote.id ∈ OutOfElection
        then
        DeduceLeader(n.vote.id); return n.vote end
    end

    Put(OutOfElection(n.id), n.vote, n.round)
    if n.vote.id = P.id and n.vote has a quorum in OutOfElection then
        P.round ← n.round
        DeduceLeader(n.vote.id); return n.vote
    else if n.vote has a quorum in OutOfElection and the voted peer
        n.vote.id is in state LEADING and n.vote.id ∈ OutOfElection
        then
        P.round ← n.round
        DeduceLeader(n.vote.id);
        return n.vote
    end
end
```

  ZAB 最早是作为 Yahoo! 内部 Hadoop 项目的一个子项目，后来被拆分独立出来作为一款分布式服务器间进程通信及同步框架，并在 2010 年后成为 Apache 开源社区中的一个顶级项目。从上面的伪码中就可以看出，ZAB 所采用的算法逻辑和通信步骤较为复杂。类似地，Paxos 类算法的实现对于跨地理区域的系统实例间时钟同步有着严苛的要求，且算法逻辑复杂，不容易被理解。头部企业谷歌在其 Spanner 系统中通过原子钟的帮助实现基于 Paxos 的大规模分布式共识系统，但是对缺少同等系统架构把控能力的企业而言，Paxos 就显得门槛过高了。

  在 2013 年之后，更简单、可解释的分布式共识算法应运而生，其中最知名的是 2014

年 Diego Ongaro 提出的 RAFT 算法及一种称作 LogCabin 的代码实现。

在 RAFT 算法中，集群内的每个共识算法参与进程有 3 种角色：候选者（candidate）、领导者（leader）和跟随者（follower）。

与 Poxos 通过时钟同步来保证数据（事务）全局顺序一致不同（但是类似于 ZAB），RAFT 把时间块切分为 terms（选举任期，类似于 ZAB 中的 epoch），在每个任期期间（系统采用唯一的 ID 来标识每个任期，以保证不会出现任期冲突），领导者具有唯一性和稳定性。

RAFT 算法有 3 个主要组件（或阶段）：选举阶段、定期心跳阶段和广播及日志复制阶段。

图 5-16 示意了在一个 3 节点的 RAFT 集群中客户端与服务器集群的互动，整个流程围绕领导者角色进程展开，可分解为 10 步，而这只覆盖了 RAFT 算法的广播及日志复制阶段。

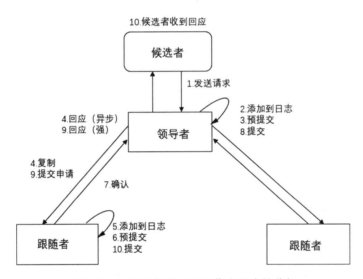

图 5-16　RAFT 集群 C/S 工作流程步骤分解

如图 5-17 所示，3 种角色及所负责的任务内容如下：

❑ 跟随者，不会主动发起任何通信，只被动接收 RPC 调用（Remote Procedure Calls）。

❑ 候选者，会发起新的选举，对选举任期进行增量控制，发出选票，或重启以上任务。在该过程中，只有含有全部已提交命令的候选者会成为领导者，并通过 RPC 调用的方式通知其他候选者选举结果，并避免出现 split vote（平票）的问题（在 RAFT 算法中，通过随机选举超时，例如在 0.15～0.3s 间随机制造超时来避免因两个实例的候选进程同时发出导致选票计数出现平票）。另外，每个进程都维护了自己的一套日志，在原生的 RAFT 算法实现中称为 logcabin（木筏）。

❑ 领导者，会定期向所有跟随者发送心跳 RPC，以防止因过长的空闲时间而过期（和重新选举）。领导者通常是最先面向客户端进程请求的，对日志进程进行添加处理以及发起日志复制，提交并更改自身的状态机，并向所有跟随者同步 log。

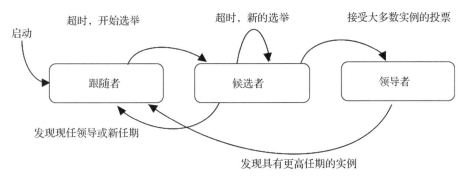

图 5-17　RAFT 共识算法集群进程间的角色转换关系

RAFT 描述的是一种通用的算法逻辑，它的具体实现有很多种，并且有很大调整空间。例如，原始的 RAFT 算法与一主多备的架构类似，任何时候只有一个实例在服务客户端请求。如果我们结合图数据库的可能查询请求场景，完全可以分阶段地改造为如下几种（难度从低到高）。

❏ 多实例同时接收读请求负载：写入依然通过 leader 节点实现，读负载在全部在线节点间均衡。

❏ 多实例同时接收先读再写类请求负载：典型的如回写类的图算法，全部节点都可以承载图算法，回写部分先进行本地回写，再异步同步给其他节点。

❏ 多实例同时接收更新请求负载并转发：写入请求可以发送给任意集群内节点，但是跟随者会转发给 leader 节点处理。

❏ 多实例同时处理更新请求：这是最复杂的一种情况，取决于具体的隔离层级需求，如果多个请求同时在多个实例上更改同一段数据，并且有不同的赋值，会造成数据的不一致性。在这种情况下实现一致性的最可靠途径就是对关键区域采用序列化访问。这也是本章反复提到的，任何分布式系统在最底层、最细节、最关键的部分一定要考虑到有需要串行处理的情况。

目前已知的 RAFT 算法可能远超 100 种，如 ETCD、HazelCast、Hashicorp、TiKV、CockrochDB、Neo4j、Ultipa Graph 等，并且以各种编程语言实现，如 C、C++、Java、Rust、Python、Erlang、Golang、C#、Scala、Ruby 等，足以体现分布式共识算法及系统的生命力。

在基于共识算法的高可用分布式系统架构中，我们做了一个比较重要的假设，即大多数时候，系统的每个实例上都存有全量的数据。注意，我们限定的是"大多数时候"，言下之意是在某个时间点或切片下，多个实例间可能存在数据或状态的不一致性，也因此需要在分布式系统内通过共识算法来实现数据同步，以形成最终的数据一致性。

5.2.3 水平分布式系统

相信读者对分布式系统设计与实现的复杂性已经有了一定的了解，本节对分布式图数据库系统中最复杂的一类系统架构设计进行探索，即水平分布式图数据库系统（这个挑战也可以泛化为水平分布式图数据仓库、图湖泊、图中台或任何其他依赖图存储、图计算及图查询组件而形成的系统）。

在开始探索之前，我们应该先明确一点，水平可扩展的图数据库系统构建的目的不是让更低配置的机器以集群的方式来承载原来单机才能完成的任务，也不是随着机器配置的降低以更大的集群规模来完成同样的任务。与此相反，在同样的机器配置下，多机构成的集群可以实现更大规模的数据吞吐，最好是实现系统吞吐率随硬件资源增长呈线性分布。

上面描述的两种路线，举例来说明。

❑ 路线 1：原来 1 台机器 8 核 CPU、128GB 内存、1TB 硬盘，现在要实现利用 8 台低配的机器，每台 1 核 CPU、16GB 内存、0.125TB 硬盘来完成同样的任务，甚至效果更好。

❑ 路线 2：原来 1 台机器 8 核 CPU、128GB 内存、1TB 硬盘，现在以同样配置的 8 台实例来实现之前 1 台实例的数倍量级（理论上小于等于 8）的挑战。

在路线 1 中，如果只是向客户端提供非常简单的微服务，那么 1 台拆分为 8 台是可行的，并且因为 8 台机器的 8 块硬盘提供潜在的更高的 IOPS，简单数据字段的读写效率会提升，但是，1 核 CPU 的算力可能会小于 8 核 CPU 的 1/8，1 核计算资源的限定会让任何操作只能以串行的方式进行，任何扩展都要与集群内其他实例进行网络通信，也会因此大幅降低任务执行效率。这意味着降配（低配）操作只适合短链条、单线程、简单类型的数据库查询操作，换言之，存储密集型或 I/O 优先类型的操作可以用"低配分布式"解决。这也是为什么过去在以关系型数据库为主流的数据库发展历程中，存储引擎是"一等公民"，而计算是依附存储引擎而存在的，是"二等公民"。

在对路线 1 的分析中，有个重要的概念：短链条任务，在互联网和金融行业中也称作短链条交易，如秒杀类操作、简单的库存查询等。它涉及的操作逻辑通常比较直白，即使在很大的数据集上，也只需要通过定位和访问极少量的数据即可返回，因此完全可以做到低延时和大规模并发。

对应于短链条任务，长链条任务则要复杂得多，它的数据访问和处理逻辑更复杂，即便在少量数据集上，也可能会牵涉相对大量的数据。如果采用传统的架构（如关系型数据库），长链条任务的操作时间会大大长于短链条，每个操作本身对于计算和存储资源的占用程度也更高，不利于形成规模化并发。图 5-18 形象地展示了这两种操作的差异性。在路线 1 中，短链条的任务可能被满足，但是长链条的任务则因每个实例的算力缺失而无法有效完成。典型的长链任务有在线风控、实时决策、指标计算等，对应图数据库上的操作有路径查询、模板查询、K 邻查询，或者是多个子查询形成的一个完整查询任务等。

图 5-18　短链条任务与长链条任务

有鉴于此，在路线 2 中，在从 1 台实例扩增到 8 台实例时，我们不降低实例的配置，目标是让集群可以以水平分布式的方式应对如下 3 大挑战。

❑ 挑战 1：承载更大量的数据集。

❑ 挑战 2：提供更高的数据吞吐率（并发请求处理能力）。

❑ 挑战 3：提供兼顾长链条与短链条任务的处理能力（算力提升）。

如图 5-19 所示，在一个由多实例构成的集群内，每个实例都是典型的 X86 系统架构，在该架构中突出了围绕 CPU 的北桥（northbridge）算力部分，淡化了南桥（southbridge）相连的存储等 I/O 设备。事实上，每个实例都是一个可规模化并发的微系统，如 CPU 的多核（多线程）、CPU 指令缓存、CPU 数据缓存、多核间共享的多级缓存、系统总线、内存控制器、I/O 控制器、外存、网卡等。以路线 1 的 1 台 8 核 CPU 与 8 台 1 核 CPU 为例，在充分并发的前提下，后者的计算性能低于前者，前者的存储 IOPS（I/O Operations per Second）则低于后者。而路线 2 的 1 台 8 核到 8 台 8 核则可能实现算力与存储能力倍增。水平分布式系统的挑战 1、2 主要通过南桥相连的设备解决（存储、网络）；挑战 2、3 主要通过北桥相连的设备解决（CPU、内存）。

在路线 2 中，算力终于成为了"一等公民"，这一点对图数据库而言至关重要。在图数据库的架构设计中，算力引擎第一次和存储引擎平起平坐，这在其他 NoSQL 或 SQL 类型数据库中是非常罕见的。只有这样，图数据库才能解决其他数据库所不能解决的复杂查询实时化、深度遍历与下钻、复杂归因分析等棘手的问题。

在我们开始设计一款水平分布式（图）数据库系统架构前，需要厘清一组重要的概念，即分区（partitioning）与分片（sharding）。一般把分片定义为一种水平分区模式，而分区则默认等同于狭义的垂直分区（或垂直分片）模式。在很多场景下，分区与分片被等同对待，但是通过水平或垂直前缀来修饰具体的切割模式。图 5-20 示意了一张原始数据库表如何被垂直分区及水平分区。

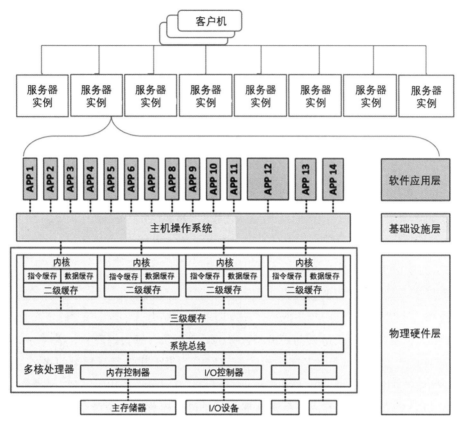

图 5-19 分布式集群内的每个实例的系统架构示意图

原始表

CUSTOMER ID	FIRST NAME	LAST NAME	CITY
1	Alice	Anderson	Austin
2	Bob	Best	Boston
3	Carrie	Conway	Chicago
4	David	Doe	Denver

垂直分区

VS1

CUSTOMER ID	FIRST NAME	LAST NAME
1	Alice	Anderson
2	Bob	Best
3	Carrie	Conway
4	David	Doe

VS2

CUSTOMER ID	CITY
1	Austin
2	Boston
3	Chicago
4	Denver

水平分区

HS1

CUSTOMER ID	FIRST NAME	LAST NAME	CITY
1	Alice	Anderson	Austin
2	Bob	Best	Boston

HS2

CUSTOMER ID	FIRST NAME	LAST NAME	CITY
3	Carrie	Conway	Chicago
4	David	Doe	Denver

图 5-20 数据库的垂直分区与水平分区

从图 5-20 中可以清晰地看出，在垂直分区（传统分区模式）中，不同的列被重新划分到不同的分区中；在水平分区中，不同的行则切分到不同的分片中。两者的另一个主要区别在于主键是否被重复使用，在垂直分区中主键在两个不同的分区中被 100% 复用，而在水平分片中则不存在复用。但是，水平分片也意味着需要一个额外的表（或其他数据结构）来对哪个分片中有哪些主键进行跟踪，否则无法高效地完成分表查询。因此，分区还是分片取决于设计者本身的喜好、具体业务查询场景中哪种方式能取得更好的效果、性价比等因素。

图数据库的分区或分片虽然较传统数据库复杂，但是依然有很多可以借鉴的思路，笔者梳理了如下几点：

❑ 顶点数据集如何切分；

❑ 边数据集如何切分；

❑ 属性字段如何切分；

❑ 完成以上切分后，如何实现具体的查询及效率。

第 3 章介绍过在图数据集中如何进行切点或切边（图 3-20、图 3-21、图 3-22）来实现水平分布式的图计算框架。下面我们来推演一种可能的点切与边切融合的水平分布式系统的构建方式。

图 5-21 展示了一种可能的多实例分布式系统的构建方式，其中每个实例内都有各自的顶点集、边集以及其他图集相关信息，另外最重要的一个组件就是分布式 ID 服务（如图 5-21 右上箭头出处所示），任何涉及定位任意点、边在哪个（可能存在多个）实例上可以访问都需要调用这个 ID 服务，ID 服务器只负责以下几项工作：

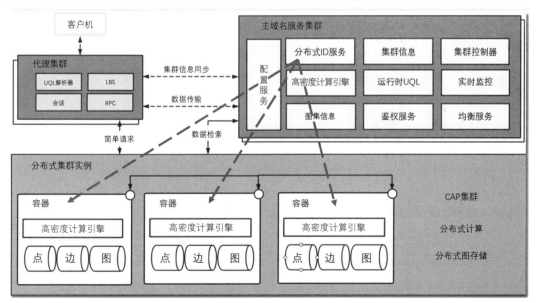

图 5-21　水平分布式图数据库集群

❏ 插入点或边时，生成相应的 ID 及对应的实例 ID；

❏ 查询或更新时，提供相应的 ID；

❏ 删除时，提供相应的 ID，并回收点或边的 ID。

工作看似很简单，但是我们仅以插入点、边为例来分析一下可能的情况。

1）插入新的顶点。

❏ 在唯一实例上；

❏ 在 HA 主备实例对上；

❏ 在多个实例上。

2）为顶点插入一条出边（outbound-edge）。

❏ 在唯一实例上；

❏ 在 HA 主备实例对上；

❏ 在多个实例上。

3）为顶点插入一条入边（inbound-edge）。

❏ 在唯一实例上；

❏ 在主备实例上；

❏ 在多个实例上。

4）为顶点添加一个新的属性。

❏ 在唯一实例上；

❏ 在主备实例上；

❏ 在多个实例上。

5）为边添加一个新的属性。

❏ 在唯一实例上；

❏ 在主备实例上；

❏ 在多个实例上。

仅仅是围绕点或边的插入操作就分拆出来如上 15 种可能的组合情况，其他操作如更新、删除等，要考虑的情况更为复杂。在图数据库中，边是依附顶点而存在的，意味着要先有两端的顶点，才会有边，且边存在方向。关于边的方向这一点非常重要，在图论中有无向边的概念，但是在计算机代码实现中，因为涉及图遍历的问题，从某个起始顶点到终止顶点途经一条边，边是有方向的。类似地，在存储一条边的时候，需要考虑如何存储另一条反向边，否则就无法实现从起点反向遍历到终点。图 5-22 示意了反向边存在的必要，当我们增加一条从点 B 指向点 C 的单向边后，系统需要默认同步增加一条反向边，否则从点 D 无法反向触达点 B 或其左侧的任何相连顶点，反之亦然。

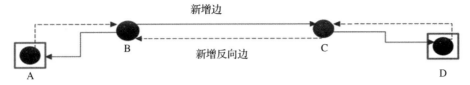

图 5-22　正向边与反向边

同样，删除边的时候无须删除顶点，但是删除顶点需要先从删除边开始，否则系统会立刻出现很多孤边，进而造成内存泄漏等严重问题。事实上，图数据库中批量删除顶点和边是个比较复杂的操作，特别是在分布式数据库中，操作的复杂度与点及边的数量成正比（删边还需要考虑反向边删除的问题）。删除边的一种可能步骤如下：

1）根据边的 ID 定位被删除边所在的实例 ID（可能存在因一条边的起点、终点在不同实例上的情况，会返回两个甚至多个实例的 ID）；

2）（并发的）在上一步返回的每个实例上搜索定位该边 ID 在数据结构中的具体位置；

3）（并发的）如果采用当前边所属顶点的全部边连续存储的数据结构，把当前位置所在边与尾部边置换，并删除置换后的尾部边；

4）如果每个实例存在多个副本，同步至副本；

5）以上所有操作全部成功后，确认并提交该条边被删除成功，整个集群内的状态同步；

6）（可选的）回收该条边 ID。

考虑到具体的架构设计、数据结构和算法复杂度，删除边操作的时间复杂度可能有很大的差异。一种可能的实现方式的复杂度为 $O(3 \log N)$，其中 N 为全部点的数量，3 表示类似的定位查询与实例间同步操作重复的次数。显然，如果是一个有 100 万条边的超级节点的删除，一整套操作非常复杂，需要先在一个实例上删除 100 万条边，然后再删除全部反向的 100 万条边，如果这些边分布在不同的实例上，会触发 100 万次的边对应实例查询……我们当然可以把所有边的 ID 整体一次性（或打包分多次查询）提交给服务器来减少网络请求次数，但是这个操作的复杂度与传统数据库中需要大批量删除某些大表中一些行的复杂程度类似。

下面举一个具体例子展示如何对图数据集进行切分，并且如何把数据存储在不同的水平分布的实例上。以图 5-23 为例，在系统设计中需要考虑如何处理以下的情形：

❑ 支持多边图，即允许任意两个顶点间可以有多条边。

❑ 支持自环，即可以出现从某个顶点出发回到自身的边。

❑ 允许点、边携带有各自的属性。

❑ 允许从任一顶点出发沿出边或入边访问相邻的顶点（换言之，支持反向边、有向图）。

❑ 允许对图数据集中的顶点进行水平切割（sharding）。

○ （可选的）所有顶点的邻居在同一实例存储。

○ （可选的）任一顶点关联的全部边在同一实例存储（无论该实例是否有多个备份）。

❑ （可选的）对图数据集中的边进行切割，被切割的边会在两个不同的实例中重复存在。

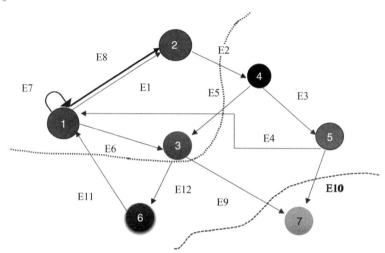

图 5-23 带有自环的多边图的切图

表 5-3 列出了图 5-23 中全部顶点及属性的一种可能存储结构，以及将该图一分为三后每个实例上顶点的存储情况。

表 5-3 顶点及属性及点切示意图

点 UUID	原始 ID	Porperty-1	Property-2	Property-3	⋯
1	⋯				
2	⋯				
3	⋯				
4	⋯				
5	⋯				
6	⋯				
7	⋯				
⋯	⋯				

表 5-4 列出了一种可能的边近邻存储数据结构，注意我们是按照顶点顺序排列的，且每个顶点的所有相邻的边按照正向与反向聚合存储。

表 5-4 边主体数据结构示意图（不含属性字段）

起点UUID	终点UUID	出边UUID	终点UUID	出边UUID	终点UUID	出边UUID	终点UUID	出边UUID	分隔符	终点UUID	入边UUID	终点UUID	入边UUID	终点UUID	入边UUID
（本表头仅用来举例说明，而非固定格式）															
1	2	E1	3	E6	2	E8	1	E7	SEP	5	E4	1	E7	6	E11
2	4	E2	SEP	1	E1	1	E8								
3	7	E9	6	E12	SEP	4	E5	1	E6						
4	5	E3	3	E5	SEP	2	E2								
5	1	E4	7	E10	SEP	4	E3								
6	1	E11	SEP	3	E12										
7	SEP	3	E9	5	E10										
…					…										

边的切分逻辑同表 5-3 中的顶点切分逻辑，如表 5-5 所示。

表 5-5 点切条件下的边分片情况

起点UUID	终点UUID	出边UUID	终点UUID	出边UUID	终点UUID	出边UUID	终点UUID	出边UUID	分隔符	终点UUID	入边UUID	终点UUID	入边UUID	终点UUID	入边UUID
1	2	E1	3	E6	2	E8	1	E7	SEP	5	E4	1	E7	6	E11
2	4	E2	SEP	1	E1	1	E8								
3	7	E9	6	E12	SEP	4	E5	1	E6						
4	5	E3	3	E5	SEP	2	E2								
5	1	E4	7	E10	SEP	4	E3								
6	1	E11	SEP	3	E12										
7	SEP	3	E9	5	E10										
…					…										

下面验证这种简单的切图方式是否对图查询有显著的性能影响，有如下几种情况：

❑ 查点（包括读、更新、删除，下逻辑同）。

❑ 查边。

❑ 查某点的全部 1 度邻居。

❑ 查某点的 K 度邻居（$K \geqslant 2$）。

❑ 查任意两点间的最短路径（假设边上权重相同、忽略方向）。

    ○ 两点在同一实例上；

    ○ 两点在不同实例上。

❑ 其他可能的查询方式。
   ○ 图算法；
   ○ 模板查询、其他方式的路径查询等。

查点又可以细分为很多种情况：

❑ 按照 ID 查。
   ○ 按照系统全局序列化唯一 ID 查询（又称 UUID）；
   ○ 按照原始 ID（输入时提供）查询。

❑ 按照某个属性查。

❑ 按照某个属性字段中的文字的模糊匹配（全文搜索）。

❑ 其他可能的查询方式，例如查询某个范围的全部 ID 等。

在最简单的情况下，客户端先向 ID Server 发送查询指令，通过顶点的原始 ID，查询其对应的 UUID 以及对应的实例 ID，这个查询的复杂度可以做到不大于 $O(\log N)$。

最复杂的是全文搜索，在这种情况下，客户端请求可能会被 ID Server 转发给全文搜索引擎，取决于引擎的具体分布式设计逻辑，该引擎可能有两种方案：

❑ 继续向全部实例分发，并在实例上完成具体的搜索所对应的顶点 ID 列表；

❑ 引擎返回含有对应顶点的 ID 所对应的全部实例 ID 以及顶点 ID 列表。

查边与查点类似，但是逻辑略为复杂，前面提到过由于每一条边涉及正向存储与反向存储，因此复杂度至少是顶点的 2 倍。另外，边隶属于顶点，可能会出现需要遍历某个顶点的部分甚至全部边才能定位某一条边的情况。当然，我们可以对所有可能出现遍历的情况进行优化，例如用空间换时间，但是依然要考虑实施的代价与性价比问题。

水平分布式系统最大的考验是如何处理关联数据查询（数据穿透），例如从某个点出发查找它的全部邻居。以图 5-23 和表 5-5 中的顶点 1 为例，要查询其全部 1-Hop 邻居，完整的步骤如下：

1）（可选的）根据原始 ID 查询其 UUID；

2）根据 UUID 查询其所在实例的 ID；

3）在该实例上定位到边数据结构中该 UUID 所在位置；

4）计算该阶段的全部边的数量、关联的顶点 ID；

5）对关联 ID 进行去重运算，并返回结果集。

以上操作中，最核心的逻辑是步骤 4）与步骤 5）。在步骤 4）中，所有顶点 1 的出边和入边如果以连续存储的方式存在，则可以极低的复杂度 $O(1)$ 计算出其出入度之和（数值为 7）；在步骤 5）中，由于可能出现顶点 1 与其他顶点多次相连的情形，因此它的 1-Hop 的结果不是 7，而是需要对与顶点 1、2 关联的 3 条边进行去重，得到的结果为 4。示意如表 5-6 所示。

表 5-6　在同一分片内计算顶点 1 的 1-Hop

起点 UUID	终点 UUID	出边 UUID	终点 UUID	出边 UUID	终点 UUID	出边 UUID	终点 UUID	出边 UUID	分隔符	终点 UUID	入边 UUID	终点 UUID	入边 UUID	终点 UUID	入边 UUID
1	2	E1	3	E6	2	E8	1	E7	SEP	5	E4	1	E7	6	E11

在上述的数据结构设计中，我们可以在任一顶点所在的实例中计算其全部的 1-Hop 邻居（隐含的也包括其全部的出度边、入度边），而无须任何与其他实例间的网络交互。这样相当于能把浅层（小于 2 层）的操作性能保持与非水平分布式架构持平，并发查询能力却倍增。

我们再来看一下如何计算顶点 1 的 2-Hop 邻居数量并返回结果集。依旧以图 5-23 为例，具体步骤如下：

1）获取并定位顶点 1 所在实例的 ID。

2）在该实例上定位顶点 1 及其边数据结构，获取全部相邻顶点 ID，对 ID 去重（获得 2、3、5、6）。

3）对上一步中的顶点集合进行"分而治之"。

❑ 对以上去重的 ID 查询其所在分片实例的具体服务器 ID，并发送给相应的实例服务；

❑ 顶点 2、3 因处于当前实例，以类似于步骤 2）的方式处理；

❑ 分片 2 所在实例处理顶点 5、6，处理方法同上。

4）对结果集进行组装、去重。

5）向客户端返回。

表 5-7 示意了在多个分片上计算顶点 1 的 2-Hop 邻居的流程，按照以上步骤可以分解推导如下结果：

1）顶点 1 处于分片 1。

2）1-Hop：在分片 1 对顶点 1 操作去重后的邻居顶点为 2、3、5、6。

3）2-Hop：以多线程并发的方式在各个实例上操作。

❑ 顶点 2 的下一度邻居：4、1，其中 1 需要去重（因为已经在 0 度访问过）；

❑ 顶点 3 的下一度邻居：7、6、4、1，其中 6、1 需要去重（因为在 1 度和 0 度都访问过，但是此时如果不与同实例或其他实例的其他线程通信，并不知道顶点 4 需要去重）；

❑ 顶点 5 的下一度邻居：1、7、4，其中 1 需要去重（逻辑同上）；

❑ 顶点 6 的下一度邻居：1、3，其中 1 需要去重（逻辑同上）。

4）上一步的结果需要全部汇总，逻辑如下。

❑ 所有分片实例向实例 1 汇总数据；

❑ 顶点序列如下。

○ Hop-0：1；

○ Hop-1：2、3、5、6；

○ Hop-2：4、1；7、6、4、1；1、7、4；1、3。

❑ 跨步去重后 2-Hop 结果：4、7。

5）向客户端返回去重后的计算结果：顶点 1 的 2-Hop 邻居为 2 个，包含顶点 4、7。

表 5-7 跨分片计算某顶点的 2-Hop（去重）

起点 ID	终点 ID	出边 ID	终点 ID	出边 ID	终点 ID	出边 ID	终点 ID	出边 ID	分隔符	终点 ID	入边 ID	终点 ID	入边 ID
1	2	E1	3	E6	~~2~~	~~E8~~	1	E7	SEP	5	E4	~~1~~	~~E7~~	6	E11
2	4	E2	SEP	1	E1	1	E8						
3	7	E9	6	E12	SEP	4	E5	1	E6				
4	5	E3	3	E5	SEP	2	E2						
5	1	E4	7	E10	SEP	4	E3						
6	1	E11	SEP	3	E12								
7	SEP	3	E9	5	E10								
...	...												

在上面的具体操作步骤中，最复杂、最核心的算法逻辑在于如何对数据进行去重。重复的数据带来了几个显著的弊端：

❑ 非去重的数据会导致结果错误，图计算是精准计算，不是概率问题。

❑ 非去重的数据，特别是中间结果，会导致不必要的计算量增大，耗费算力、加大网络通信压力。

但是，如何对数据去重是个非常有技巧和挑战的问题。如前面所述的推导过程，我们在步骤 2）、3）及 4）中对计算结果进行了去重，也就是说，在尽可能避免分片实例间通信的前提下，在每一层中都对结果集进行去重操作，并且可以在从上一层向下一层转播的过程中，把之前每一层的去重 ID 列表向下传播，这个操作可以以一种类似于递归的逻辑实现。

如果我们把这个 K 邻查询的深度扩展为 3-Hop 或 4-Hop，或者是图的数据量级指数级增加，上面的算法是否还能够保持高效呢？

以图 5-23 为例，从顶点 1 出发，最大深度的 Hop 就是 2-Hop，这时如果进行 3-Hop 的计算，返回的结果应当为 0（空集合）。但是如果不去校验、去重每一层的数据，在不完成 2-Hop 之前，无法得知该图数据集并不存在相对于顶点 1 的 3-Hop 非空结果集。

以上描述的去重算法的具体实现有以下两种：

1）当前层（跳）向下传播过程中，去重数据，并向下传递自上一层传递下来的数据。

❑ 优点：在每一层内都可以尽可能实现部分去重，降低下一层重复运算的压力。

❑ 缺点：可能会传递大量数据，造成网络压力，且当前分片实例仅能完成局部去重。

2）当前层数据去重，但是不向下一层传播，等待到最后一层做最终的汇总、去重。

❑ 优点：逻辑较为简单。

❑ 缺点：可能会出现大量重复的计算（算力浪费、网络带宽浪费），且最后一层汇总的数据量大，不符合分而治之的原理。

用同样的逻辑也可以完成前面描述的其他查询及算法。笔者在这里仅仅列出了一种可能的水平分布式的实现方式，相信聪明的读者可以设计出自己的水平分布式原生图架构。

最后总结一下本章分享的分布式图系统的一些重要理念：

❑ 分布式不是试图用多台低配的设备来取代高配的设备，并寄希望于可以获得更好的效果。毕竟（高性能的）图数据库系统不是用 Hadoop 的理念与框架可以实现的——如果你还停留在 Hadoop 时代，那么你的知识栈与认知需要一次很好的升级了。

❑ 分布式系统设计的最重要理念就是审慎地决策哪些图计算的场景需要分片、哪些不需要分片，换而言之，分片可以解决的场景是偏浅层的查询与计算，而深度的计算与分片反向而行。

❑ 计算机体系架构发展到今天，每一个单机、单实例的系统在底层都是一整套可以支持高并发、规模化并发的系统。这个时候，决定系统能力的是其上层的软件。高并发的底层系统并不等于软件天然地做到了高并发。

❑ 数据结构的特征、效率决定了数据库系统的最终效率，或者说是系统的效率上限。

❑ 编程语言是有效率之分的。Python 和高并发 C++ 程序之间有成千上万倍的性能差异。

❑ 数据库系统的开发需要对操作系统、文件系统、存储、计算、网络等诸多组件深入理解，并且需要很多工程上的调优。学术界理论结合日常工程实践是非常必要的。

❑ 图数据库区别于传统数据库的特性有很多，最重要的是高维性，设计和使用图数据库要有图思维方式。

❑ 图数据库的高维性意味着它的挑战不仅仅是存储，更包括计算。

Chapter 6 第6章

图赋能的世界

本章着重介绍图数据库的应用场景。首先来梳理一下一款高性能图数据库应该具备的核心能力。

❑ 高速图搜索能力：高 QPS/TPS、低延时，实时动态剪枝（过滤）能力。

❑ 对任何规模的图的深度、实时的搜索能力（例如 10 层以上）。

❑ 高密度、高并发图计算引擎：高吞吐率。

❑ 成熟稳定的图数据库、图中台、图计算与存储引擎。

❑ 可扩展的计算能力：支持垂直与线性可扩展。

❑ 支持 3D 和 2D 的高维可视化，以及前端管理系统。

❑ 便捷、低成本的二次开发能力（图查询语言、API/SDK、工具箱等）。

具备了这些核心能力，图数据库就可以广泛应用并服务于以下领域。

❑ 金融行业：银行、证券、保险的智能营销、智能风控、反欺诈、反洗钱、风险评估和风险管理、资产流动性管理、审计、在线推荐系统等场景。

❑ 供应链金融：在供应链金融网络中，实现去中心化的资产数字化与流通技术平台，是图系统为产业互联网带来的杀手级技术解决方案。

❑ 电信运营商：客户 360、智能推荐、反欺诈、网络监控、图谱化网络管理等。

❑ 物联网：要解决物联网问题，不仅要求具备快速处理海量数据的能力，还要能从物联网中挖掘出更多价值，网络化分析是必要的，所以图数据库、图中台是最明智的选择。

❑ 互联网：NLP、知识图谱、智能搜索、智能推荐、聊天机器人、欺诈预警等功能。

❑ 智慧城市、气象、信息检索、刑侦、政务、军事等领域。

笔者根据过往在工业界的实践经验，收集了部分应用场景及其案例，下面进行具体介绍。

6.1　实时商务决策与智能

随着大数据时代的到来，数据量不断增长，数据的复杂性和多样性也在不断增强，越来越多的实时商业决策都依赖于对数据的关联性、相关性的理解。传统的关系型数据库系统和当下流行的大数据框架不是为解决这一问题而设计的，它们也许有很好的可扩展性，但是往往不具备实时处理能力。下面以实时图数据库 Ultipa Graph 和 Apache Spark 在实时信用卡申请或贷款申请决策场景中的性能对比为例，来说明实时图数据库的表现比基于内存计算的 Spark 系统更加优异。

在申请信用卡或贷款的过程中，有以下一些场景。

场景 1：扫描全部贷款或信用卡申请数据，找到被 5 个以上申请共同使用的全部电话号码。

场景 2：筛选所有申请数据，找到共享如下任一个信息的所有申请：公司、推荐人、邮箱或设备 ID（电话号码、IP 地址等）。

场景 3：加强上一条的筛选（过滤）规则，找到共享了以上全部信息的所有申请。

场景 4：发现圈子。例如，申请 [X] 使用手机，该手机被申请 [Y] 使用，申请 [Y] 使用了邮箱，但是该邮箱也被申请 [Z] 使用。

场景 5：查询是否存在如下的深度路径：信用申请 [X]→手机→信用申请 [Y]→邮箱→信用申请 [X]。这个路径查询是为了搞清楚是否存在一个包含 5 个节点（4 条边）的循环。如果能进行更复杂的查询，则意味着存在更深／更长的循环路径（包含 10 个以上节点）。在担保圈、担保链、股权关联关系等场景中也存在这种超深的环路。

场景 6：社区识别功能可以将申请人智能地分类到不同的社区（客群），这将有助于信用卡发卡机构和贷款公司能更好地理解客户的行为模式。

要处理上述场景中的问题，我们必须首先考虑如何构造一个数据模型来处理这些场景中的数据相关性。下面是一种典型的图数据模式的数据建模方法。

❏　每个申请被视为一个节点；

❏　申请的所有属性，如电子邮件、公司、设备、电话、ID 也分别作为节点。

这种模式设计与传统的 SQL 风格（表或列）模式设计完全不同。当我们需要找到任意两个申请的最短相关性时，只需检查这两个申请是否共享一个公共属性节点，如电子邮件、电话、ID、设备 ID 或公司。

如图 6-1 所示，在有 4 亿多个申请和关联属性节点的数据集中，实时图数据库仅需 1.7s

就可以识别出有超过 180 个电话号码被使用 5 次以上，而 Spark 系统至少需要 13min 才能返回结果，二者的速度有 400～500 倍的差距。除了性能优势之外，完成这个操作只需要 1 行图查询语言代码：

```
analyzeCollect().src({"type": "Phone"}).dest({"type": "Application"}).moreThan(5)
```

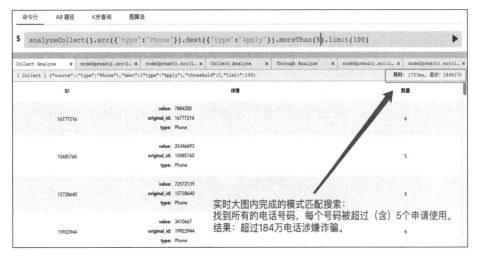

图 6-1   在一张大图中进行实时模式识别（场景 1）

代码只需要稍加解释就可以理解：通过调用 analyzeCollect() 函数，从所有节点类型为 "Phone" 的顶点出发，搜索结束节点类型为 "Application" 的顶点，并计算申请的数量以及对应的电话号码，最终返回申请数超过 5 的电话号码。结果是惊人的，有超过 180 万个电话号码被超过 900 万的申请重复使用，这些申请都可以被认作潜在欺诈。

在图 6-2a 中，我们遍历了整个数据集来筛选共享同一设备的申请，发现有超过 4500 万申请符合条件，这是一种常见的识别高风险或欺诈的手段。

在图 6-2b 中，查询条件更加严格，只有一对申请共享了所有相同的属性：设备 ID、公司、电子邮件、推荐人、推荐人的申请 ID。显然图 6-2b 中的查询计算量要更大，通常被认为是大规模的批处理。在公有云环境中运行的实时图数据库需要大约 40s 返回结果，而 Spark 则需要一个多小时才能完成。

为了验证上面的结果是否正确，只需在两个找到的顶点之间运行一个全部最短路径查询，得到的子图如图 6-3 所示，图中显示两个申请共享了 6 个共同属性节点。在这个信贷申请的数据集中，两个申请类型的顶点间的最短路径上恰好包含了它们全部共享的属性（电话、设备、邮件、引荐人、公司等），这意味着通过对任一顶点进行相似度查询，也能找到与它最相似的顶点的集合，即这些顶点（申请）之间因具备高相似度而存在欺诈（或重复申请）的可能。

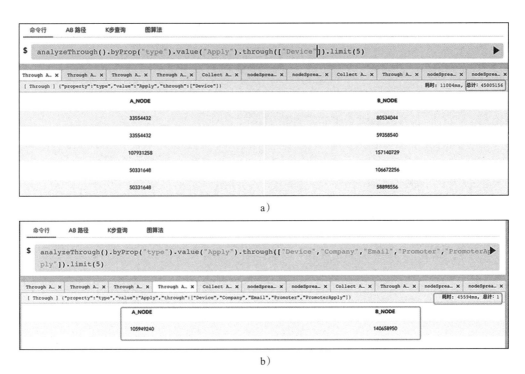

a)

b)

图 6-2　在大图中的（近）实时模式识别

a）场景 2　　b）场景 3

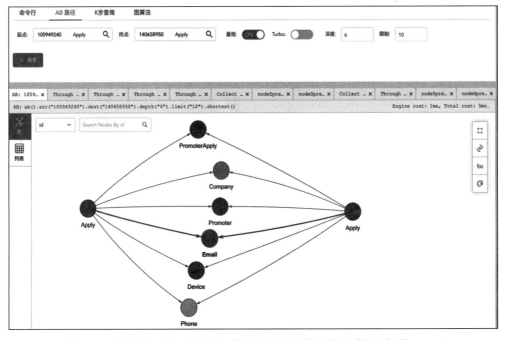

图 6-3　通过路径查询来验证之前批处理查询结果的正确性（场景 4、5）

另一方面，图 6-3 中所示的查询也可以从任一申请顶点出发以查找全部深度为 4 步的环路的方式，遍历得出与以上最短路径同样的结果。

鲁汶社区识别算法是 2008 年后才加入图算法家族的，它通过对全图数据进行多次循环迭代收敛后形成了多个社区，紧密相连的数据会被分配在一个社区内，在社交网络分析、欺诈监测、营销推荐等多个场景中非常有价值。

鲁汶算法的缺点是：它的原始算法是串行的，一旦数据量变大（例如百万量级以上），整个计算就会变得非常缓慢，如果把它应用于反欺诈场景中，传统的解决方案可能需要数小时或数天（或者根本无法完成）。在实时图数据库中，鲁汶被重构，以高并发、内存计算的方式运行，其运行速度是传统串行方式的成百上千倍。另外，在实时图数据库的前端可视化管理组件中嵌入了一个高度可视化的鲁汶 DV 模块（参见图 6-4），让用户能够以可视化的、直观易懂的方式理解社区（客群）识别后形成的社区空间拓扑结构和关联关系。

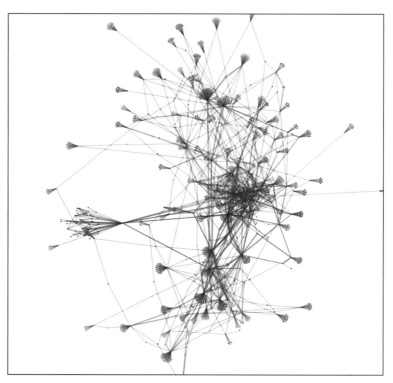

图 6-4　高性能鲁汶社区识别及可视化效果（场景 6）

在许多场景中我们看到，实时图数据库比其他系统在性能上高出 3～4 个数量级（1000～10 000 倍）。这里的要点是：高性能 = 高吞吐率 = 小集群规模 = 低 TCO。

表 6-1 对实时图数据库与 Spark、Neo4j、Python 之间的性能进行了对比，测试数据集为上面场景中用到的 4 亿多个节点边的大型贷款申请、信用卡申请图数据集。

表 6-1　多套图系统的性能比较

比较维度	Spark	实时图数据库（Ultipa）	Neo4j	Python NetworkX
OLAP（场景 1）	780s	1.7s	未测试	无法返回
OLAP（场景 2、3）	3600s	44s	未测试	N/A
环路发现（场景 4、5）	N/A	30 000 QPS	10 QPS	N/A
鲁汶社区识别（场景 6）	N/A	10min（含磁盘回写时间）	未测试	无法完成（以周为单位，如同有无限资源）

6.2　最终受益人

从技术上讲，DGT（Deep Graph Traversal，深度图遍历）不是一个应用场景，它是图计算系统的独特功能。通过 DGT 功能可以轻松解决业务层所面临的挑战。

在美国旧金山，当地政府、全州和联邦当局正面临一个挑战：在过去的 10 年中，原本要分配给低收入家庭的房地产，正越来越多地被有限责任公司（LLC）所购买和持有。监管机构难以追踪到这些 LLC 的最终受益人（例如实际控制人、大股东等）。这些问题受到了民众和监管机构的普遍关注。IRS（美国国税局）等政府机构和当地执法部门很想了解隐藏在这些公司背后的最终受益人，人工查找会非常耗费人力和时间。这些最终受益人通常会故意多层隐藏身份和交叉持有股份，使被查公司的股权结构变得非常复杂，以此来规避监管。这一挑战需要一种自动化的工具，以白盒、可解释 AI 的方式解决。

在全球其他市场也会有类似的场景，查询企业的最终受益人俨然成了一种刚需。例如，近几年中国出现了一些依据工商数据和其他多渠道的数据，在线提供半自动化的商业背景调查服务。

要了解业务实体的所有权结构，最直观的方法是以图查询的方式（也称为网络分析、网络关联方式）显示其相关数据。如果某人作为公司的法定代表，则在图的设置中，这是一条连接两个节点的边，一个节点是人，另一个节点是公司，并且该边（关系）标记为 legal（代表法人），如图 6-5 所示。

假设我们从业务实体节点开始，以递归的方式查找业务实体的所有直接关联数据，则可以检索到与其链接的所有实体，并形成一个子图（参见图 6-6）。请注意，节点和边的集合形成的图代替了树，因为树没有循环，而图上可以交叉和形成环路，这更好地反映了现实世界的真实场景——企业和人员完全可能通过很多交叉投资/控股等业务结构形成很多环路（ring），这些并不应该用简单的树状结构来表示。

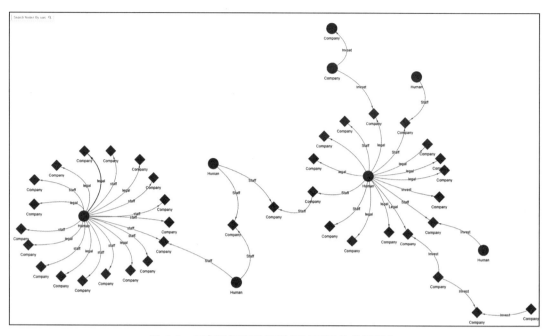

图 6-5　工商股权穿透图谱实时可视化分析平台

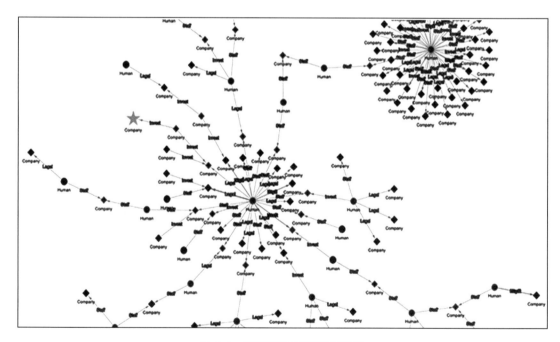

图 6-6　深度穿透工商股权图谱

在现实世界中，经常会看到最终受益人（又称为最终企业所有者、实控人、多数股权持有人、大股东或多位头部股东）与被查的业务实体（五角星）相距许多个节点。传统的

RDBMS 或数据库文档（甚至大多数图形数据库）都无法快速、及时地解决此类问题。图 6-6 中显示的最终受益人与被查企业至少相距 10 层（跳），找到它的计算复杂度可能会非常高，让我们在这里做一个简单的分析。

❏ 假设每一家公司有 25 位所有者（投资人、股权持有者）。

❏ 如果我们深挖 5 层：$25^5 = 9\ 765\ 625$。

❏ 如果我们深挖 10 层：$25^{10} \approx 10^{14} = 100$ 万亿。

如果我们没有更高效的数据结构、算法和新的系统架构，仅依赖传统的关系型查询方式与系统架构将不可能解决这些挑战。

幸运的是，通过系统架构的优化，特别是低时延、高密度并发数据结构和实时内存计算引擎，可以让用户以实时的方式经过层层下钻找到最终受益人。很多时候这种深度下钻查询的时效性甚至可以做到微秒级，而 RDBMS 和其他类型的 NoSQL 框架则完全不能处理这种"递归查询"问题。此外，微秒级的时延意味着更高的并发性和系统吞吐量，相比那些宣称毫秒级时延的系统，这是 1000 倍的性能提升！

现在，我们知道，无论股东离起始业务实体有多远，都可以通过深度图遍历与查询的方式识别他们。有时一家公司甚至有成千上万的股东，通过快速的循环计算可以找出公司前五或前十的所有股东（例如持股 5%、10% 或 25% 以上），这些股东可能就是企业的最终受益人。

如图 6-7 所示，通过图数据库的前端界面可以快速且直观地查找和定位企业的最终受益人。图 6-7 中的最终受益人（大股东）与被查询公司（起点）间有 4 层间隔，通过多个公司的业务交叉，有意无意地隐藏了其直接控股关系。在现实世界里，我们看到很多大型企业拥有上千位最终受益者，他们形成了一个巨大的子图，这阻碍了监管与调查，市场监督部门、分析师或执法部门都希望能穿透性地快速锁定企业的最终受益人。

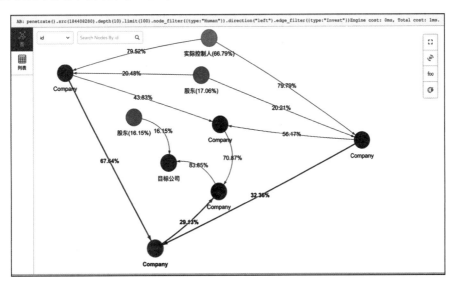

图 6-7　最终受益人及持股比例和路径的穿透计算与可视化呈现

6.3 欺诈识别

从全球范围内来看，大型商业银行的利润多半来自企业贷款。银行要求企业使用抵押物来对冲潜在的坏账风险，很多时候抵押物可以是另外一家企业出具的担保。我们把这种行为称为对公业务中的公司担保贷款（corporate guaranteed loan）。当一个实体（一个公司或一个人，称为 A）从银行申请贷款，银行需要另一个实体（通常是一个公司，称为 B）进行财务担保，如果 A 不能偿还贷款，那么 B 将替 A 还清贷款。

一家商业银行通常要处理成千上万笔的公司贷款。前台部门的工作人员（front-office）每天发放大量贷款，后台部门（back-office）的工作人员负责识别与每个公司担保相关的潜在风险。在传统的做法中，这个过程是费时费力的。

有一些典型的欺诈类型，有意或无意地与担保有关。

❑ 最简单的欺诈形式：A 担保 B，B 担保 A，这直接违反了所有银行发放贷款的前提条件（尽管很多时候银行没有行使这种监管职责）。

❑ 形成链或循环担保：A→B→C→D→E→A，这种环状担保链条是难以察觉的，因为你必须深挖到 E，然后发现 E 又为 A 提供了担保，进而违反了银行的担保风险规避规则。

❑ 更复杂的拓扑结构：例如，多个实体间可能涉及许多笔贷款和担保，进而形成了像森林一样的的担保链（并且有很多环路）。

如图 6-8、图 6-9 所示，A 公司担保了 4 家其他公司，形成 4 个贷款担保三角形（三角形是最简单的担保循环）、2 个贷款担保四边形（涉及 4 方）及 1 个五边形担保。

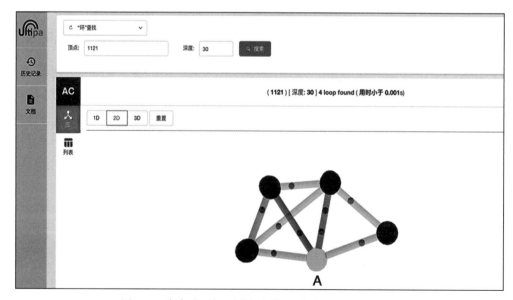

图 6-8　多家公司间形成的担保环路（空间拓扑结构）

图 6-9　列表格式显示的担保路径

　　上面的例子是对特定公司的放大调查。通常情况下，银行以批处理的方式运行所有的贷款担保数据，以了解有多少违规行为。这个过程如果没有实时图计算的加持，则可能会非常耗时，因为涉及大量的公司（通常是数百万甚至更多）。通过实时图计算技术，则可以把整体处理时间指数级地缩短（从天、小时到秒、毫秒级的加速）。

　　图 6-10 是某家银行当前企业贷款的三维全景图。所有的企业间形成的贷款担保链、担保圈都被实时可视化呈现，非常直观且易于理解。

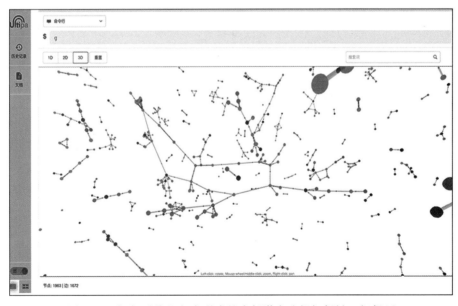

图 6-10　银行对公业务中形成的全部潜在违规担保链、担保环

　　位于图 6-10 中央位置的担保链结构涉及多达上百家公司，这样的结构很难用人工梳理，但是在现实商业图谱中却很常见，并且隐藏着违反银行风控规则的非法担保问题，因

此需要提醒后台业务人员进一步调查。

2016—2019 年的一些市场调研报告显示，某市近 40% 的企业贷款存在违规担保问题。在贷款发放前，通过实时担保圈链查询，可以帮助银行了解每笔贷款申请的合法性（合规性）。通过这样的系统，也可以让银行对贷款流向进行持续监控，并在贷款风险超过一定限度时限时采取防范措施，从而帮助银行先发制人，保护贷款，避免大型连锁效应。

借助各个渠道的信息，例如法院文件、诉讼判决书、社交媒体、情感分析等，我们可以做到事先准确识别高风险企业及其贷款担保、资金流向等，使银行能够决定是否应该提早收回贷款，以保护银行资产免受损失。

图 6-11 最中间的大圆圈表示的企业与 6 场诉讼有关，涉及巨额案件，并且被判有罪。同时，该企业的客户为其他实体企业提供了多项贷款担保。这种情形可以被判定为一种潜在的高风险，银行应在第一时间撤销这些贷款担保，以防范潜在的连锁式损失。

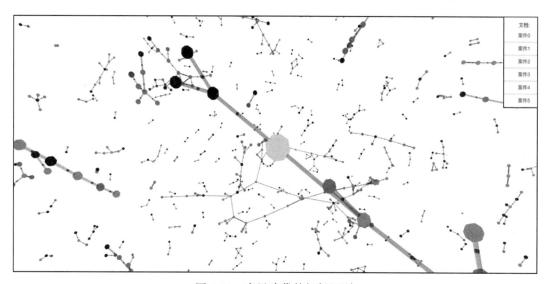

图 6-11　高风险贷款担保识别

6.4　反洗钱与智能推荐

"知识图谱"（knowledge graph）这个名词被众人所熟知应该归功于谷歌。在构造搜索引擎的过程中，为了能更好地提升搜索的效果（关联性），而不局限于关键词的权重排序，谷歌投入了相当的精力来构建知识实体的网络，也就是不同实体间的关联关系。这种关联可能非常广泛，从逻辑上的树状分类到因果关系等不一而足。通用搜索引擎级的知识图谱甚至可以被看作通用知识图谱，它的边界是无穷无尽的——这在某种程度上是把机器的算力与人类的知识集进行了某种耦合。当然，这个知识图谱要达到完善还需要很长的时间。也许只有当人类能完全搞清楚自己的大脑到底是如何工作的以及人类是如何协同工作的时候，我们才能宣布人类知识的全图谱有望实现完全的闭环。即便如此，图谱的下层所依托的算力到底是什么？笔者认为是"图计算引擎＋图存储引擎"，图谱与图计算可比作人类的"左脑＋右脑"，前者逻辑化但浅层、缓慢，后者高性能、高并发。

构建通用知识图谱是极其复杂的，截至目前，还没有任何公司、政府、机构、团队或个人完成这个"不可能的任务"。鉴于此，目前各行业均采取了分而治之的做法，也就是去构建规模更为可控的、面向垂直行业的知识图谱。即便是退而求其次去构造垂类的知识图谱，如健康、保险、金融等，也会遇到各种各样的挑战。从数据的采集、清洗、NLP（自然语言处理）、结构化，到后面的推理、计算、可视化等，挑战无处不在（或者说机遇无所不在）。特别是当图谱变得很大的时候，例如达到亿级（点、边）以上，图上的操作会变得非常具有挑战性。回想一下，关系型数据库在处理千万量级以上的数据集的时候，性能会指数级地下降，从而不得不分表、分区，通过并发提升性能，同样的操作在图上那就更为复杂了。

图 6-12 展示的是一种投资合作关系知识图谱，图中只有 5 类顶点：GP 投资人、LP 投资人、被投项目（公司）、公司高管和机构（公司、高校等）。这是一个相对简单的图谱，但是可以很便捷地在上面实现一些类人脑的智能，例如去查询两家投资机构（LPs）之间的关联网络，两个或多个公司的高管间形成的关联网络，不同机构间的关联网络等。这些图谱上的查询操作可以被用作投资、融资的决策辅助。如果没有一个带有算力的图谱系统，用户可能还停留在使用复杂的 Excel 表格来分析以上的这些关联关系网络，那将是难以想象的复杂度，对于分析人员而言，是一种折磨。

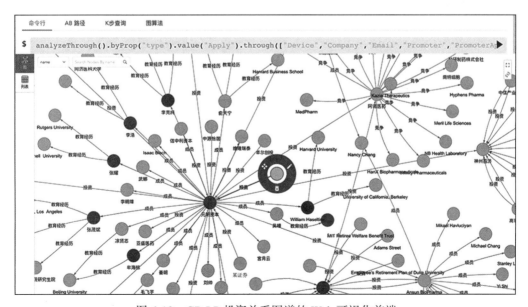

图 6-12　GP-LP 投资关系图谱的 Web 可视化前端

图 6-13 中展示了图谱的用户如何与可视化知识图谱进行互动，如搜索、编辑、延展－缩略、分类定义、过滤；还展示了如何在图谱上进行更复杂的操作，如组网、模板搜索、全文搜索、排序等。图谱不仅允许用户进入微观世界进行操作，还可以让用户从全局了解构成图谱的实体和关联关系所构成的知识网络的空间拓扑结构。毕竟，与机器相比，人类的优势始终是具有全局观，图谱似乎在这个维度上可以更好地辅助人类。图的另一个特点是，你可以在它之上以递归的方式操作，例如从一个顶点以广度或深度的方式展开，发现它的 N 层外的相邻关系、邻居等。

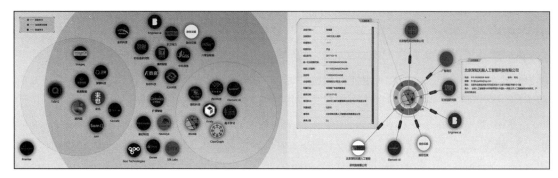

图 6-13　交互式知识图谱——行研（投资分析）

通用知识图谱的设计范畴极为广泛，包括人与人、人与物、人与事件、事件与物、事件与事、人与创造发明等很多种关系，具有规模宏大、错综关联的特点，这导致通用知识图谱构造的复杂度极高。美国的 Wolfram Alpha 和中国的 Allhistory（笔者曾为该项目的负责人）都可以看作通用知识图谱领域的早期尝鲜者。构造巨大的图谱的一个副作用是，在图谱上面的计算复杂度也指数级地增加了。因此，如何通过算力的输出来更好地支撑复杂图谱是业界迫切需要解决的问题。

以"蝴蝶效应"为例，图谱中的任何两个人、事、物如何关联，是否存在某种冥冥中的因果（强关联）效应？如果这种关联只是 1 步关联，那么很显然，任何传统的搜索引擎、大数据框架、NoSQL 数据库，甚至关系型数据库都可以解决。但是，深度的关联关系，例如从牛顿到成吉思汗（或者反之）的关联关系在图上又如何计算呢？

图数据库提供了不止一种方法来解决以上问题。例如，点到点的深度路径搜索、多点之间的组网搜索、基于某种模糊搜索条件的模板匹配搜索、类似于搜索引擎的图谱全文搜索，甚至是从全文搜索到全文搜索的模板化搜索。最后这个例子的复杂度指数级高于现有的搜索引擎的搜索，具体逻辑分解如下：先模糊关键字搜索一组实体知识，再从这些实体出发在图谱上面找到最终能抵达的目标实体，而这些目标实体也符合模糊关键字搜索结果，这种搜索类似于人类的举一反三，迅速发散后再次收敛式的模糊匹配与搜索，而传统的基于单一关键字式搜索引擎并没有这种能力，确切地说它们连在图上最简单的两个实体间组网式的搜索都无法完成。

组网搜索也非常有趣，例如 5 个犯罪嫌疑人（或 5 个知识点）通过自组网形成关联关系网络，它的计算复杂度是这样的：

❑ 两两相连的条件下需要找到的路径数量：C(5, 2) = 10；

❑ 路径深度为 5 的条件下，假设每个实体有 20 个关联关系（边）；

❑ 理论计算次数：$10 \times 20^5 = 32\,000\,000$。

当组网的顶点数量变多、深度变深或图的密度增大后，计算复杂度只会指数级增长。

在图谱上面还有很多其他的工作可以完成：

❑ 依据某种过滤条件找到点、边、路径等；

❑ 模式识别、社区、客群发现等；

❑ 找到全部或特定的某些邻居（或通过递归的方式发现更深的邻居）；

❑ 找到具有相似属性的图中的实体或关联关系，如图 6-14 所示。

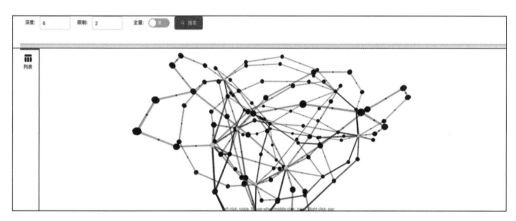

图 6-14　大图中的实时组网（形成子图）的搜索深度为 6

没有实时图算力支撑的知识图谱，就好像一辆没有发动机的汽车，它是僵死的、离线的，不能创造价值。图算力就是知识图谱之"芯"，其性能的强弱直接决定了图谱的效果和能力。在我们看来，OLAP（OnLine Analytics Processing）带有很强的误导性，它真实表达的意思是线下（非实时）分析处理。HTAP（Hybrid Transaction & Analytics Processing）或许在很长的时间内都会代表未来的发展趋势。把尽可能多的 $T+1$ 类的批处理操作转换为 $T+0$ 甚至实时的操作对于业务部门而言具有重大的意义！

1. 反洗钱场景

反洗钱是一个在世界范围内广泛存在的问题。它是有组织的犯罪团伙最常用的方式，通过把非法收入混入巨大的资金流中进行洗白。全世界的政府都在寻找各种方式来从资金流中识别出这些"黑钱"。

图被认为是通过数学和图论的方式来表达资金流的最天然的方式，尤其是当资金流动的过程中经过了多层跳转——犯罪分子通常会有意地构造多步、多层资金流转的模型来进行洗钱。显然，他们使用了图的方式（图6-15），而监管机构如果还停留在关系型数据库或浅层图计算的时代，那么这些被深层伪装的洗钱路径将无法被识别出来。在世界范围内，图技术正被越来越广泛地用来解决反洗钱中的一系列挑战。

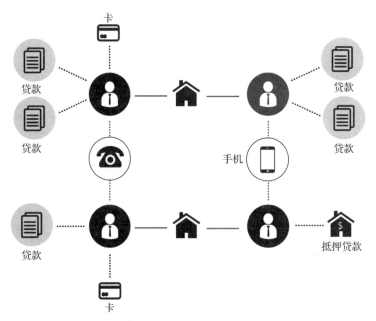

图 6-15　一种典型的洗钱（欺诈）场景——多用户形成的环路（来源：Chartis 研究）

常见的反洗钱场景有如下特征。

1）从多个关联账户出发（转出账户）找到另外多个关联账户（收款方）的路径，或者从 1 个账户出发，经过多层辗转后回到起始账号或起始账户的关联账户，这种情形称为洗钱环路。

2）参与洗钱的账户通常都具备一些特征，例如，转账额度在账户的日均余额中的占比极高（约 100%），转账金额的账户内驻留时间短，多个账户可能共用同一设备、电话、WiFi APID 或具有其他相同属性等。

银行系统中通常有数以千万或亿计的账户，在进行反洗钱计算与分析时真正关注的是那些占比非常少的"风险账户"，如何能快速过滤掉合法账户，锁定潜在的风险账户，决定了实际的最终计算量（计算复杂度）。账户的近期风险行为指标是首个要关注的，当然还有其他的风险指标，例如账户间的多维度关联关系异常、有资金往来异常等。任何已经发生的洗钱行为，一定有起点和终点（终点会吸入从起点转出的大部分金额）。在图上找到资金流转的路径所构成的子图，并实时阻断正在发生的洗钱行为是很多金融机构重点关注的。

图 6-16 展示的是从一个账户出发，经过层层转账，最终把钱转回给了自己（路径上的转账数据很显然扣除了手续费，并包含一些伪装数据）。这种环路转账的模式并不一定 100% 是非法行为，但是值得通过系统报警来让专业人员关注这种模式，甄别其是否属于洗钱行为。

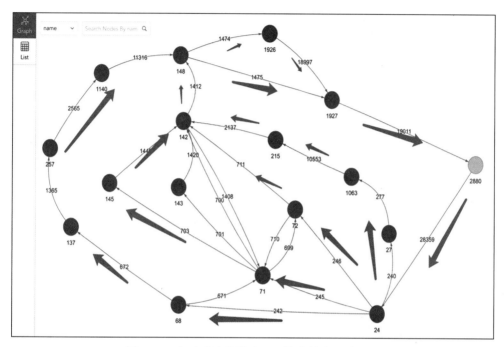

图 6-16　实时反洗钱模式——深度转账环路发现

另外，对于金融机构而言，有组织的犯罪团伙的洗钱规模和频率通常会远高于个别的零售客户，因此反洗钱关注的要点应该是洗钱规模大、发生频率高、牵连账户多以及跨行、跨境的洗钱行为。在图 6-16 中，通过对转账链路进行过滤和分析，可以锁定资金汇集点（例如入度远大于出度）、高频大额交易账户，进而高效地识别反洗钱账户，最终实时阻断洗钱行为或为二次分析提供技术支撑。

以图 6-17 为例，从一个账户出发，经过约 10 层的分散转账后，资金逐步汇聚到了一个账户。如果监管机构的规定是查询 3 层，金融机构的识别深度只有 5 层，那么根本不可能发现这种深层次的洗钱行为。如果没有原生图内存计算引擎的支撑，这种实时且深度的网络转账识别根本无法实现。

基于 Spark+GraphX 的传统图系统，例如开源的 JanusGraph、ArangoDB 或商业版的 Neo4j，如果用它们执行 5 层以上的深度查询，过程会极为缓慢，甚至无法返回结果。在单笔查询的时效性或系统的并发吞吐率方面，它们也存在着时延大、并发能力低下（QPS/TPS 不高）的问题。对于金融系统而言，速度和性能一定是第一位的，时间就是金钱，在锁定犯罪链路上浪费的每一秒钟，都是对犯罪分子的姑息与纵容，都是对金融资产的危害。

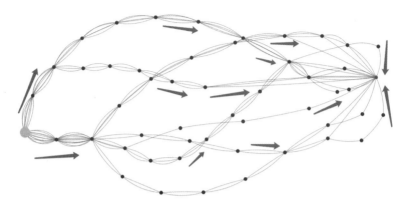

图 6-17　通过深度遍历发现资金归集（10 层）

通过图计算的高并发、深度下钻、低延迟查询等能力可以赋能金融行业客户实现实时的深度反洗钱。具备高性能图算力的实时图数据库还具有高度可视化、易用度高、集成便捷等特点。我们深信，下一代的反洗钱 IT 基础架构中必定有实时图数据库的一席之地。

2. 智能推荐场景

如果想更好地了解基于图计算系统构造的推荐系统解决方案的价值，我们就需要先了解传统推荐系统的现状和问题，它们大多有如下的共性：

- ❏ 需要做预处理准备工作，因此很难实现实时推荐；
- ❏ 推荐系统更新的时延经常以小时或天来衡量；
- ❏ 大量冗余数据会被生产出来，浪费存储空间（存储成本）；
- ❏ 传统推荐系统通常有多个异构模型，很难达成一致；
- ❏ 通常需要客户端定制化代码集成（非客户端透明）。

图 6-18 中展示了如何在知识图谱之上实现实时的、智能化的推荐，具体逻辑如下：

1）用户 A 浏览（或收藏、购买、添加到购物车等）产品 A。

2）产品 A 被其他用户（如 B、C、D 等）浏览（或购买、收藏、添加到购物车等）。

3）用户 B 和 C（以及其他用户）还收藏了产品 B；用户 C 和 D（及其他用户）浏览了产品 D 及其他产品。

4）通过对步骤 3 中的其他用户行为进行整合、排序，得知产品 B 和 D 的受关注度最高。这个过程基本上就是一种最简单的"协同过滤"（Collaborative Filtering，CF）实现方式。

现在，如果我们要计算产品 B 和 D 与产品 A 之间是否存在着某种关联关系，产品的知识图谱就发挥其价值了。对于通过传统规则计算的方式实现的推荐系统而言，忽略产品间的关联关系与用户行为及预期，会推荐出令人啼笑皆非的结果。例如：用户 A 刚买了冰箱，推荐系统发现冰箱近期采购量很高，于是继续推荐冰箱给用户 A。如果加入产品知识图谱，推进系统就会从只有最简单的分类关联能力，进化到具备复杂的衍生品推荐能力（例如，给买冰箱的用户推荐冰箱贴、冰块盒、生鲜产品等）。

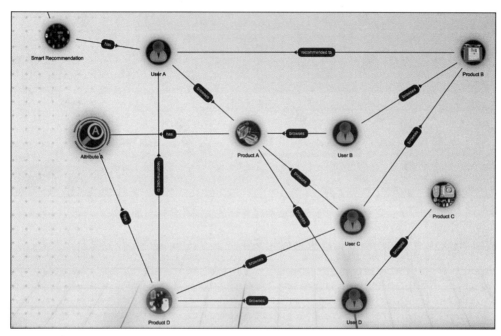

图 6-18　通过"图计算 + 知识图谱系统"实现的实时智能推荐

要实现以上的智能推荐，有时候仅仅需要如下两项数据。

❑ 商品分类数据：商品的库存数量可能是几万到百万的量级，但是分类数据通常在百、千、万这种更小的量级，同类产品之间的关联关系通常更近。

❑ 标签属性信息：不同类的商品间（离散的、不直接关联的）也可以通过多维度的标签进行关联，例如生鲜食品的存储环境的标签是"冰箱冷藏"，那么它们之间就会在实时推荐的过程中产生动态关联，进而被召回。

在图数据库中，实现协同过滤是一件非常简单和快速的事情，用户不需要任何数据训练，也不需要执行任何黑盒化的步骤，因为协同过滤的逻辑用自然语言描述出来就是基于图的思维的。

图 6-19 的协同过滤逻辑如下：

1）从用户（A 点）开始，找到 1 步关联的商品（浏览、添加购物车、购买）；

2）找到所有和以上商品关联的用户（关联关系：浏览、购物车、购买等）；

3）找到以上用户关联的其他商品；

4）对以上商品进行面向初始用户的分类、排序、关联识别等操作，并召回最终的待推荐商品集合。

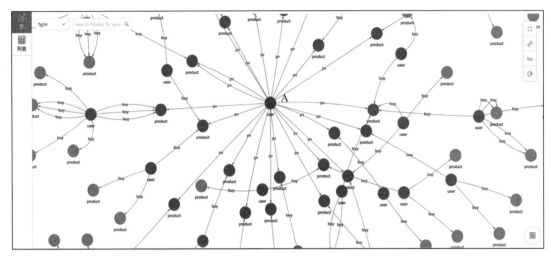

图 6-19　基于模板路径查询的实时化协同过滤

上面前 3 步的逻辑用图数据库查询语句来实现，一种可能的代码实现方式如下：

```
n({_id == "StartUserID"}).re({behavior == "pv"})
.n({type == "product"}).le({behavior == "buy"})
.n({type == "user"}).re({behavior == "buy"})
.n({type == "product"} as results) return(results) limit(10000)
```

当然，在真实的应用中，协同过滤还有很多额外的工作需要在第 4 步中完成。但不可否认的是，前 3 步中所圈定的是可以召回商品的最大范围。在一些真实的电商场景中，上面的查询相当于以"模板 + 过滤"的方式在图上查找了 3 层（3-Hop）。在高度联通（用户行为活跃）的图中，待召回的商品可能多达数万之多，这时额外的过滤、筛选、排序和逻辑上的强弱关联就显得有必要。因为需要这些额外的操作来大幅缩小召回范围。

我们设计了两种方法：CRBR（Community Recognition Based Recommendation，基于社区识别的推荐）和 GEBR（Graph Embedding Based Recommendation，基于图嵌入的推荐）。

（1）CRBR

CRBR 可以看作相对基础的协同过滤实现，但是它的效率要比传统的基于 Spark/Flink 之类的大数据框架实现的系统高得多，也更轻量级、更敏捷。其核心理念如下：

1）对全部商品（和用户）进行鲁汶社区识别；

2）按照用户的商品行为（浏览、购物车、购买等）进行分组；

3）定位排序最高的鲁汶社区，但是剔除那些超级热门商品，例如 COVID-19 疫情期间的卫生纸、瓶装水、口罩、洗手液等（这些商品适合在某个专栏内推荐，但不适合在通用推荐系统内被返回）。

以上 3 步可以被看作在进行数据训练。在具有行为时间戳的图中，可以对某段历史时期内的所有关联关系执行以上操作，而对另外的那些较新的以及实时更新中的数据集进行验证。此外，在以上的分组用户中，较低活跃度的用户可以被分配较高的分值（这个逻辑可能听起来有些反常，但是实际上非常简单：在同一个社区内，一个不那么活跃的用户的行为反而比一个超级活跃的用户更有价值，因为后者的覆盖范围过于广泛，反而不能引起其他用户的关注，即所谓的推荐聚焦，或者不具有代表性或推荐价值，进而很难做到推荐收敛）。以上的逻辑可以继续优化，例如商品之间的分类关联关系、环境信息、时空信息、用户的属性信息等都可以用作关联推荐中的判断、过滤、收敛逻辑。

图 6-20 展示了以上步骤是如何以一揽子的方式实现的。

Algorithm List > Task List　　Select Algorithm　　Limit: 30

ID	Name	Params	Start Time	Engine Cost(s)	Total Cost(s)	Result	Status	Ops
3	khop	depth: 1	2020-04-27 21:04:08	0	3		TASK_DONE	
7	louvain	edge_property_name: name phase1_loop: 5 min_modularity_increase: 0.01	2020-04-28 21:04:23	4	8	modularity: 2.503386833528098 community_counts: 444758 store_path: data/algorithm/louvain.txt	TASK_DONE	
4	louvain	phase1_loop: 5 min_modularity_increase: 0.01	2020-04-27 21:04:45	2	5	modularity: 0.89015989627541836 community_counts: 30344 store_path: data/algorithm/louvain.txt	TASK_DONE	

图 6-20　通过高度并发而加速实现的鲁汶社区识别（实时或近实时完成）

注意图 6-20 中的鲁汶社区识别的完成时间，在百万到千万量级的点、边的图中（中等大小），以实时图数据库为例，可以做到实时（毫秒级到秒级）完成，而在 Python 或其他图计算系统中，这个过程通常长达数个小时或者更久。这是千倍以上的性能提升！不仅如此，还辅以直观易用的前端分析工具来为用户提供高度可视化且可交互操作的过程与结果。

在图 6-21 中，我们从全图中抽样了 5000 个顶点来实时绘制它们所构成的鲁汶社区的空间拓扑结构关系。需要指出的是，鲁汶社区识别面向全量数据进行迭代计算（计算量巨大），但是可视化部分因受到屏幕显示空间和分辨率的限制，通常用数量级远小于全量的顶点来抽样示意。例如，抽样百、千、万级别的顶点集合，而不是试图在前端展示百万或千万量级的数据，因为仅数据传输会消耗掉很长时间，如果再加上（浏览器）数据膨胀、数据渲染，就会消耗更多的资源。

CRBR 的核心理念是先找到所有用户和商品形成的社群（紧密关联社群），然后再根据额外的信息来优化协同过滤的推荐逻辑，例如用户的属性信息、商品的分类信息等 。通过实时图数据库，以上操作可以以图模板搜索的方式实时完成，实时的用户行为、商品信息可以动态地插入或更新到图中。

对于推荐系统而言，我们的目标并不是设计一种全新的算法，而是通过数据模型的图化来实现更高的效率与性价比，这其中的核心价值在于：

- 可以非常简便地调整查询模板；

❑ 迅捷，比传统的协同过滤高效得多，性能提升 100 倍或更多；

❑ 过程可解释，不再需要黑盒化的 AI 推荐过程。

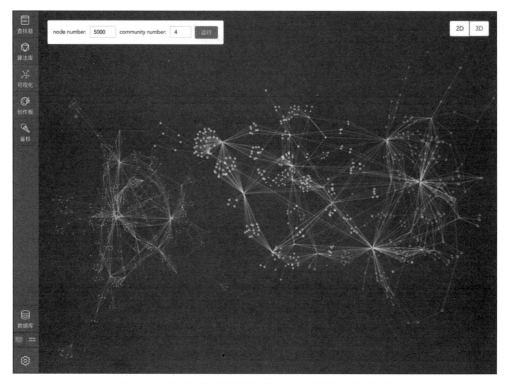

图 6-21　基于鲁汶的社区识别与 3D 可视化（见彩插）

（2）GEBR

CRBR 并非唯一的图计算推荐系统实现方法，GEBR 就是另一种实现方法。它利用了基于图的深度学习。图深度学习可以通过高并发、高效性实现很好的召回率与准确率，但是，它的过程是灰盒化的，例如计算过程中利用到了深度随机游走，像 Node2Vec、Word2Vec 或 Struc2Vec 等图算法都依赖这些深度随机游走操作。

深度随机游走过程相当于面向海量数据的机器学习过程中的数据采样过程，通过图计算可以实现非常高效的数据采样。相比于传统的机器学习模式，通过图计算游走实现的数据采样的性能可以提升达到 100 倍以上。图 6-22 展示的就是先以近实时批处理的方法对全量数据进行基于 Node2Vec（或 Struc2Vec）模式的深度随机游走，获取到了每个用户的图嵌入特征后，再根据任何一个待推荐用户关联的用户群中的"次活跃用户"的图嵌入特征进行商品推荐。这个推荐逻辑中采用了一种"逆向思维"，即最活跃的用户（刷单用户）的行为与购买量最高的商品（过于大众化、低价值的产品，例如矿泉水、纸巾）并不一定是最需要被推荐的，反而是那些次活跃用户的行为更具备推荐价值。

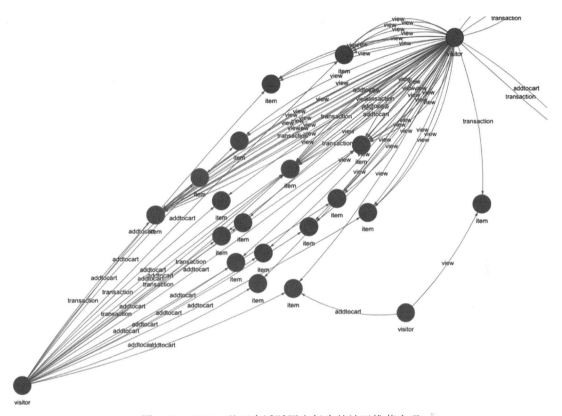

图 6-22　GEBR 基于次活跃用户行为的社区推荐实现

对于图上的深度学习而言，很多方法还处于实验室到工业场景应用的持续迭代转化阶段，但是它们已经显示出了相当的高效性、准确率与可解释性，这极有可能是 AI 技术近期突破的方向。

基于图的推荐系统有如下优势：

❑ 具有实时推荐能力、实时数据刷新能力；

❑ 与知识图谱（例如，商品知识图谱）无缝结合，二者结合后，所推荐物品的匹配度高度智能化，不是基于统计学计算模型的那种机器智能推荐；

❑ 推荐图谱 = 实时商品图谱 + 用户 360 图谱，也就是说，一站式推荐解决方案可以在图上实现。

如果你还没有用 Hadoop 或 Spark 框架来构建你的推荐系统，如果你不想每天纠结于海量数据的训练和验证，那么基于图查询与计算的图推荐系统可能是你的最佳选择，可以让你一步到位。我们正处于一个以数据库为核心的 IT 技术升级换代大潮中，图是最有可能胜出的技术。

6.5 资债管理、流动性风险管理

LCR（Liquidity Coverage Ratio，流动性覆盖率）是《巴塞尔协议Ⅲ》中规定的一个重要的监测指标。全世界所有主权国家的主要银行机构都要在 2023 年 1 月 1 日前实施对该指标的监测。它的设计目标是在强化资本需求的同时增加银行的流动性。

本节介绍的是在实时图数据库基础上构建的一套端到端的解决方案——流动性风险管理图中台系统。通过释放实时图数据库的算力以及金融关系图谱的可视化能力、可解释性能力，赋能商业银行，掌控其资产、负债数据，以应对外部监管与内部增效的双重压力。

白盒化、$T+0$、高度可视化、实时可追溯、可模拟、支持量化传导路径计算的图中台系统替换了原有的黑盒化、$T+1$、不可回溯、无传导路径的基于传统关系型数据库（例如，Oracle Cash Flow Engine）构建的 LCR 系统。该系统为全球范围内业界首创以实时图计算的方式高效、便捷地管理《巴塞尔协议Ⅲ》中的流动性风险指标的计量与分析。

在 2008 年的国际金融危机中，许多银行与金融机构尽管表面上看资本充足，但却因缺乏流动性而陷入困境，金融市场出现了从流动性过剩到紧缺的迅速逆转。危机过后，国际社会对流动性风险管理和监管予以前所未有的重视。巴塞尔委员会在 2008 年和 2010 年相继出台了《稳健的流动性风险管理与监管原则》和《巴塞尔协议Ⅲ：流动性风险计量、标准和监测的国际框架》，构建了银行流动性风险管理和监管的全面框架，在进一步完善流动性风险管理定性要求的同时，首次提出了全球统一的流动性风险定量监管标准。2013 年 1 月，巴塞尔委员会公布《巴塞尔协议Ⅲ：流动性覆盖率和流动性风险监测标准》，对 2010 年公布的流动性覆盖率标准进行了修订和完善。

原中国银监会（现为中国银保监会）于 2015 年 11 月 6 日发布了《商业银行流动性覆盖率信息披露指引（征求意见稿）》，要求自 2017 年起，商业银行需披露季内每日简单算术平均值，并同时披露计算该平均值所依据的每日数值的个数。另外，从 2018 年 7 月起开始实施（于 2017 年通过）的中国银行保险监督管理委员会令 2018 年第 3 号《商业银行流动性风险管理办法》明确了商业银行对于流动性覆盖率的计算与披露要求。

自 2008 年以来，无论是国际还是国内，流动性风险管理的理论都趋于成熟，但在技术层面并未有重大突破。传统的 SQL 类型的数据库与大数据、数据仓库、数据湖框架，并不能在面向全行、全量数据的情况下，满足流动性风险管理的实时性、量化可解释性、可追溯性以及场景模拟等核心业务诉求。

随着数字中国和数字经济的蓬勃发展，商业银行数字化转型成为必经之路。传统的流动性风险管理系统也面临着数字化转型的现实问题。以 LCR 为代表的流动性监管指标，作为舶来品，具有概念新、专业性强、分类细、计算复杂 4 大难点，在国内实施的过程中存在水土不服的问题。因此，LCR 是业内公认的最难理解、操作、计量的监管指标。我们需要完美解决数据、规则（知识）、算法、算力 4 方面的问题，才能精准计量出 LCR 流动性监管指标，才能解决流动性风险管理系统数字化转型的难题。

对于很多商业银行而言，LCR 是个复杂、难以掌控的新物种，即便是对于已经部署了 LCR 系统的银行，基于传统关系型数据库（如 Oracle）的解决方案依然存在如下问题（痛点）。

（1）黑盒化

现有的 LCR 指标计算的系统均采用黑盒化（不可解释）方式实现，系统的整个运行过程不透明，也没有细化、量化的指标（例如变化率、贡献度、传导路径等）可以追踪。这个限制让银行对于流动性覆盖率的理解仅限于一个百分比数值，而无法深度理解业务变化对于流动性覆盖率的影响程度。

（2）无反向回溯

过往的流动性覆盖率指标因缺乏图计算支撑，无法实现反向回溯，即从 LCR 指标无法反推、追溯到对该指标影响最大的业务、账户、行业、客群或其他因素。无法追溯意味着银行只能拿着一个 LCR 指标来应付监管，无法深入理解自己的核心业务的表现，也就无法因地制宜地调整业务发展指标。

（3）无正向模拟

与反向回溯相对的能力是正向模拟，即从某个分行、某个行业、某个地区、某类账户、某笔交易出发，沿路径层层传导的方式来模拟某些指标的变化对于总行 LCR 值的影响。这种能力的缺失让银行无法从总行视角出发智能地预测、评估和设计自己的产品并调整业务方向。

（4）无可视化传导路径

图谱可视化、实时可视化路径传导都是让 LCR 指标计算透明、可解释的重要手段。缺乏这些手段支撑的流动性覆盖率就只是一个单纯的指标，对于通过全面分析资产与债务来实现内部增效毫无助益。

（5）非实时化

LCR 相关的业务数据的加载与计算耗时多，无法以 $T+0$ 或实时的方式计算，更无法执行实时模拟、回溯、量化计算等操作。

近些年来，图计算与图数据库技术发展迅猛，我们利用最新图计算技术，重新构建流动性风险管理系统。下面以某擅长零售的股份制商业银行为例，系统阐述第三代人工智能图计算技术在流动性风险管理中的创新应用。

流动性风险管理信息系统应当至少实现以下功能：

❑ 监测流动性状况，每日计算各个设定时间段的现金流入、流出及缺口；

- ❑ 计算流动性风险监管和监测指标，并在必要时提高监测频率；
- ❑ 支持流动性风险限额的监测和控制；
- ❑ 支持对大额资金流动的监控；
- ❑ 支持对优质流动性资产及其他无变现障碍资产的监测；
- ❑ 支持对融资抵（质）押品种类、数量、币种、所处地域和机构、托管账户等信息的监测；
- ❑ 支持在不同假设情景下实时进行压力测试。

通过将实时图计算引擎与高度可视化图谱系统相结合，用以构建银行流动性风险管理系统。该系统为全球首创，以图计算方式计量《巴塞尔协议Ⅲ》中的核心监管指标，具有 3D 可视化，实时计算，精准计量到每个账户、每笔交易、每一分钱等特点，真正实现了《巴塞尔协议Ⅲ》中的核心监管指标的穿透式精准计量。

在流动性压力测试情景方面，巴塞尔委员会和银保监会规定了 15 种情景，系统进一步按照 LCR 指标的 144 子项分类，一一对应地提供了单项 144 种压力测试情景，并组合超过百万种的压力测试情景，完全覆盖并满足监管要求。此外，系统还提供策略回检和 LCR 贡献度变化实时分析等功能。

综上，对照巴塞尔委员会的《巴塞尔协议Ⅲ：流动性覆盖率（LCR）和流动性风险监测标准》和银保监会的《流动性风险管理办法》，本流动性风险图中台系统没有止步于只满足监管要求，在商业银行面临的强监管和内增效的大背景下，该系统高效赋能银行，帮助银行转变业务模式、调整资产负债结构、优化资源配置，实现轻资本消耗的轻量级银行数字化转型，让银行在提高盈利水平和资本效率的同时，更好地服务于实体经济。

相比传统架构搭建的 LCR 解决方案，采用图中台架构可以清晰、高效地揭示复杂的关系模式，可以实时处理海量数据，并对计算结果进行实时可视化，以及传导路径可视化。这些正是银行业在外监管、内增效大背景下的核心诉求。

基于实时图数据库的 LCR 系统具有以下优点（如图 6-23 所示）：

- ❑ 通过高性能、操作简易的 3D 可视化来实现白盒化可解释；
- ❑ 通过图模型实时定位、追溯 LCR 变化的主要因素及传导路径；
- ❑ 实时模拟能力让银行可以对核心资债产品及业务进行基于场景模拟的量化分析。

流动性风险管理图中台系统的核心就是通过对接全行业务数据，完成数据开发以及图计算框架搭建来实现对 LCR 指标的实时计算以及交互可视化。

流动性覆盖率（LCR）=（全行优质流动性资产 / 未来 30 日的资金净流出量）×100%

LCR 开发任务分类如图 6-24 所示。

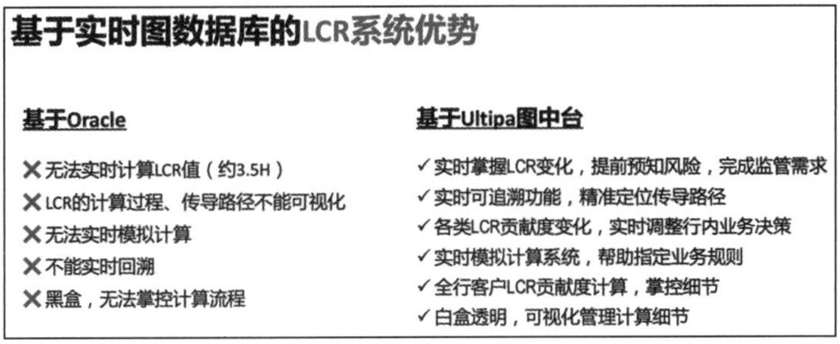

图 6-23 Oracle LCR 与 Ultipa LCR 系统比较

图 6-24 流动性风险管理开发任务分类

流动性风险管理图中台的架构示意图如图 6-25 所示。

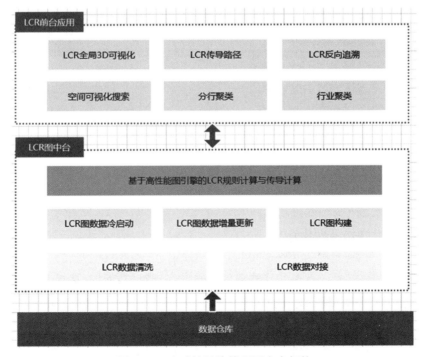

图 6-25 流动性风险管理图中台架构

流动性风险系统开发与测试流程示意如图 6-26 所示。

图 6-26　流动性管理系统开发流程

流动性风险管理图中台系统的主要功能展示如下：

1）LCR 全局可视化与传导路径（见图 6-27）。

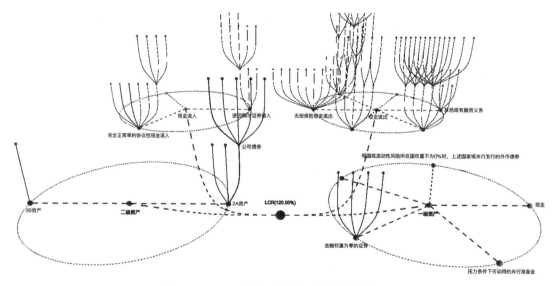

图 6-27　LCR 全局可视化与路径传导示意图

2）实时反向追溯（见图 6-28）。

3）空间可视化搜索（见图 6-29）。

4）按照分行、行业聚类（见图 6-30）。

传统流动性系统有时效性差、计算慢的痛点，图计算流动性风险管理系统能对海量、复杂数据进行实时计算并精准计量其变化原因，助力业务方第一时间预知风险变化，完成监管要求，实时调整业务决策，制订业务规则，最终实现在安全性、盈利性和流动性之间的平衡，做到运筹帷幄之中，决胜千里之外。

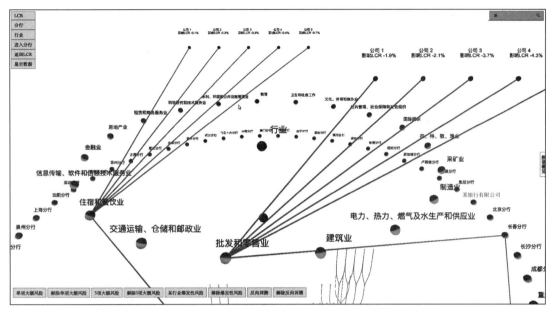

图 6-28　LCR 实时反向追溯

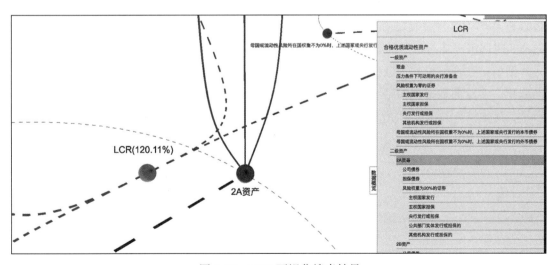

图 6-29　LCR 可视化搜索结果

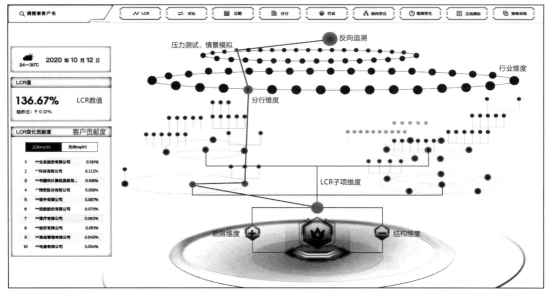

图 6-30 流动性风险管理系统全局视角

在 2008 年金融危机后，重视流动性风险管理逐渐成为业界和监管的共识，业界专家们在研究中发现风险具有关联、相互转化、传递和耦合的特点，且风险传播渠道更为复杂，跨市场、跨领域的情况日益突出。

从对技术的要求上来说，传统的关系型数据库虽然存量市场还很大，但在处理海量、动态变化、多维度关联的数据方面明显力有不逮，且在成本、易用性、灵活性等方面的短板日益显现。作为后起之秀的图计算与图数据库，通过底层的实时图算力、高度可视化、白盒实时回溯等能力，实现了逐笔金融风险的科学计量、深度下钻与穿透。

例如，在查找贷款资金流向的典型金融应用场景中，目标是找到转账最大深度为 5 层的账户。实验的数据集包括 100 万账户，每个账户约有 50 笔转账记录。实验结果如表 6-2 所示，对比结果如图 6-31 所示。

表 6-2 RDBMS 与实时图数据库实验结果

深度	MySQL 执行时间 /s	图数据库 执行时间 /s	返回 记录数（账户数）	遍历 边数（交易数）
1	0.001 （1ms）	0.0002 （0.2ms）	约 50	约 50
2	0.016 （16ms）	0.001 （1ms）	约 2200	约 2500
3	30.267	0.028	约 100 000	约 125 000
4	1543.505	0.359	约 600 000	约 6 250 000
5	无法完成	1.1	约 900 000	50 000 000

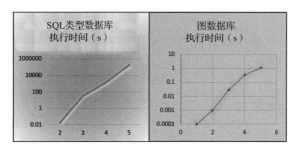

图 6-31 RDBMS 与 GraphDB 在时耗上存在指数级差异

深度为 1 时，两种数据库的性能差异并不明显；深度为 2 时（即转账 1 层），存在约 10 倍以上的性能差异；随着深度的增加，性能差异呈指数级上升。很明显，深度为 3 时，关系型数据库的响应时间开始超过 30 秒，已经变得不可接受了；深度为 4 时，关系型数据库需要近半个小时才能返回结果，使其无法应用于在线系统；深度为 5 时，关系型数据库已经无法完成查询。

而对于图数据库，深度从 3 到 5，其响应时间均在实时的范畴内。值得注意的是，因为图集数据高度联通，当查询深度为 5 时，相当于在遍历全图，这种操作对于 SQL 类型的数据库来说耗时极大，最终会因为耗时过长或资源耗尽而无法完成查询。

从上面的案例可以看出，对于图数据库来说，数据量越大、越复杂的关联查询，优势越明显。对比结果如图 6-32 所示，随着查询深度线性增加（从 1 至 5），SQL 类数据库的时耗指数级增加，而图数据库的查询时间几乎持平（呈现一种亚线性增长的趋势）。

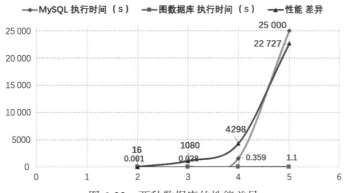

图 6-32 两种数据库的性能差异

此外，图计算技术在交叉性金融风险管理领域也取得了重大突破，如风险传染网络视图、关系识别与计量、风险传染路径查询等。

《巴塞尔协议 Ⅲ》对信用风险、市场风险、操作风险的管理和资本计量均提出了新的、更为精细化的要求，对风险信息披露做出了更为详尽的规定，并就数据治理和基础设施建设、风险数据归集能力、风险报告出台了专门指引，如图 6-33 所示。

商业银行借助《巴塞尔协议Ⅲ》改革的契机，统筹考虑新的监管合规和内部管理增效两方面的需求，为《巴塞尔协议Ⅲ》的实施夯实基础。流动性风险管理中台是赋能银行应对外部监管及内部增效诉求的杀手级解决方案。在图中台流动性风险的基础上还可以延展到覆盖存贷款、NII 利率净息差、资本、RWA 风险加权资产、FTP 内部转移定价、RAROC、EVA 等《巴塞尔协议Ⅲ》的其他核心指标的全面管理。

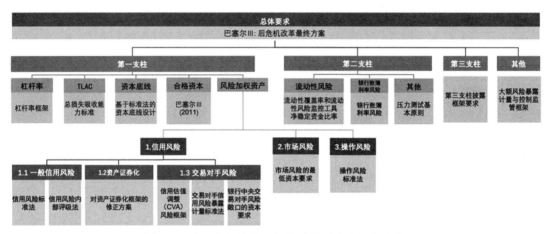

图 6-33 《巴塞尔协议Ⅲ》的总体要求之 3 大支柱

6.6 交叉风险识别与计量

6.6.1 图计算在交叉性金融风险管理领域的创新

1. 什么是交叉性金融风险

金融市场也存在蝴蝶效应。在交叉关联的金融市场中，任何一只"蝴蝶"扇动"翅膀"，都可能造成跨市场的风险传染，单一个体的风险问题极可能导致整个市场出现问题。当前，交叉性金融风险是最易引起系统性风险的风险类型之一。

2008 年的金融危机使业界认识到，金融风险并不是孤立存在的，而是相互关联、相互作用的，最终引发系统性风险，且不同类型的风险各自的传播链条还可能会产生跨链条交叉影响的效应。例如，交易对手信用风险就可能从个体波动性风险向同业传，进而演变为系统性风险；流动性风险则是金融市场波动的放大器，它也会通过风险传染至同业与银行客户，进而演变为系统性风险；市场风险不一定是在单一市场内的多米诺骨牌式的链式传播，它也可能形成跨多个市场的网状风险传播（并行、多层级传播）。

以某知名的以地产为主营业务的集团（以下简称 H 集团或 H 系）为例，它的问题不单是流动性风险，而是信用风险、声誉风险、流动性风险、市场风险 4 种风险交织在一起，最终构成交叉性金融风险。

关于交叉性金融风险，无论在国际还是国内，尚无官方定义。我们认为交叉性金融风险具有 3 方面的特征。

- ❑ 链条效应：如果独立观察，各类风险的传播路径是呈链条状的。
- ❑ 网状传播：在各类风险的传播过程中，受到影响的客群是呈网状分布的。信用债当中最大的是信用风险，杠杆率低时不会引起系统性风险，如果信用债大量违约，由于蝴蝶效应，整个市场就会引起系统性风险。例如，2010 年 11 月某煤电控股集团有限公司因流动资金紧张，无法按期足额偿付约 10 亿的本息金额，这一违约行为直接引发债市连锁冲击，波及范围呈网状分布，全国煤炭类债券，甚至河北、山西、云南等地的国企债均受波及，一级市场被迫取消发行，二级市场遭遇"打折"抛售。
- ❑ 极易引发系统性风险：如果信用风险持续蔓延，由于蝴蝶效应，整个市场就会引起系统性风险。

因此，交叉性金融风险不是简单的违约概率、违约损失率计量，还需要看风险在不同市场间如何相互传染，而传统技术对此无法提供有效解决方法。

2. 如何识别、计量交叉性金融风险

交叉性金融风险具有涉及面广、跨市场、跨产品、跨部门、交易对手多、风险类型复杂、传染链条长、管理相对薄弱等特点。交叉性金融风险难以管理的根源在于传染性强，商业银行尚未形成一套完整的风险管理体系。当前，交叉性金融风险管理亟须解决如下 3 个方面的问题。

- ❑ 计量风险传播的客群。商业银行须形成交叉性金融风险的传播全景视图，知道风险传播到了哪些客群。
- ❑ 计量风险传播路径。商业银行须识别风险可能的传导路径、传导规模（深度、广度、速度），并能评估传播路径上多重风险叠加的最终结果。
- ❑ 找到风险传播过程中的关键节点。商业银行找到关键节点（产品、客户等），就可以采取行动，防止风险进一步蔓延。

3. 图计算交叉性金融风险管理的应用

图计算可以通过对海量且复杂数据进行深度的穿透和挖掘来计算出数据之间的关联关系，解决复杂的多层嵌套关系挖掘问题。这种计算其实可以比作是对人类大脑工作模式的逆向工程。因此，图计算也被称作类脑计算，而深度类脑计算则是赋能金融风险管理的神兵利器。

以前面提到的 H 集团为例，其发生危机后，风险首先传播到它的关联公司，这是第一层；它的关联公司出问题了，最先受影响的是公司员工和供应商，这构成了第二层；供应

商停止供货、工人拒绝复工，它的在建工程就可能烂尾，风险就会传播到购房者，此为第三层；以此类推，风险从最初的H集团一个"点"传播到其关联公司、员工、供应商、购房者等，最后形成一张网络，风险是一层一层传播的，链条效应明显，如图6-34所示。

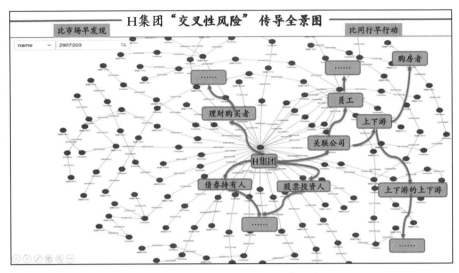

图6-34　H集团"交叉性风险"传导全景图

在计量风险传播路径方面，通过对股权、担保、资金、供应链等多种类型的路径进行深度下钻与穿透，图计算可以高效识别所有可能的风险传播路径。

在H系关联公司的识别方面，利用图计算技术，以H集团及其创始人X为起点，向下进行股权穿透，可以找到H集团的附属公司或者X担任高管的公司，从而将H系关联公司全部识别出来，如图6-35所示。

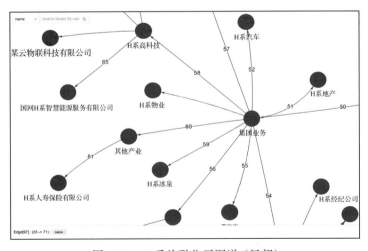

图6-35　H系关联公司图谱（局部）

同理，从担保圈、供应链、资金流向、员工和购房者等维度把 H 集团密切相关的企业与个人构成的复杂关系网络全部识别出来，构成了 H 系交叉风险的风险路径图，如图 6-36 所示。

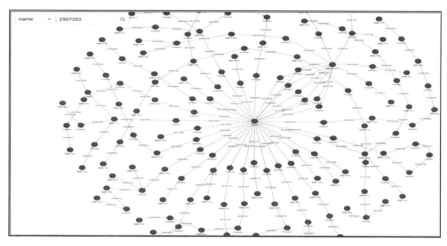

图 6-36　H 系交叉风险的风险路径图

在计量风险传播的客群方面，利用图计算技术识别出风险传导的所有路径后，受风险影响的所有客群就全部识别出来了，以 H 集团为圆心，以风险传播路径为半径，以风险影响的客群为圆，各类圆重叠交织在一起，最后构成一张网状的全局视图。风险影响的客群包含 H 集团的供应商、H 集团的员工及 H 系关联公司等 H 集团的利益相关方，如图 6-37 所示。

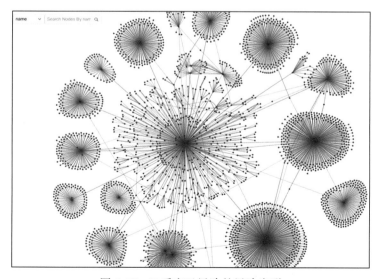

图 6-37　H 系交叉风险的风险客群

在查找风险传播过程中的关键节点方面，图计算技术可以通过建立网络关系图，确定风险防控的重点客户、重点产品，利用客户准入、风险限额等手段，以有效地防止风险扩散。

由于交叉性风险的关联性，传统的关系型数据库难以实现多层次关系的快速计算。如果使用图计算技术，只要找出了关键的节点、风险因子、风险传播路径，就能够对整个交叉性金融风险进行管理。

6.6.2 图计算技术在金融领域的广阔前景

图计算（图数据库）被认为是一种典型的通过增强智能方式实现的稳健的第三代人工智能技术。第三代人工智能需要数据、知识、算法、算力 4 个要素的协同。相比于上一代的人工智能技术，第三代人工智能更加注重算法白盒化可解释，以及算力的大幅提升。商业银行运用图计算技术带来的驱动力，可以构建基于复杂网络的新型 AI 风险监控体系，表示复杂网络拓扑构造的体系架构，从容地在业务端满足全维度、全历史、高可视、高性能、强安全和纯实时的需求。

随着经济全球化和市场经济的高度发展，企业与企业、企业与个人、人与人之间，通过各种关联关系构成了复杂的金融网络。例如，企业、银行、信托公司、保险公司、担保公司等经济主体，通过股权、担保或互保、关联交易、金融衍生品、供应链关系以及管理层的多重身份等，形成了错综复杂的关联关系图谱。

相比于基于二维表模式的关系型数据库，图数据库本质上是高维数据库，它最核心、最独特的能力是高维数据计算能力（图计算）。银行利用图计算和图数据库可以构建客户关系图谱，关注客户各类信息之间的关联性，实现客户洞见从局部到全网、从静态数据到动态智能的跨越，构建客户全网关系图谱，发现潜在的风险并预判风险传导路径、概率、影响客群。

图计算技术给现有的信用风险管理带来了革命性的变化。通过把图计算（算力）与业务逻辑（关系图谱或知识图谱）结合，可以构建具备实时在线计算与分析能力的人工智能银行风控大脑，让金融风险防范的主体从单一客户到风险客群，防范的时效性从事后管理到事前预测。典型的应用场景包括：识别隐形集团关联风险、识别担保圈风险、洞察客群风险、实时监控贷款资金流向。

（1）识别隐形集团关联风险

基于权益法和有穿透识别能力的图计算，企业的复杂股权可以被层层穿透，从而帮助银行对非自然人客户受益人的身份进行识别。

银行利用企业关系图谱识别影子集团、隐形集团，实现对实际控制人、集团客户或单一法人客户的统一授信，有效甄别高风险客户，防范多头授信、过度授信、给"僵尸企业"

授信、给"空壳企业"授信，以及财务欺诈等风险。

（2）识别担保圈风险

利用图数据库和图计算技术，银行可以识别出所有担保圈（链）中的主要风险企业及其完整的担保路径。利用图计算技术进行数据建模，及时识别、量化担保圈（链）企业违约风险，对担保圈（链）贷款进行高效清查并分析担保风险的原因，及时采取防范措施。例如，通过利用复杂图算法对企业担保圈的规模大小及担保关系的密集程度进行分析，找到结构意义上担保风险比较大的企业担保圈，从而进行重点处理和分析，还可以实时监控担保关系最复杂、涉及金额最大、风险最大的担保圈或担保链，然后再重点、实时地监控担保圈或担保链中的核心企业。

（3）洞察客群风险

基于客户关系图谱，综合考虑客户供应链、资金链、资本与担保圈等关系，形成客户风险传导路径。计算待风险评估企业与之关联关系在 N 层以内的关联企业的风险传导概率；深度计算和查找待风险评估企业与已知"暴雷企业"的所有风险传导路径，加权计算得出暴雷企业对于待评估企业的风险传播影响因子。当某企业发生风险事件时，可以实时量化计算银行所有与该企业 N 层关联关系网络之内的全部授信客户的风险暴露程度，并采取应对措施。

（4）实时监控贷款资金流向

基于图计算技术穿透式跟踪信贷资金流向。

贷款发放后，经办机构及风险管理部门的贷后管理人员应该做如下几件事情：

❑ 核查贷款资金流向是否符合约定用途，并应关注银行资金流转情况，及时上报信贷资金流向监管过程中出现的可疑事项；

❑ 跟踪和监测信贷资金是否流入了与借款主体不存在供应链关系的企业；

❑ 跟踪和分析借款主体的还款资金来源，核实还息资金是否存在第三方定期汇入、还本资金是否在还款日前由第三方集中转入，判断挪用贷款资金的情形。

图计算技术可以跟踪每笔贷款资金最终流入哪些账户，从而判断贷款资金是否被挪用，是否流入房地产、股市等监管重点关注的领域。

随着银行数字化转型的深入，深度挖掘关联关系背后的价值愈发重要，传统关系型数据库已无法满足深度搜索、关联发现、业务优先的要求。图数据库通过图结构组织数据，克服了其他数据库无法克服的深度关联数据分析挑战，为构建银行知识图谱、搭建 AI 决策引擎、实现深度业务知识和价值挖掘提供了重要科技保障和技术指引。目前，图计算技术在银行风险管理领域的应用还处于起步阶段，未来将在风险识别、产品创新、智能营销、智能客服、智能顾投、经营预测与指标计量等领域进一步赋能银行数字化转型。

规划、评测和优化图系统

在软件工程中，我们可能会花 20% 的时间开发一套系统，80% 的时间来测试、评估和优化。以上所述的二八原则，对数据库系统而言尤其如此，通常一套数据库系统高强度的代码开发可能只需要 1 年时间，但是测试和优化（迭代）则可能需要数年的时间。在工业界有一句俗语：客户是最好的老师。客户的需求、场景是打磨一款数据库产品最好的磨刀石。特别是像图数据库这样的新兴技术，我们在闭门造车、凭空遐想与结合真实业务数据迭代开发两条可选的路线之中，相信不难做出明智的抉择。

本章主要剖析如何规划、评测与优化图数据库系统（包括图中台、图计算引擎）。

7.1 规划图系统

图系统（graph system）的含义非常广泛，它既可能是图数据库系统、图计算框架、图中台，也可能是依赖以上任何一种底层系统构建的端到端的业务层解决方案或产品。图系统相比于传统数据库而言是个全新的技术，即便是对于那些只能完成某种具体功能的林林总总的大数据框架而言，业务部门和 IT 部门对其的认知度也参差不齐。因此，当你所在的部门需要部署图系统的时候，这也意味着业务遇到了非常有趣的挑战。

笔者在过去的数年间遇到过业务人员、客户、开发者、同行、合作伙伴等形形色色的人，发现大家对于在何种情况下需要上马图系统，既存在共识，又有着不同的视角。具体而言，对于图系统的认知大体可分为三个阶段：有所耳闻阶段、浅尝辄止阶段和深入应用阶段。

事实上，在"有所耳闻"阶段之前或许还有一个"闻所未闻"阶段，但是这个阶段的客户距离规划图系统的建设还有很长的路要走，一方面是其自身的业务挑战与痛点可能不存在，另一方面是还在传统架构的圈子里没有跳出。大多客户对图数据库的神奇之处有所耳闻，但是还没有实际上手的机会。一部分客户是已经安装测试过至少一款图系统，然而并没有真正让图系统在生产环境运行或深入服务于业务，还一部分客户已经开始规划如何在更广泛的场景中大规模使用图系统，毕竟图系统存在的意义不是作为一款可有可无、锦上添花的子系统，而是像关系型数据库系统一样，很长的一段时间内在新场景的应用中逐步开花结果，并最终取代传统类型的数据库甚至数据仓库、数据湖泊框架。

事物发展的一般规律都是由小及大、由慢及快、由静及动。如果把这套规律放在图系统上也可以得到印证，图数据库系统魔力四象限如图 7-1 所示。

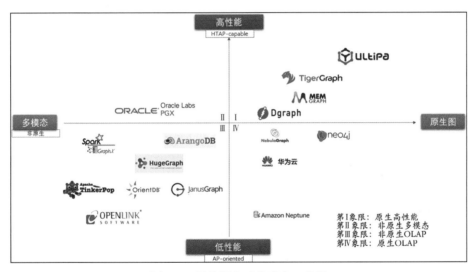

图 7-1　图数据库系统魔力四象限

❑ 第一代图系统（第三象限）：JansuGraph、Apache Spark GraphX 等；

❑ 第二代图系统（第二、三、四象限）：ArangoDB、Neo4j、NebulaGraph 等；

❑ 第三代、第四代系统（第一象限）：TigerGraph、Ultipa 等。

结合具体的业务诉求，以上各象限中的系统能适配的需求由低到高、由简单到复杂、由非实时到实时等维度综合来看，脉络如下：

❑ 非线上系统、批处理类任务（传统 BI 模式）；

❑ 线上系统、后台批处理任务、前台浅层（≤2 层）查询（OLAP 为主模式）；

❑ 线上系统、前台可深层查询、可支持在线批处理任务（HTAP 模式）。

以上 3 种模式或可看作构建一个图系统解决方案的主线，沿着该主线，在本节中会结合数据、建模、容量、系统共存等维度剖析如何完成新系统的规划。

7.1.1 数据与建模

在大数据时代，任何系统离开了数据都会是无源之水、无本之木。图系统的数据从哪里来是个仁者见仁、智者见智的问题。如果我们以数据流转的生命周期（阶段）而言大抵有 3 个阶段，注意数据既有可能从前一个阶段流转进入后一阶段，也可能直接在某个阶段出现并存在：

❏ 数据从其他现有系统中生成，并流入图系统；

❏ 数据在图系统中生成，或流入图系统后留存于图系统中；

❏ 数据从图系统中向外流至其他系统。

可以被图系统利用的数据类型和源系统非常多，以企业 IT 环境中具有入图价值的数据大类为例：

❏ 用户信息数据、账户信息数据等；

❏ 产品信息数据；

❏ 市场信息数据；

❏ 规则数据、策略数据、配置数据等；

❏ 资产数据信息等；

❏ 第三方数据集；

❏ 其他可经过处理（如 ETL）后入图的任何类型的数据。

什么数据可以入图是个非常有趣也非常基础的问题，但是它的答案并非一成不变。如果我们换个视角，从数据的结构化角度来看，目前入图的数据更多的是结构化数据，或者是半结构化与非结构化数据，通过 ETL 工具来转换为结构化数据，进而被图系统所使用。很多读者可能会对这段话不太理解，我们需要重温图系统存在的意义和目的——在多维、关联的数据中发现它们之间的关联关系，或者找到这些数据间或微观或宏观的特征，并进行价值抽取。

相比于半结构化或非结构化数据，在结构化数据间寻找关联关系是最高效的。大数据系统的出现引入了结构化、半结构化与非结构化数据的概念，例如多媒体数据、文档、多数文本文件都是典型的非结构化数据，而半结构化数据与结构化数据是对这些原始数据进行不同层级的“结构化”处理后所生成的数据。从最细颗粒度存储（比特）的角度上，一切数据都是结构化的，只不过在操作系统、文件系统、数据处理系统及上层应用角度来看，我们人为定义了不同的数据类型和处理手段。从宏观、前瞻的维度看，任何数据都可以进入图系统，但是不同类型的数据进入图系统后，它的利用率的高低、被处理的方式可能会大不相同。换而言之，非结构化或半结构化的数据通常需要经历一个“结构化”的过程，这个过程就是“数据建模”过程中必要的一步。

图 7-2 所列出的数据如何进入图系统呢？我们需要一些工具的帮助（如图 7-3 所示），

如数据导入工具（Data Transporter 或 Data Importer）、跨系统数据连接器（Data Connector）或可视化构图与建模工具（Graph Maker）等。

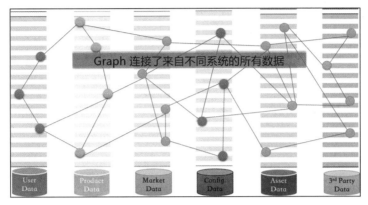

图 7-2　图系统的数据是关联数据

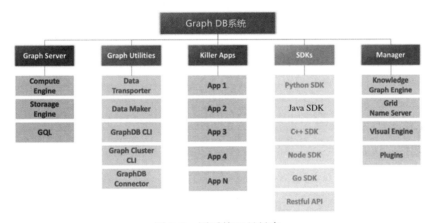

图 7-3　图系统工具链条

上面 3 类工具的工作方式与功能维度各不相同：导入工具（也可以包含数据导出能力）是对已经生成的图数据进行读取、解析操作，并加载进入图系统，它可以分为本地导入或网络导入等不同的模式（网络导入的性能通常低于本地导入）；跨系统数据连接器可以看作更先进的导入工具，它可以直接连接到其他系统（如数据仓库、大数据系统等），读取该系统的数据字段，并在线导入图系统，即连接器可以看作一种网络连接多系统及图系统数据导入工具；可视化构图与建模工具则提供更为强大的跨库数据管理、建模管理工具，特别是可视化的操作流程让数据与模型管理更加便捷。

关于数据建模，我们在前面的章节中多次提及，图系统的数据建模通常有不止一种方式，甚至可以说在多种建模方式中去探寻数据之间的关联关系，可以做到"条条大路通罗马"，然而，每条路到罗马的时间、难度、消耗可能是千差万别的。笔者曾梳理过不同模式的图建模差异，大体分为如下 3 类：

- ❑ 传统的图计算与图数据库系统；
- ❑ 社交图谱（或图数据集）与金融图谱系统；
- ❑ 学术界、理论界图谱与工业界图谱。

把以上 3 组建模方式进行梳理和对比，总结如表 7-1 所示。

表 7-1　静态图计算与动态图数据库

比较矩阵	传统图计算、社交图谱、学术界图数据集	图数据库、金融图谱、工业界图数据集
单边与否	简单图	多边图
同构与否	同构图	异构图
静态与否	静态数据	需要支持动态图
有否属性	无属性或很少携带属性	多属性
数据体量	体量小，或合成的（模拟的）大数据集	一般体量较大
多图与否	单一图（追求单一大图）	多图、多图联动
架构设计	侧重于内存计算	兼顾"计算 + 存储"（数据库）
OLAP、OLTP	线下处理模式为主，或 AP 类系统	AP→TP 或 AP+TP 的趋势
数据导入方式	文件导入	需支持多种导入方式
实时性与否	并不追求实时性	可能会追求实时性、低延迟
是否支持可视化	可视化多用于统计分析	可视化用于提供可解释性并指导业务
行业特征	学术界、社交 SNS	工业界、金融行业、政企等

很明显，工业界的图数据是动态的、异构的，数据实体间的关联性是多样的，哪些数据可以作为实体，哪些可以作为边，甚至哪些可以作为点或边属性都是可以随着业务的需求而变换建模的思路来更好地解决业务的挑战。整体而言，图系统的发展趋势也是由简单图到多边图，由同构向异构，由静态走向支持动态数据，由无属性、单一属性到需要支持多属性，由单一图数据集到多图数据集，由 AP 到 TP……

上面可以视为任何图系统的规划与设计中最核心的理念。图是高维的，它可以采用灵活多样的方式来实现低维（例如二维的 SQL）系统难以企及的功能。

下面用一个具体的例子来说明图建模的灵活性。以金融行业中的建模（构图）为例，账户间的转账网络如图 7-4 所示，以账户为顶点，账户间的转账交易为边，这样账户间的转账交易就形成了一张交易网络。

从图论的角度来看，图 7-4 是一个典型的同构图，但是因为两个账户间可能存在多笔转账交易，所以它应该是个多边图。如果用单边图的模式，则每一笔转账交易需要被设计为一个顶点，外加额外的两条边来关联交易对手双方的账户，如图 7-5 所示。

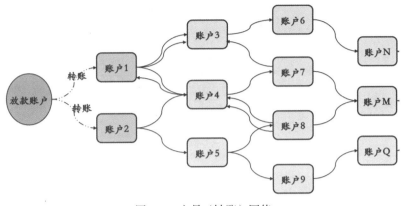

图 7-4 交易（转账）网络

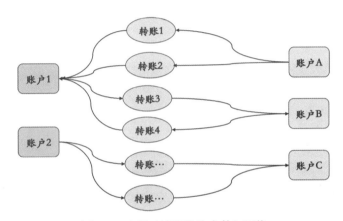

图 7-5 交易（转账设为实体）网络

图 7-4、图 7-5 的转账交易网络也可以引入其他类型的实体，例如 POS 机、商家账户等，以及不同类型的关联关系，例如控股关系、投资关系、隶属关系、亲属关系、供销关系等。这样，上面的建模就变成了异构图（不同类型的实体、不同类型的关系的混搭组合），如图 7-6 所示。

以图 7-6 的异构图数据集为例，借款人是一类实体，它可以有多个属性，例如性别、年龄、账户等级、余额、邮件地址、工作单位、电话号码等。但是也可以有另外一种建模方式，把以上这些属性（部分属性）拆分出来作为实体，就成了一种典型的信贷反欺诈构图方式，如图 7-7 所示。

在图 7-7 中，查询每笔信贷申请（相当于把每笔申请交易作为一个实体）是否存在可量化的风险，就通过它是否与其他信贷交易之间有"高风险"关联关系。两笔信贷申请如果存在多个共同的介绍人、公司、设备、电话号码、邮件等实体，则它们存在欺诈（重复申请）的可能性很高。我们在第 4 章中介绍过的杰卡德相似度算法就可以非常高效地完成这个工作。

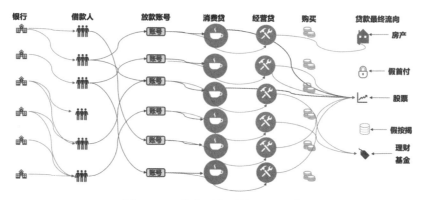

图 7-6 一种典型的异构金融图谱

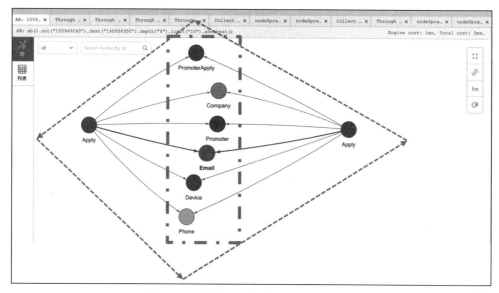

图 7-7 一种典型的信贷反欺诈构图方式

继续以图 7-7 为例，查找两个顶点间的关联关系还可以路径查询来实现，例如环路查询，从一笔信贷申请出发，如果存在多条深度为 4 步的回到其自身的路径（环路），则该申请存在欺诈的风险较高，例如图中所示的每笔申请都存在 15 条深度为 4 的环路（$C_6^2 = 6 \times 5 / 2 = 15$）。

图 7-7 可以看作一种典型的单边图，并且不需要复杂的属性，甚至可以除了 ID 以外不需要任何其他属性。但需要指出的是，单边图是多边图的一种特例，用多边图可以实现单边图的效果，反之则不然。

7.1.2 容量规划

图系统的容量一直是个非常有趣的问题。笔者试图从两个角度来帮助读者厘清并抓住系统容量规划的核心，核心问题解决了，其他问题自然迎刃而解。

- ❏ 受大数据流派影响而追求万亿级图系统；
- ❏ 受传统数据库影响对于数据容量的计数偏差。

受到大数据浪潮的洗礼，很多技术人员在刚开始接触图系统的时候，会很容易把 Hadoop/HDFS 的理念套在图系统上面，并且直接把系统的数据容量预期设置为"万亿"量级，尽管现在手头的数据在可预见的未来连 1 亿都没有。

关于图的容量大小，本质上取决于业务，或者说是真实世界的挑战用何种数据、何种建模方式来解决，而不是能否去构建万亿级图系统。这个问题如果搞反了，一定是本末倒置。如果用 Hadoop（或 Spark）的模式去做图系统，当然可以存储万亿级的数据，我们在前面的章节中已经多次提及相关的议题，然而这种系统能存下数据却未必能完成计算，这才是致命的。换言之，图系统解决的挑战是对多维数据的关联、穿透、下钻和聚合，并在更短的时间、更低的（硬件）资源消耗情况下完成任务，这些任务都是计算驱动的，以计算为核心的。笔者发现业界在近些年有一个趋势，就是在突出存储与计算分离的同时，又忽略了计算的时效性，并且把算力完全等同于底层硬件的罗列、叠加，而忽略了软件能否释放硬件算力的能力！简而言之，没有软件对底层算力的充分并发、充分释放，存得下再多的数据，也是徒劳。图系统首先要解决的是计算，然后再是去匹配与之相符的存储，最终完整的系统一定是缺一不可。

另一方面，万亿的数据集，即便它是真实存在的，如果任何系统把上万亿量级的数据都无差别对待，只有两种可能：

- ❏ 系统的性能很糟糕（低性能）；
- ❏ 系统造价成本极高（高性能）。

前者指的就是 HDFS 模式的系统，而后者则会采用非常昂贵的硬件设备来实现。如果数据集是万亿量级，任何明智的系统架构设计中都会对数据进行分层处理（不仅仅是分片处理，分片不能解决性能瓶颈，对这一点有疑惑的读者可以参考第 5 章）。例如，100 亿的数据是热数据，1000 亿的数据是温数据，9000 亿的数据是冷数据。这样设计的原因是要平衡成本与性能，我们如果可以把所有的数据都塞进内存，其性能可能会高于全部数据都在硬盘上至少 100 倍，但是内存比硬盘贵了很多倍，因此我们只能选择平衡（Spark 系统之所以比 Hadoop 快并且近几年更为流行，除了架构和代码效率提升外，很大一部分原因是内存利用率更高，另一部分是因为内存价格在过去 10 年间逐渐便宜）。图 7-8 示意了这种典型的数据按照热度分层存储的概念。

万亿数据全是热数据，不但不现实，也不符合真实的业务情况，还有一个方面就是这种图的建模、构图一定没有充分的优化。简而言之，很多所谓的千亿、万亿规模图，实际上实体的规模仅有不到 10 亿，大量的实体都应该作为点、边的属性存在，并且大量的边都是"无效边"（有的图数据库仅支持单边图模式，例如两个用户账户之间会存在多笔交易，但是每笔交易无法以边的形式存在，只能用顶点来表达交易，进而需要在交易顶点与账户顶点间形成 2 倍的边，这种单边图就会形成 3 倍数量的点边集合）。即便是在社交网络场景中，以全球最大的社交网络 Facebook 与微信为例，前者用户数多达 30 亿，后者超过 12 亿，如果我们设计一张图的目标是把用户间的每一句话、每一笔转账、每一个红包都作为一条边，那么这张图的确可达万亿级，甚至百万亿级。但是这样构图既不高效，也忽略了图系统的核心价值——对元数据及元数据间所形成的关联网络的价值抽取。什么样的数据能够叫元数据呢（顶点为主，边为辅）？在传统数据库中，那些与主键、外键所对应的数据或可以与之 1：1 匹配的字段，通常可以作为元数据，例如持卡人、SNS 用户（或用户 ID）、账户等。哪些数据没有作为元数据的价值呢？比如一条聊天语句、一段文字、一条语音、一张配图等，这些数据更适合作为辅助数据，例如元数据的属性字段，或者作为时序或列数据进行分库存储，即作为温数据进入可以存储海量数据的列数据库或数据仓库之中，而图系统则作为在线热数据的存储引擎。

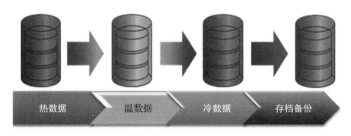

图 7-8　数据存储分层逻辑

目前全球最大的金融机构的用户规模在 3 亿～4 亿量级，账户＋卡号在 10 亿量级，商户 POS 机在千万量级，交易每年在几十亿量级，即便是把电话号码、邮件、亲属关系放入一张图内，这种图也最大就到百亿量级。如果把 10 年的数据都存储，那么我们可以预期这样的图达到了千亿规模。然而，这种思维方式是数仓甚至数湖化的，按照这种存储逻辑，数据一旦入仓、入湖，旋即"沉底"，不大可能作为一种线上系统使用。

如果把上面这个具体例子中的 10 年最多 1000 亿数据分层来提供服务，一种分解思路如下：

- ❏ 第一层：过去 1～3 个月的数据进入线上图系统，数据规模约 10 亿级，支持低延迟、高并发查询操作；
- ❏ 第二层：过去 4～12 个月的数据进入图数仓系统，可以提供向线上系统快速迁移，并进行近实时的批处理操作；
- ❏ 第三层：过去 13～120 个月的数据进入图数湖系统，可以提供向数仓快速迁移及大规模批处理操作。

当然，另一种分解思路是采用图分片或分区的思路，让全部 10 年 1000 亿的数据都进入线上系统，该系统采用大规模水平分布式架构，其规模相当于上面的列表中第一层系统的至少 40～120 倍。显然，这套水平分布式系统搭建与维护的复杂度、成本指数级高于前面数据分层系统搭建的思路。

容量规划的另一个误区，就是对于实际可能需要构建的图的规模的误判。通常都是受到传统的数据库或数仓中的数据在进行多表关联（join）查询时会出现"笛卡尔乘积"问题的影响。笔者曾经在和一家做知识图谱的公司探讨其服务客户的"惊为天人"的图规模时，发现它们把 SQL 数据库中几张表的行数进行了简单的乘积，得到了 432 万亿的图规模，而实际上，它的实体只有不到 2 万个，其中包含 4000 家公司、3000 个财务指标、跨度 30 年（120 个季度）、30 个行业、10 000 个高管，把这些全都相乘得出 432 万亿这样一个"天文数字"。真正惊人的是，这些实体间如果全部关联可以产生万亿级别的关系，如果通过多步的深度关联，甚至可以产生无穷多的（路径）关系。把这种图算作万亿级图，可以算是一种典型的无中生有了。

我们总结一下图系统的容量规划的要旨：

1）根据你的实际业务需求来定夺到底哪些数据适合作为实体，哪些作为关系，哪些作为属性；

2）以上这些在不同的场景下不是一成不变的，是可以相互转换的；

3）图的容量规划为，以现今的数据量级（点和边的实际数量）乘以 $(1 + g\%)^N$，其中 $g\%$ 为预计每年的数据量增长百分比，N 为预计该系统的服务年限。

如果 1 套系统预计服务 10 年，每年有 20% 的数据增长，第一年有 1 亿的数据量，10 年后有大约 5 亿数据。实际上，绝大多数客户并没能达到亿级的数据量，那么规划万亿级图系统听起来有些好高骛远——能存与能算并且能以较低的成本完成运算是个挑战拾级而上的问题，而实际现有市场上的号称支持万亿级图系统解决方案的架构还在以数仓为中心的思路构建——管存不管算。

不能支持深度计算的图系统没有其存在的合理性，因为图颠覆传统的要素之一就是可以进行深度的下钻、穿透、关联分析。无深度，不成图！

7.2 评测图系统

图系统的评测是验证系统功能与能力很重要的一环。一般而言有三大评测途径：自评、偏学术（公益、标准化）类型组织的评测和工业界的内部评测。

自评是每一个图系统构建者一定需要反复进行的工作，只有经过全面的自评才能查漏补缺、知己知彼，不过因为缺乏第三方的检验，很多自评结果容易受到质疑，如准确性、公平性、全面性等；学术类型组织的评测在海外有 LDBC（Linked-Data Benchmark Council）、加州大学伯克利分校的 GAP Benchmark 等机构，在国内有大数据信通院等机构；

工业界的内部图系统评测，一般称之为 POC 测试。

以上 3 类评测的方法论、具体步骤和关注点各不相同。本节旨在向读者介绍它们之间的共性，以及各自的特性。

一套完整的图系统评测体系至少包含 4 方面的测试：功能性测试、压力测试、接口测试和二次开发测试。其中，接口测试与二次开发测试也可看作是功能性测试的子集，把它们单列是因为兼顾到不同维度的侧重点。功能性测试又可细分为如下子项：

- ❏ 数据导入测试。
- ❏ 元数据操作测试（增、删、改、查），包括批量测试和单条测试。
- ❏ 图查询操作测试，包括路径查询、K 邻查询、模板查询、变量计算及其他复杂查询。
- ❏ 图算法测试，包括通用图算法和复杂图算法。
- ❏ API/SDK 测试。
- ❏ 工具测试，包括可视化工具和数据处理工具。
- ❏ 压力测试。覆盖以上所有细分功能在不同负载（并发规模、任务复杂度）情况下的系统表现（资源消耗情况、稳定性、一致性等）。

本节详细介绍在评测过程中比较重要的 3 个部分：评测环境、评测内容和正确性验证。

7.2.1 评测环境

评测环境可以简单地分为硬件环境和软件环境两个部分。前者覆盖的范畴包括服务器资源、网络资源、网络存储环境、虚拟化环境等，如表 7-2 所示。

表 7-2 常见的图系统 POC 硬件环境

类　别	配　置	IP
服务器	数量：3 CPU：Intel 32 vCPU（16 核） 内存：256GB 硬盘：1.2TB * 2（raid） 网卡：10Gbit/s	3 台服务器 IP 地址应分配在同一网段之内，例如：192.168.*.*、192.168.*.*、192.168.*.*
网络通信	万兆网	≥5Gbit/s
网络存储	NAS（挂载网盘）	或其他网络存储架构

在表 7-2 中采用的是典型的基于 X86 的硬件环境，某些图系统可能会采用基于 RISC 指令集架构的，例如 ARM 处理器，或者是同样基于 RISC 的源自 IBM 的 Power ISA 架构，甚至是图形处理器 GPU 的定制化基于矩阵运算的图系统。需要指出的是，依托这 3 种架构实现的图系统颇为少见，它们的通用性与能力还有待时间与市场检验，也因此并不在本书的覆盖范畴内。

值得指出的是，如图 7-9 所示，在超级计算机的前 500 位系统中，96% 以上（481 套系统）采用的是 X86 体系架构，然而在 2021 年 11 月公布的最新榜单中，排名第一的是一套日本公司基于 ARM 架构搭建的系统，排名第二、第三的则是两所美国实验室基于 Power 架构搭建的系统，排名第四的是中国的神威·太湖之光系统，根据公开资料显示，其采用的是一种类似于 Power 的 RISC 架构，排名第六位的则是 nVidia 公司的系统，它采用了 X86+GPU 的异构混合模式，通过 GPU 的高并发能力来对 X86 进行加速。当然，榜单后面几乎所有的系统都采用的是 X86 的架构，即基于 Intel 或 AMD 的 64 位 CPU 的系统实现。

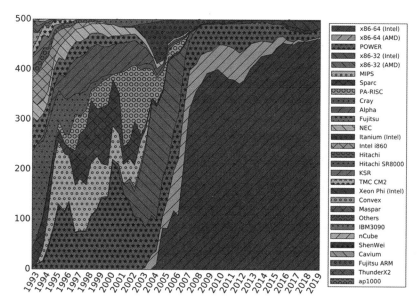

图 7-9　超级计算机（Top500）的中央处理器选型变化趋势

软件系统因为构建在硬件环境之上，通常会由图系统根据其所需的运行环境、开发环境和测试环境来自行搭建。各家软件的依赖栈、调用方式、版本命名、配置参数和对系统资源的消耗方式各不相同，因此软件环境中通常更多地关注一些基础类别的软件，如表 7-3 所示。

以超级计算机的系统为例，如图 7-10 所示，自 2017 年底至今全部的上榜系统都是基于 Linux 内核实现的，由此可见，图系统的评测基本上会基于 Linux 操作系统。当然，随着虚拟化、容器化等技术的普及，即便是在其他类型的操作系统环境上，也可以比较便捷地嵌入图系统。

表 7-3　常见的图系统测试软件环境

类　别	配　置	备　注
操作系统	Centos 7.5 中标麒麟 7.4	

(续)

类 别	配 置	备 注
虚拟环境	VMW ESX（类型 I Hypervisor） Linux KVM Hypervisor	在某些评测环境中会把虚拟机监控器（Hypervisor）作为硬件环境，特别是类型 I
容器环境	Docker 19.x+	
其他软件	各家自行制定所需的编译环境、运行环境等	
接口方式	数据导入格式及方式、导出方式、API 及 SDK 调用方式等	

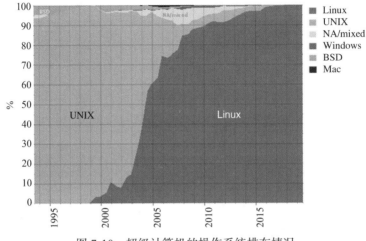

图 7-10 超级计算机的操作系统排布情况

在测试的过程中，也有可能需要提供完整的第三方软件使用列表，并视安全合规的需要提供安全漏洞扫描报告。相关内容已超出本书需要覆盖的范畴，在此不予展开。

在多数的评测中，测试环境的软件和硬件配置在很大程度上取决于待测试数据集，特别是一些硬件指标和数据集直接相关，例如小数据集只需要低配的服务器甚至纯虚拟机环境即可，而大数据集则通常对于硬件的配置要求更高。尽管在下一节中我们会在数据加载部分介绍与数据集的特征相关的内容，但为了完整起见，在本节中，我们就把一些典型的测试数据集的内容梳理出来，以供读者参考。

测试数据集一般分为两种风格。

❑ 学术风格：含社交 SNS 图集、Web 网络数据集、路网信息数据集、人工合成数据集等；

❑ 工业风格：知识图谱类、金融图谱类、交易网络类、信贷反欺诈类、自然语言处理 NLP 数据集、通用图谱类等。

学术风格的数据集一般属于简单图、同构、点边无属性的范畴。这类数据集都是从 20 世纪的图论、运筹学、路径规划、社会心理学、SNS 社交网络、NLP 研究出发演变而来的。

工业界的数据集则出现要晚得多，多半都是最近 10 年才开始崭露头角，一般都是多边图、异构、点边自带属性。金融行业的交易网络、知识图谱都是常见的工业级图数据集。

两类图数据集的对比如表 7-4 所示。

表 7-4　两类数据集的对比

对比类别	学术派、社交网络典型测试数据集	工业界典型 POC 数据集
超小数据集 （万级）	各类人造数据集（点＜10 000） 多用于发表论文和证明算法	非常少见
小数据集 （百万级）	AMZ 数据集（点边：约 400 万）	例如 NLP 数据集、中小银行的信贷数据集
中型数据集 （千万级）	Graph500（点边：约 7000 万） 美国路网数据集（8000 万）	Alimama（点边：1.05 亿） 大型银行的信贷、风控类数据集等
大型数据集 （十亿级）	Twitter（点边：约 15 亿） GAP-Web（20 亿）、GAP-Kron（22 亿）、Urand（23 亿）	工商图谱（3 亿～10 亿量级）、大型银行 交易数据集（3 个月、10 亿量级）
超大型数据集 （＞30 亿）	合成数据集，例如对 Graph500 进行 100 倍的扩增	大型银行长期交易数据集（约 100 亿）、 各类监管指标计量数据集（100 亿～1000 亿）

注：LDBC 测试数据集介于表 7-4 中两类数据集之间，目前为止的测试内容偏重 SNB 类型测试数据和场景，即社交网络评测（social network benchmarks）。随着近年来以金融行业为代表的工业界的图数据测试需求快速增长，LDBC 董事会也在筹划推出金融服务行业评测标准（financial services benchmarks），2022 年会有更详细的内容发布。

虽然在表 7-4 中采用数据集的大小来划分测试的分级，但是图数据的测试复杂度并不与全量数据的大小成正比。这也是图系统区别于传统数据库系统最核心的地方。在前面的章节中对此有过解释，在这里再次重申，图系统中的每个操作的（平均）复杂度取决于：

- ❑ 图数据集的拓扑结构，例如点边比（通常用 E/N 来表示，其中 E 为全部边的数量，N 为顶点的数量），是否存在自环、环路等复杂的拓扑结构，联通分量的多少等；
- ❑ 具体的被查询的数据的出入度情况，例如它的出边与入边数量、1 度邻居、2 度邻居、3 度邻居……依此类推；
- ❑ 只有那些对全图的数据做某种聚合统计类操作的复杂度才与全局数据量成正比，而这类操作在图系统中属于元数据操作类型——可以说，如果仅仅是这类操作，传统数据库也可以解决。

图的拓扑结构是决定算法复杂度的最核心要素，它和全量数据大小无关，而是取决于图数据的联通性特质。有的图看似数量级很大，但是非常"稀疏"（点边比），计算复杂度低；有的图点边数量很小，但是密度很高，计算复杂度很高；还有的图的联通分量很多，每个联通分量都是一张独立的子图，网络化的查询的复杂度则直接取决于当前联通分量的拓扑结构。

有鉴于此，我们在制订评测计划的时候，并不需要盲目地或仅限于使用大数据集来测试某一款图系统的性能。下面举两个例子：

❑ 很多时候，只要用中小型数据集就足以快速地实现评估。例如在 AMZ 数据集中（约 40 万顶点、340 万边），随机访问任一顶点，查找其深度为 1 步的全部去重邻居数据集（统计数量，并返回全部结果集），并逐级加大搜索深度到 2 步、3 步、5 步、8 步、10 步、15 步，直至没有返回结果为 0（空数据集，表示在当前出发顶点所在的联通分量中，已经遍历完全部顶点，或已找到从当前出发顶点遍历的最大深度）或无法在限定时间内返回结果，即可测试出任何一款图系统的深度遍历、穿透与下钻的能力。

❑ 在一些全量全国工商图谱上，规模到了 10 亿量级，从任何一家公司或董监高（上市公司的董事、监事和高级管理人员）节点出发查找它们的关联、控股路径，如果是完全无过滤的暴力计算，它们可能会在 10 层后关联数以千万计的其他实体，然而对于智能化的图系统而言，带过滤的查询才更能体现系统的能力——例如通过过滤点、边的属性和设定一些阈值来精准地查询某公司对外的投资网络、持股路径或其最终受益人。过滤的过程在图系统中就是进行动态剪枝的过程，虽然表面上看有数以千万级的关联实体，但是真正有效的"目标实体"可能只有 1 个、10 个、1000 个，而如何高效地找到这些实体及其关联路径的能力，才是我们评测一款图系统的正确打开方式。而不是像某些 AI 训练系统一样，通过无休止的计算来获得看似正确，却无法解释的结果。

❑ 大体量的数据集适合验证图系统在面向全量数据时的处理能力，但是并不能检验其深度查询的能力，例如：

 ○ 图算法时耗、回写能力，与数据量成正比；

 ○ 增量数据的处理能力（插入、删除等），可以检测随着数据量增大，这些操作的时耗变化范围（恒定为最优，亚线性增长其次，线性增长则堪忧，依此类推）；

 ○ 路径查询、K 邻查询等操作则与数据量不完全相关（dataset size agnostic）。

7.2.2 评测内容

图系统评测内容并没有所谓的标准答案，但是会有一些典型的测试内容及流程，本节主要向读者介绍这些内容与具体步骤，以供借鉴。

评测内容一般可分为 9 个部分：构图（建模）能力；数据的导入、导出能力；元数据处理能力；深度查询能力；图算法能力；二次开发支持；可视化支持；系统安全性；运维支持能力。

关于构图能力，评测主要关注以下几点：

❑ 图数据库建模能力、建模复杂度、灵活性等；

❑ 建模是否能直观、便捷地反映业务需求；

❑ 从数据源到按照建模的规则生成图数据的时耗、复杂度、资源消耗情况；

❑ 是否支持可视化建模工具、可扩展性，是否支持多种建模方式等。

关于图系统建模有一点非常重要，很多人把建模的能力作为一种秘密武器，认为图的模型不应该公开，笔者认为这个思路非常不可取。模型如果黑盒化、不透明、不可解释，最终伤害的一定是所有人，而且会重走基于深度学习、神经元网络的第二代人工智能系统的老路。作为第三代人工智能代表的图系统的核心就是图增强智能、白盒化与可解释性，建模过程完全可以透明化。另外，图系统也不需要追求算法垄断，作为一种通用的底层系统，它向客户提供的应该是优越的算力、白盒化的算法，而不是黑盒化的模型和算法。

以行业数据应用为例，一种是固定模式构图，即需求方提出具体的构图方式，图系统来实现并满足；另一种是灵活构图，即客户描述业务场景，由图系统运维服务方来设计构图模式。下面分别看一下这两种模式的构图测试内容。

模式 1：固定模式构图。

以某交易数据集为例，如表 7-5 所示，构图需求非常明确，其中点、边数据都已经生成，可以直接通过被评测的图系统能否满足相应的构图需求，并比较多套系统最终实现的效果来进行评判打分。

表 7-5　固定模式构图需求

需求编号	要求描述、文件名	备　注
0	节点为交易发生方 ID（卡号），边为交易，边的属性作为该业务场景各个查询的条件	边属性至少包括交易时间、交易金额等；要求在网络化查询或图算法中应用属性过滤
1	数据量：12 亿 点：2 亿 边：10 亿	对应文件大小：110GB 点及属性：20GB 边及属性：90GB
2	数据文件服务器地址	192.168.××.×××
3	数据文件目录	/var/data/POC2021-12/
4	点文件：account.csv	点（实体）：卡号
5	边文件：transaction.csv	边（关系）：交易，每笔交易对手双方的先后顺序 A、B 表示：卡（A）支付给卡（B）

和构图相关的评判细则，主要关注以下几点：

❑ 是否 100% 与需求吻合；

❑ 建模过程和步骤的简易程度（工具使用简单，步骤越少，速度越快得分越高）；

❑ 源数据大小与入库后大小比较（数据膨胀系数、膨胀比率）；

❑ 当前图系统是否提供其他有益的功能。

模式 2：灵活构图。

如果评测方不对具体的构图模式做出限定，而只是描述应用层的业务需求，那么任何图系统完全可以自由发挥。尽管对于某一个具体的业务场景而言，一种构图方式可能会明显优于另一种构图，特别是从资源占用、时效性、系统稳定性维度来评测——一般称最优的那种构图方式为"最佳实践"（best practice）。很多时候，POC 和评测的过程也是寻找最佳实践的过程。

在第 6 章的图场景以及本章的图 7-6、图 7-7 中，我们介绍过灵活构图的可能性。需要指出的是，异构图与多边图的能力可以看作同构图与单边图的超集，前者可以向后兼容，而后者则没有办法向前兼容。换句话说，支持异构、多边图的系统的"构图"能力是超越同构或单边图系统的。

表 7-6 列出了一种典型的异构数据构图需求，区别于表 7-5 中明确的点、边分配模式，表 7-6 只是在前置条件部分陈述了现有的源数据情况，以及预期结果和评测标准，具体的构图方式完全由图系统的架构师来决定。

表 7-6　非固定模式构图测试需求

测试项目	异构数据加载成图
测试目的	考查异构数据，包含多种类型点、边的混合模式图数据的建模以及加载生成图的能力，并评估加载的数据大小（空间占用）、加载速度、加载时间
前置条件	1. 测试加载使用的数据为企业股权及任职数据 2. 企业实体与股东 - 监事 - 高管实体约 2 亿；供应链上企业约 200 万；部分担保信息；企业账户间的转账信息等，其他数据略
预期结果	股权（投资）数据与供应链条全部加载入图，并能够推导计算某企业的全部股东及股份占比情况，或者从某自然人或企业出发探索其投资网络或上游投资人及量化股比；可以查出最终受益人、实控人，发现是否存在交叉持股、违规利益输送等合规问题
评测标准	1. 不能加载所要求的数据，本项不得分 2. 通过加载数据时间与大小排名，酌情给分 3. 通过股权穿透深度与时间加权排名，酌情给分

虽然现在已经知道像这种类似于工商图谱的数据集应该用边来直观地表达每一笔投资（股权）的关系、转账关系、担保关系或供销关系，但是我们的确看到过有一些系统把交易通过顶点（以及看起来非常冗余的一对衔接边）来表达。前者的优点在于直观、计算复杂度低，后者则需要更复杂的（低效）计算模式来完成类似的工作。在图系统甚至任何数据库系统或大数据框架的体系架构迭代过程中，类似走弯路的例子比比皆是。

接下来需要评测系统的数据接入能力，通常评测如下几个方面：

❑ 多源数据接入、多格式数据接入能力；

❑ 海量数据的导入加载能力；

❑ 数据输出能力。

在 7.1 节中介绍的数据导入（导出）工具、跨数据库连接器和图建模工具就可以在数据接入评测中派上用场了。表 7-7 列出了一种典型的数据导入测试需求，表 7-8 则列出了较可能的数据输出评测需求。

表 7-7　多源数据接入评测需求

测试项目	多源数据接入
测试目的	图系统需要将各类不同的数据文件加载到图数据库，考查数据的接入能力：是否支持不同类型数据格式无缝接入（导入）图数据库，以灵活应对不同的数据输入场景
前置条件	源数据集（数据导出方）：由评测发起方定义 接入方式：由厂商自定义数据接入场景
预期结果	能够支持至少 3 种不同数据格式接入，例如： ❑ 文件接入（如 CSV） ❑ Hive 接入 ❑ Spark 接入 ❑ SQL 数据库接入 ❑ 图数据库系统对接 ❑ 是否支持通过 API/SDK 调用的小批量导入、增量导入数据、逐条导入数据 ❑ 是否支持可视化数据接入
评测标准	1. 本项测试通过酌情给分，测试不通过得 0 分 2. 用户体验好（操作便捷、速度快、系统稳定），酌情加分

表 7-8　数据输出（导出）评测需求

测试项目	多种数据输出方式
测试目的	考查是否支持不同类型的数据输出（导出）方式
前置条件	由被测试方（图系统构建者）自定义数据输出场景
预期结果	能够支持至少 3 种不同数据输出访问方式，例如： ❑ 导出文件，如 CSV ❑ 导出到 SQL 兼容数据库 ❑ 导出到其他类型数据库或大数据系统 ❑ 是否支持通过 API/SDK 调用批量导出数据、增量导出数据、逐条导出数据 ❑ 是否支持可视化数据输出
评测标准	1. 本项测试通过酌情给分，测试不通过得 0 分 2. 用户体验好（操作便捷、速度快、系统稳定），酌情加分

在数据接入部分，还可能测试当前图系统的数据加载边界，即在当前软硬件条件下，探索系统可以存储及计算的最大数据量。这样的测试并不常见，一般存在于内部测试中，对于图系统的开发者而言，需要以第一手的方式了解和评估自己构建的系统的存储容量与计算能力的上限。

需要指出的是，对于最大可加载数据的测试（表 7-9），有几个要点需要关注：

❑ 极限测试可以帮助发现当前系统的存储极限，并为架构优化提供思路，例如通过进行架构优化（特别是在分布式架构中对于分片逻辑、数据备份、日志、中间数据的优化)、数据结构的优化、数据压缩、缓存优化等,可以在同样的硬件条件下,更高效地存储更多数据,形成实际单位价格(平均价格)更低廉的图数据存储;

❑ 海量数据的加载会暴露数据加载(入库)中存在的一些问题,例如并发规模不够、缓存查询效率快速变差,以及其他数据库设计缺陷——在小规模数据量级中可能无法发现类似问题;

❑ 理论上,底层硬件的配置限定了实际可存储数据的最大数量,例如,每张 1TB 的硬盘实际可存储的数据不应超过 50%,至少还要预留一定的存储空间给缓存数据、增量数据。在极限测试中,各项指标都在承压,这时也是发现系统边界的最佳时刻,例如插入 1 亿点边的挑战和 10 亿、100 亿的时候,会从量变产生质变,承压后的系统也可能会发生各种类似于 OOM(内存溢出)等导致系统快速宕机的问题,而这也是设计和开发任何具备高稳定性的系统必须经过的磨炼。

表 7-9 海量数据加载需求(极限测试、压力测试)

测试项目	海量数据加载成图
测试目的	图数据库的实际应用场景需要把海量的数据(如全量交易流水数据)加载到图数据库,考查是否具备海量数据的加载、处理、分析、应用和管理能力,测试指标包括支持加载的数据量、加载时间
前置条件	1. 测试加载使用的数据为交易流水数据,数据量为 2 亿~3 亿每日,以日为单位加载入图,最多有 2 年(730)日数据,即约 1000 亿条流水 2. 测试数据准备完毕(点边文件已经准备完毕),可分批次按需加载
预期结果	1. 数据可正确加载生成图; 2. 可加载不少于 30 天(或根据需求和具体的硬件指标调配天数)的数据集 3. 可以进行正常的图查询(限定每类操作的预期的平均时耗、最大时耗、并发规模等)
评测标准	1. 不能加载所要求的最低数据,本项不得分 2. 通过加载数据单位时间数据量、最大加载以及图查询时延进行综合打分排名(具体打分逻辑,根据业务痛点和需求酌情组合)

元数据处理类操作是图系统中最基础的操作,主要集中在对点、边及其属性的增、删、改、查等操作。区别与传统数据库系统,图系统中也会面向点的出入度作为变量进行计算,例如查询到全图中所有度在某个区间的顶点并进行增、删、改等操作。表 7-10 中的测试内容围绕批量处理元数据展开,可视作对日常业务场景的一种有效模拟。

表 7-10 元数据评测需求

测试项目	海量数据加载成图
测试目的	测试当前图系统对元数据的处理能力,评估存储空间占用、处理时效性,包括总处理时间、平均每个元数据的处理时间等指标
数据特征	1. 测试加载使用的数据为异构交易类型数据,数据量为 10 亿 2. 点的 schema 含有包括类型在内的 20 个属性

（续）

测试项目	海量数据加载成图
数据特征	3. 边的 schema 含有包括起点、终点、类型、时间戳等属性字段在内的 30 个属性 4. 数据可正确加载生成图
测试内容	1. 增量插入 1 000 万条边 2. 批量更新点属性（创建新属性） 3. 批量更新边属性（创建新属性） 4. 更新指定度区间的顶点的某个属性字段 5. 删除符合顶点属性为某值（及区间值）的全部顶点及其关联的边
评测标准	1. 能否完成以上各项测试内容，逐项打分 2. 根据业务需求设定不同时耗的得分区间

深度查询是图系统最具特色，也是其区别于其他全部数据库系统和大数据框架最主要的地方。相关查询操作的评测在不同的领域有不同的着眼点，例如在 GAP 测试中把所有的查询都以图算法的方式呈现，包括广度优先查询也被视作一种算法。本书把深度查询分为如下几类进行更有针对性的评测，而图算法相关的评测作为相对独立的一大类单列。

深度查询评测场景分类如下：

1）K 邻查询（统计 K 度邻居）。

2）路径查询，分为广度优先查询、询深度优先查询、环路查询、组网查询。其中广度优先查询又分为最短路径查询、全路径查询和展开查询。

3）模板查询，分为模板 K 邻和模板路径。

4）更为复杂的组合查询，分为基于全文搜索的路径或 K 邻查询、多点到多点复杂路径查询等。

以上各类场景的划分并非严格按照某种非此即彼的关系，任何一种评测因为时间和投入成本等限制都无法覆盖全部的场景，但是可以有代表性地说明图系统可以完成的很多复杂工作的程度。表 7-11～表 7-16 分别列出了如下几类典型深度查询的测试场景与需求。

❏ 多度邻居查询（BFS 搜索），见表 7-11。

❏ 广度优先查询（BFS），见表 7-12。

❏ 最短路径查询（BFS），见表 7-13。

❏ 深度优先路径查询（DFS 搜索），见表 7-14。

❏ 复杂组合查询（深度链路查询），见表 7-15。

❏ 环路查询（DFS），见表 7-16。

表 7-11 多度邻居查询

测试项目	深度优先组合查询
测试目的	考查图系统在海量数据与批处理条件下的深度查询能力，基于加载的图数据运行 K 邻查询，验证查询返回结果是否正确并统计耗时

（续）

测试项目	深度优先组合查询
前置条件	1. 测试数据准备完毕，图系统中已加载资金交易流水数据 2. 提供 1 000 万顶点作为本查询起始顶点集
测试内容	1. 统计 1 000 万顶点的 2 度邻居（不包含小于 2 度的邻居） 2. 统计 100 万顶点的 3 度邻居（返回结果预期同上） 3. 统计 10 万顶点的 4 度邻居 4. 统计 10 万顶点的 5 度邻居 5. 统计 1 万顶点的最大度邻居
评测标准	1. 不支持该查询的，过程中出现系统故障或返回结果不正确的，本项不得分 2. 通过响应时间排名，酌情给分 3. 返回结果集中如出现正确结果但存在重复数据（ID）或第 K 层结果集中出现其他层顶点 ID，表明结果不正确，酌情扣分

表 7-12　广度优先查询（工商图谱）

测试项目	异构图中的广度优先查询
测试目的	考查多类型实体形成的异构混合关系图谱中的广度优先查询的功能及性能。指定一类顶点（人员或企业），查询其深度 1～20 步关联的全部人员及企业，关联类型包括投资、股东及任职等关系，验证查询返回结果是否正确并统计耗时（总耗时、平均耗时、最大耗时、最小耗时）
测试内容	1. 加载使用工商图谱数据（测试需求方提供），图数据库正常工作 2. 指定【查询 1】的数据条件 （1）人员列表 ❏ 名字：雷布斯、王不是、王晓晓、李不是 ❏ UUID：ABCDEFGHI、BCDEGHIJK、ABDCNNDFG （2）查询如下深度和过滤逻辑的关系 ❏ 1 层：全部关系 ❏ 2 层：全部关系 ❏ 3 层：全部关系 ❏ 5 层：全部或单向关系 ❏ 10 层：单向关系（出或入） ❏ 15 层：单向关系（出或入） ❏ 20 层：单向关系（出或入） 3. 指定【查询 2】的数据条件 ❏ 企业列表：XXX 投资有限公司、YYY 公司、ZZZ 公司 ❏ 企业 UUIDs：CBDA、CXYZ、YYDS ❏ 查询关系逻辑同【查询 1】
预期结果	查询结果正确
评测标准	1. 不支持该查询的或返回结果不正确的，本项不得分 2. 部分查询因图系统资源消耗过大而导致无法返回、宕机的，记录并酌情扣分 3. 通过响应时间排名，酌情给分

表 7-13　最短关联路径查询（工商图谱）

测试项目	最短关联路径查询
测试目的	考查多类型实体与边构成的混合关系构图谱中的任意两个实体间的最短路径查询能力。指定两个节点（人员或企业的组合对），查询其连通的最短关系路径，关联类型包括股东、任职、供销、亲属等，验证查询返回结果是否正确并统计耗时，耗时统计逻辑同表 7-12

（续）

测试项目	最短关联路径查询
前置条件 与测试内容	1. 成功加载使用工商图谱数据 2. 指定的查询初始数据条件 ❑ 起点列表：企业 A 名称或 ID ❑ 终点列表：企业 B 名称或 ID（与起点一一对应） ❑ 查询深度：查询 6 度（含）以内的关联最短路径 ❑ 查询方向：双向（忽略方向）
预期结果	查询结果正确
评测标准	1. 不支持该查询的或返回结果不正确的，本项不得分 2. 查询过程中如出现图系统故障、宕机等导致无法返回，酌情扣分 3. 通过响应时间排名，酌情给分

表 7-14　深度优先（路径）查询

测试项目	深度优先路径查询
测试目的	基于加载的图数据运行深度优先路径算法，指定符合条件的某类交易方（ID 列表或卡号集合），查询从该交易方出发所形成的交易链路（多条路径），验证查询返回结果是否正确并统计耗时
测试内容	1. 测试数据准备完毕，加载使用的数据为资金交易流水数据 2. 查询逻辑条件 ❑ 从每个符合条件的交易账户出发，沿交易流水边进行上下游查询（每条路径有确定一致的交易方向） ❑ 返回结果路径中各笔交易的时间呈现沿路径递增关系 ❑ 返回结果路径中前后 2 笔的交易金额波动应在 ±10% 之内 ❑ 查询深度不大于 10 层 ❑ 正向查询：方向为下游（转出），则路径步间时序为递增 ❑ 反向查询：方向为上游（转入），则路径步间时序为递减 3. 指定的数据筛选条件 卡号列表为：XXXX、YYYY、ZZZZ、AAAA、BBBB……
预期结果	查询结果正确
评测标准	1. 不支持该查询的或返回结果不正确的，本项不得分 2. 通过响应时间排名，酌情给分

表 7-15　复杂组合路径查询测试需求

测试项目	复杂组合路径（子网）查询
测试目的	基于加载的图数据运行复杂逻辑条件下的路径查询能力，指定符合某类条件（时间、地点、数额、交易方向等）的交易，查询该类交易出入方向的完整传导子图（多链路），验证查询返回结果是否正确并统计耗时
测试需求	1. 测试数据准备完毕，加载使用的数据为上一步要求的资金交易流水数据 2. 查询逻辑条件 ❑ 结果链路中各笔的交易时间与指定数据条件的时间呈现时序递增关系，每相邻的上下游之间的两笔交易时间差小于 24h ❑ 链路中各笔交易金额波动在 ±10% 以内

（续）

测试项目	复杂组合路径（子网）查询
测试需求	❑ 链路中允许多笔交易拆分组合：例如一笔 100 万的交易的下游链路上有 3 笔，可能为 30 万、30 万、40 万，其中的 30 万再往下游可能分为 10 万、15 万、5 万；当发生多笔组合时，多笔之间的交易时间差小于 10h；参与组合计算的交易金额也遵循波动在 ±10% 范围之内的原则 ❑ 资金连续移动方向为下游（右） ❑ 查询深度不大于 10 层 3. 指定 N 笔交易的数据条件： ❑（可选）起始顶点的卡号列表：XXXX ❑（可选）终止顶点的卡号列表：YYYY ❑ 交易时间：2021-××-××—2022-××-×× ❑ 交易金额区间：>10 000 元
评测标准	1. 不支持该查询的或返回结果不正确的，本项不得分 2. 通过响应时间排名，酌情给分

表 7-16　环路查询（深度优先）

测试项目	环路查询（DFS）
测试目的	基于加载的图数据运行深度优先查询中一种特殊的逻辑——环路，指定某一类出发点（如交易发起方或接收方的 ID 列表或卡号、账号），找到从每个出发点出发形成回环的链路，验证查询返回结果是否正确并统计单个环路耗时、平均耗时、最大耗时、最小耗时及总耗时
测试内容	1. 完成加载的资金流水图数据 2. 查询逻辑条件 ❑ 路径起点即终点，如 A→B→C→D→E→F→G→A ❑ 路径中各笔交易时间沿路径递增 ❑ 路径中前后两笔相邻交易金额波动在 ±20% 之间 ❑ 查询深度不大于 10 层 ❑ 查询方向为下游（向外）时，时序递增 ❑（反向查询）查询方向为上游（向内）时，时序递减 3. 指定的数据筛选条件 卡号列表此处略去
预期结果	查询结果正确
评测标准	1. 不支持该查询的或返回结果不正确的，本项不得分 2. 通过响应时间排名，酌情给分

　　图系统对于二次开发的支持也是非常重要的一种能力，例如可编程接口（API/SDK）的支持能力，自定义模型开发支持、定制化算法支持等。表 7-17 列出了一种典型的简单客制化（也就是自定义）模型开发能力的测试需求。

表 7-17　模型开发（二次开发）能力评测

测试项目	自定义模型开发能力
测试目的	采用业务和技术相结合的方式，考查快速响应个性化业务需求的能力，具备自定义模型、函数的开发能力，并能体现出当前图系统围绕着图建模、可编程等二次开发的可扩展性

（续）

测试项目	自定义模型开发能力
前置条件 与测试内容	1. 以工商图谱为例，已成功加载该图谱 2. 查询指定公司的前 10 大股东信息，或任何持股比例大于等于 1% 的全部股东信息 3. 查询起始条件 ❑ 查询起点 1：XXX 股份有限公司 ❑ 查询起点 2：YYY 科技集团股份有限公司 ❑ 查询起点 3：ZZZ 金融科技有限公司 ❑ 查询起点 4：ZZZ 投资有限公司
预期结果	实现以上所需功能，且查询结果正确
评测标准	1. 本项测试通过酌情给分，不通过得 0 分 2. 通过响应时间排名，酌情给分

图算法是图系统评测中占比仅次于深度查询的一类。目前已知的全球范围内的图系统生产厂家、第三方评测机构和企业级客户对于图算法相关的评测内容主要分为如下几类：

1）自评、学术界、第三方机构：BFS（广度优先算法）、CC（联通分量算法）、PR（网页排序算法）、BC（中介中心性）、TC（三角形计算）、SSSP（单源最短路径）和 LPA（经典标签传播算法）。

2）工业界（区别于以上算法）：全图出入度计算、相似度算法、增强 LPA、鲁汶社区算法、随机游走及图嵌入算法、变量计算。

在第 4 章中已经详细介绍过每一类图算法的逻辑和应用场景，这里以 GAP 测试标准、增强 LPA（表 7-18）及 Node2Vec（表 7-19）算法为例来介绍图算法评测的一些要点。

在 GAP 的评测中，采用了 6 个算法（BFS、CC、PR、BC、TC、SSSP）与 5 个数据集（Web、Twitter、Road、Kron、Urand），并比较每个参与评测系统在各个算法多次运行后的平均耗时。GAP 具有强烈的学术背景，它忽略了对工业界中一些重要指标的关注，例如忽略数据加载时间，忽略了对于动态数据的处理（仅能处理静态数据），忽略了存储持久化需要（全部数据均采用内存中连续存储）等。另一方面，GAP 也有很多值得工业界系统借鉴的地方，例如高并发架构设计、内存计算优化、低延时的图遍历算法逻辑等。在下一节中会对 GAP 评测的真实结果做一些分析和可能的优化建议。

表 7-18 图算法能力评测（增强 LPA）

测试项目	图算法能力
测试目的	采用业务和技术相结合的方式，考查当前图系统对于增强 LPA 算法的支持
前置条件 与测试内容	评测方指定同构（或异构）图数据集——数据规模 16 亿，其中点 6 亿、边 10 亿，各携带多个属性（全部属性字段约 300 亿） 图算法逻辑如下： ❑ 随机选取图中全图度的值为 [1, 20] 的 1 万个节点，设置名称为 labelX 的属性字段的值为"1"；随机选取图中全图度的值为 [21, 40] 的 1 万个节点，设置 labelX 的值为"2"；随机选取图中全图度的值为 [41, 60] 的 1 万个节点，设置 labelX 的值为"3"；随机选取图中全图度的值为 [61, 80] 的 1 万个节点，设置 labelX 的值为"4"；随机选取图中全图度的值为 [81, 100] 的 1 万个节点，设置 labelX 的值为"5"；随机选取图中全图度的值为 [101, +∞] 的 1 万个节点，设置 labelX 的值为"6"

（续）

测试项目	图算法能力
前置条件 与测试内容	❑ 以这 6 万节点为起点进行 5 轮标签传播，为每个顶点保留 Top-3 个标签值（的传播概率）， 并将结果回写至数据库，且保存硬盘文件 ❑ 算法运行 3 次，记录每次时间、平均时间、最大时间、最小时间 注：区别于原生 LPA 算法，每个顶点最终只可能获得 1 个标签值（Top-1）
预期结果	实现以上所需功能，且查询结果正确
评测标准	1. 本项测试通过酌情给分，不通过得 0 分 2. 通过响应时间排名，记录计算时间、回写时间、总时间，并酌情给分 3. 算法运行如出现宕机、图系统下线等问题，或者结果不可解释（与预期不符或数据不一致性等），酌情扣分 4. 在算法运行过程中，记录系统资源消耗情况

表 7-19　图算法能力评测（Node2Vec）

测试项目	图算法能力
测试目的	采用业务和技术相结合的方式，考查当前图系统对于 Node2Vec 算法的支持

前置条件
与测试内容
	评测方指定同构（或异构）图数据集——数据规模 16 亿，其中点 6 亿、边 10 亿，各携带多个属性（全部属性字段约 300 亿）
	图算法逻辑如下：
	❑ 运行 Node2Vec 算法计算全图节点的 embedding，随机游走次数为 10，游走深度为 80，迭代次数为 10 次，维度为 128 维，其他参数如下，返回前 1000 条结果
	  ◯ $q = 0.8$
	  ◯ $p = 0.2$
	  ◯ learning rate = 0.01
	  ◯ min_learning_rate = 0.0001
	  ◯ resolution = 10
	  ◯ sub_sample_alpha = 0.75
	  ◯ neg_num = 5
	  ◯ min_frequency = 1
	❑ 算法运行 3 次，记录每次时间、平均时间、最大时间、最小时间
	注：必须实现全图游走训练，而不是只采样 1000 条路，即在完成全图游走后，返回其中1000 条游走路径

预期结果	实现以上所需功能，且查询结果正确
评测标准	1. 本项测试通过酌情给分，不通过得 0 分 2. 通过响应时间排名，记录计算时间、回写时间、总时间，并酌情给分 3. 算法运行如出现宕机、图系统下线等问题，或者结果不可解释（与预期不符或数据不一致性等），酌情扣分 4. 在算法运行过程中，记录系统资源消耗情况

最后用一张大表来列出可视化、运维管理、系统安全性相关的评测指标，如表 7-20 所示。

表 7-20　可视化、运维、系统安全评测指标（示例）

组件名称	是否支持	备　注
可视化图查询	是 / 否	是否提供 2D/3D 两种观察模式
可视化图修改	是 / 否	支持 GQL 运行和表单形式修改数据
可视化数据添加	是 / 否	支持 GQL 运行和表单形式插入数据
可视化数据删除	是 / 否	逻辑同上
可视化增量查询	是 / 否	在结果中可以继续展开或运行查询语句
可视化算法执行	是 / 否	支持算法直接执行、状态检查、停止算法等操作
算法结果可视化	是 / 否	支持算法结果展示
统计信息	是 / 否	支持对图集的点、边，系统资源占用进行前端显示
可视化权限与用户管理	是 / 否	提供可视化权限管理，包括图集和系统级别的权限管理，提供策略 / 角色定义
可视化服务 / 快速部署	是 / 否	是否支持基于容器封装的一键部署
可视化功能扩充	是 / 否	可视化功能是否支持定制化开发，且支持组件上传与编辑
持久化存储	是 / 否	是否支持原生持久化存储
快速数据导入工具	是 / 否	数据导入工具
支持负载均衡	是 / 否	目前支持随机负载均衡，支持算法节点和服务节点分离调度
图操作语言（GQL）	是 / 否	图操作语言是否简单、易用，使用便捷；书写和理解是否接近于人脑思维；目前语言是否支持包含数据操作、过滤、算法运行、任务管理、权限用户管理等大部分内容；图操作查询语言与 GQL 的兼容度（2023 年）
支持高可用	是 / 否	多节点高可用与一致性协议
企业级专员支持	是 / 否	企业级支持情况，是否支持驻场、远程、ULA、SLA 等细节条款
核心研发人员支持	是 / 否	是否原厂商支持，能否提供底层支持
Java SDK	必须支持	是否支持及包含文档
Python SDK	必须支持	是否支持及包含文档
Node SDK	是 / 否	是否支持及包含文档
其他语言 SDK	是 / 否	是否支持及包含文档
Restful API	是 / 否	是否支持及包含文档
算法扩充	是 / 否	是否支持热插拔式的算法安装，无须重新安装或更新程序
上层应用	是 / 否	是否支持图系统上层应用开发支持

7.2.3　正确性验证

图数据库计算和查询结果正确性的重要性不言而喻。本节旨在向读者介绍图数据库查询与计算如何进行正确性验证。

图数据库中的操作分为以下 2 类。

❑ 面向元数据的操作：即面向顶点、边或它们之上的属性字段的操作，具体可以分为增、删、改、查 4 类。

❑ 面向高维数据的操作：这也是本书关注的重点，例如面向全图或子图数据的查询结果返回多个顶点、边组合而成的高维数据结构，可能是多顶点的集合、点边构成的路径、子图（子网）甚至是全图遍历结果。

面向高维数据的查询有以下 3 类。

❑ K 邻查询：即返回某顶点的全部 K 度（跳）邻居顶点集合。K 邻查询可以有很多变种，包括按照某个特定方向、点边属性字段进行过滤。还有全图 K 邻查询，也被视作一种高计算复杂度的图算法。

❑ 路径查询：常见的有最短路径、模板路径、环路路径、组网查询、自动展开查询等。

❑ 图算法：图算法在本质上是面向元数据、K 邻、路径等查询方式的组合。

无论以何种方式进行高维查询，图数据库中的操作无外乎遵循如下 3 种遍历模式。

❑ 广度优先：如 K 邻查询、最短路径等。

❑ 深度优先：如环路查询、组网查询、模板路径查询、图嵌入随机游走等。

❑ 深度优先与广度优先兼而有之：以最短路径方式遍历的模板路径或组网查询、带方向或条件过滤的模板 K 邻查询、定制化的图算法等。

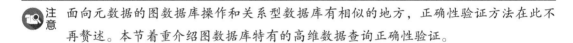 **注意** 面向元数据的图数据库操作和关系型数据库有相似的地方，正确性验证方法在此不再赘述。本节着重介绍图数据库特有的高维数据查询正确性验证。

我们以图数据库基准性能评测中常用的 Twitter-2010 数据集为例来说明如何进行图查询的正确性验证。Twitter 数据集（其中顶点数量为 4200 万，边数量为 14.7 亿，原始数据占 24.6GB）的下载链接为：http://an.kaist.ac.kr/traces/WWW2010.html。

在开始验证前，以 Twitter 数据集为例，了解一下图数据模型的特征。

（1）有向图

由顶点（人）和边（关注关系）组成，其中关注关系为有向边。Twitter 源数据中有两列，对应每一行是由 Tab 键分隔的两个数字，例如 12 与 13，代表两个用户的 ID，表示两者间的有向的关注关系：12 关注 13。在图数据建模中应该构建为两条边，一条表示从 12 到 13 的正向边，另一条则是从 13 到 12 的反向边，缺一不可。后面的验证细节中很多正确性的问题都与此相关——没有构建反向边，查询结果不可避免会出错。

（2）简单图与多边图

如果一对顶点间存在超过（含）2 条边，则其为多边图，否则为简单图。在简单图中任意顶点间最多只有 1 条边，因此简单图也称作"单边图"。Twitter 数据实际上是一种特殊的多边图，当两个用户互相关注对方时，他们之间可以形成两条边。在金融场景中，如果用户账户为顶点，转账交易为边，那么两个账户之间可以存在多笔转账关系，即多条边。很多系统只能支持简单的单边图，这样就会带来很多图上查询与计算的结果错误的问题。

（3）点、边属性

Twitter 数据本身除了隐含的边的方向可以作为一种特殊的边属性外，并不存在其他点边属性。这个特征区别于金融行业中的交易流水图——无论是顶点还是边都可能存在多个属性，可以被用来对实体或关系进行精准的查询过滤、筛选、排序、聚合运算、下钻、归因分析等。不支持点边属性过滤的图数据库可以认为功能没有实现闭环，也不具备商业化价值。

我们以 K 邻查询为例来验证图数据库查询结果的正确性。首先，我们要明确 K 邻查询的定义，事实上 K-Hop 查询有两种含义，分别是：第 K 度（跳）邻居、从第 1 跳到第 K 跳的全部邻居。其中第 K 跳邻居指的是全部距离原点最短路径距离为 K 的邻居数量。这两种含义的区别仅仅在于到底 K-Hop 的邻居是只包含当前步幅（跳、层）的邻居，还是包含前面所有层的邻居。无论是哪种定义，有两个要点直接影响"正确性"：

❑ K 邻查询的正确实现方式默认应基于广度优先搜索。

❑ 结果集去重：即第 K 层的邻居集合中不会有重复的顶点，也不会有在其他层出现的邻居（已知的多款图数据库系统都存在数据结果没有去重的错误）。

有的图数据库（或图计算引擎）会用深度优先搜索（DFS）方式，通过穷举全部可能的深度为 K 跳的路径来试图找到全部路径和最终能抵达的终点。但是，DFS 方式实现 K 邻查询有 2 个致命的缺点。

❑ 效率低下：在体量稍大的图中，不可能遍历完全，例如 Twitter 数据集中常见的有超过百万邻居的顶点，如果以深度遍历，复杂度是天文数字级的（百万的 11 次方以上）；

❑ 结果大概率错误：即便是可以通过 DFS 完成遍历，也没有对结果进行分层，即无法判断某个邻居到底是位于第 1 跳还是第 N 跳。

我们先从验证 1 度（1 跳）邻居开始，以 Twitter 数据集的顶点 27960125 为例。在源数据集中，如图 7-11 所示，返回了 8 行（对应图数据库中的 8 条边），但是它的 1 度邻居到底是几个呢？

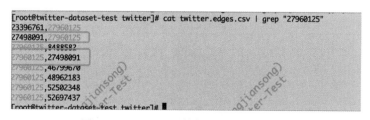

图 7-11　Twitter 源数据中顶点关联的边

正确答案是 7 个，注意图 7-11 中顶点 27960125 的一个邻居 27498091 出现了 2 次，它们之间存在两条相互的关系（对应源数据集中的 2 行）。但是作为去重后的 1 度邻居集合，只有 7 个。

在图 7-12 中，我们以无向图（即双向边遍历）的方式对顶点 27960125 进行 1 度邻居查询，得到全部邻居顶点为 7 个。

```
>>> khop().src({_id == 27960125}).depth(1).boost() as nodes return nodes
2022/03/19 06:40:09 khop().src({_id == 27960125}).depth(1).boost() as nodes return nodes
+----+----------+---------+
| ID |   UUID   | Schema  |
+----+----------+---------+
|    | 36046807 | default |
|    | 30051355 | default |
|    | 27381488 | default |
|    | 25821004 | default |
|    | 21597395 | default |
|    | 11413328 | default |
|    | 10029388 | default |
+----+----------+---------+
>>> ▮
```

图 7-12　在命令行工具中验证顶点的邻居结果集（Ultipa CLI）

为了更精准地验证结果正确性，对 K 邻查询还可以按照边的方向来进行过滤，例如只查询顶点 2796015 的出边、入边或双向边（默认是查询双向边关联的全部邻居）。图 7-13 展示了如何通过图查询语言来完成相应的工作。注意，该顶点有 6 条出边对应的 1 跳邻居、2 条入边对应的 1 跳邻居，其中有 1 个邻居 27498091 是重叠的。

```
>>> use twitter
2022/03/18 17:55:37 Changed Current GraphSet to [twitter]
>>> khop().src({_id == 27960125}).depth(1).boost() as nodes return count(nodes)
2022/03/18 17:55:42 khop().src({_id == 27960125}).depth(1).boost() as nodes return count(nodes)
+-------------+
| count(nodes) |
+-------------+
| 7           |
+-------------+
>>> khop().src({_id == 27960125}).depth(1).direction(right).boost() as nodes return count(nodes)
2022/03/18 17:55:59 khop().src({_id == 27960125}).depth(1).direction(right).boost() as nodes return count(nodes)
+-------------+
| count(nodes) |
+-------------+
| 6           |
+-------------+
>>> khop().src({_id == 27960125}).depth(1).direction(left).boost() as nodes return count(nodes)
2022/03/18 17:56:10 khop().src({_id == 27960125}).depth(1).direction(left).boost() as nodes return count(nodes)
+-------------+
| count(nodes) |
+-------------+
| 2           |
+-------------+
>>> ▮
```

图 7-13　从 Ultipa CLI 命令行工具操作 K 邻——3 种遍历模式

如果参考美国图数据库厂家 Tigergraph 在 Github 网站上公开的性能测试结果数据文件，其 K 邻查询的结果存在明显的错误，例如图 7-14 中顶点 27960125 的 1-Hop 结果仅返回 6 个邻居。

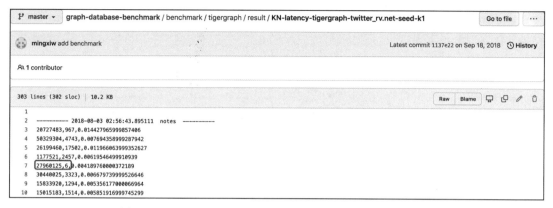

图 7-14　Tigergraph 的性能评测结果中的数据（Github.com）

Tigergraph 的查询结果错误有 3 个可能，并且具有典型性。

❑ 构图错误：只存储了单向边，没有存储反向边，无法进行反向边遍历；

❑ 查询方式错误：只进行了单向查询，没有进行双向遍历查询；

❑ 图查询代码实现错误：即没有对结果进行有效的去重，这个在多跳 K-Hop 查询中再继续分析。

其中，构图错误代表数据建模错误，这意味着业务逻辑不能在数据建模层面被准确反映。例如在反欺诈、反洗钱场景中，账户 A 收到了一笔来自账户 B 的转账，但是却因为没有存储一条从 A 至 B 的反向边而无法追踪该笔交易，这显然是不能容忍的。查询方式和查询代码逻辑错误同样也会对结果造成严重影响——每一跳查询双向边，在多跳情况下查询复杂度指数级高于单向边查询，这也意味着 Tigergraph 如果正确地实现图数据建模、存储与查询，其性能会指数级降低，并且存储空间的占用也会成倍增加（存储正向和反向边的数据结构要比仅存储单向边复杂 2 倍以上），数据加载时间也会成倍增加。

如果我们继续追溯顶点 27960125 的 2-Hop 结果集，就会发现结果的错误更加隐蔽，例如 Tigergraph 的 2-Hop 实际上仅仅返回了沿出边遍历的第 2 度邻居结果（图 7-15），并且没有对结果去重。其第 2 度邻居数 1128 中含有重复的顶点，按照只进行出边查询得到的去重结果应该是 1127——但是 2-Hop 的正确结果应该是 533108（图 7-16），这两者间有 473 倍的差异，即 47300% 的误差！在 2-Hop 的结果中，就可以看到 Tigergraph 的查询结果同时存在以上所述的 3 种错误——构图错误、查询方式错误、结果未去重错误。

遗憾的是类似的查询结果错误问题在今天的图数据库市场并不是个例，我们在 Neo4j、ArangoDB 等系统中也发现因底层算法实现或接口调用等问题而出现的错误。更为遗憾的是，有多个厂家的"自研图数据库"实际上是对 Neo4j 社区版或 ArangoDB 的封装，姑且不论这么操作是否涉嫌违规商用，暴力封装几乎注定了它们的查询结果也是错误的。例如 Neo4j 默认并不对 K 邻查询结果集进行去重，而一旦开启去重，它的运行效率会指数级下降；而 ArangoDB 有一种最短路径查询模式，只返回一条路径，这种模式本身就是对最短路径的错误理解与实现。

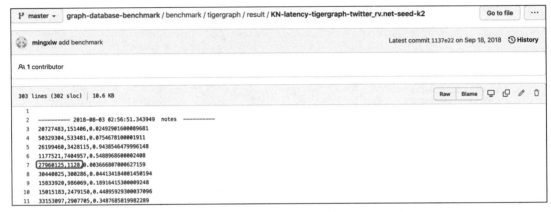

图 7-15　Tigergraph 仅进行单向遍历的错误的 2-Hop 结果（Github）

图 7-16　K-Hop 查询的 4 种遍历查询方式（Ultipa CLI）

图数据库配套的可视化工具可以帮助我们更直观、便捷地查询结果的正确性。在第 4 章中详细地介绍了相关内容，有兴趣的读者可以翻阅相关章节获得更多信息。

上面介绍了图上的基础查询 K 邻查询的正确性验证方法，以及可能出现的错误情形。还有很多其他图操作同样也涉及结果错误的问题，但是都能通过一些基础的方法来验证。下面再举 2 个有代表性的例子：最短路径和图算法。

最短路径可以看作 K 邻查询的一个自然延展，区别在于它需要返回的结果有 2 个特征。

❏ 高维结果：最短路径需要返回多条由顶点、边按遍历顺序组合而成的路径；

❏ 全部路径：任意两个顶点间可能存在多条最短路径，如果是转账网络、反洗钱网络、归因分析等查询，只计算一条路径显然是无法反映全貌的。

以 Twitter 数据集中的顶点 12、13 之间的最短路径为例，它们之间存在两条最短路径（图 7-17），其中一条由 12 指向 13，另一条由 13 指向 12（图 7-18），这个在源数据中也可以通过 grep 操作得到快速验证。在更复杂（更深度）的查询中，可以用类似的逻辑，通过层层的抽丝剥茧来验证结果的正确性。

```
>>> ab().src({_id == "13"}).dest({_id == "12"}).depth(3).shortest() as paths return paths{*}{*} limit -1
2022/03/18 20:31:04 ab().src({_id == "13"}).dest({_id == "12"}).depth(3).shortest() as paths return paths{*}{*} limit -1
+---+-------------------------+
| # | Path                    |
+---+-------------------------+
| 0 | (13) - [1351062] -> (12)|
| 1 | (13) <- [1] - (12)      |
+---+-------------------------+
```

图 7-17　最短路径结果示意（Ultipa CLI）

```
>>> use twitter
2022/03/18 20:28:20 Changed Current GraphSet to [twitter]
>>> ab().src({_id == "13"}).dest({_id == "12"}).depth(3).shortest() as paths return count(paths) limit -1
2022/03/18 20:28:36 ab().src({_id == "13"}).dest({_id == "12"}).depth(3).shortest() as paths return count(paths) limit -1
+-------------+
| count(paths)|
+-------------+
| 2           |
+-------------+
>>> ab().src({_id == "13"}).dest({_id == "12"}).depth(3).shortest().direction(right) as paths return count(paths) limit -1
2022/03/18 20:28:56 ab().src({_id == "13"}).dest({_id == "12"}).depth(3).shortest().direction(right) as paths return count(paths) limit -1
+-------------+
| count(paths)|
+-------------+
| 1           |
+-------------+
>>> ab().src({_id == "13"}).dest({_id == "12"}).depth(3).shortest().direction(left) as paths return count(paths) limit -1
2022/03/18 20:29:05 ab().src({_id == "13"}).dest({_id == "12"}).depth(3).shortest().direction(left) as paths return count(paths) limit -1
+-------------+
| count(paths)|
+-------------+
| 1           |
+-------------+
>>> ▮
```

图 7-18　最短路径查询操作结果验证——3 种遍历模式（Ultipa CLI）

下面以杰卡德相似度算法为例来说明如何验证图算法的正确性。以图 7-19 为例，计算 A、B 两个顶点间的相似度，计算公式如下：

$$S_J(A, B) = \frac{|A \cap B|}{A \cup B} = \frac{|A \cap B|}{|A| + |B| - |A \cap B|}$$

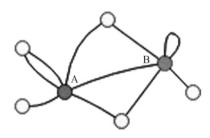

图 7-19　小图集

在图 7-19 中，A、B 节点的共同邻居数为 2，全部邻居数为 5，我们可以手工推算出这两个节点的杰卡德相似度为 2 / 5 = 0.4。直接调用杰卡德相似度算法的结果也应该是 0.4

（40%）。如果用图查询语言来白盒化实现，代码逻辑如图 7-20 所示。

```
khop().src({color == "blue"}).depth(1).boost() as node1
khop().src({color == "red"}).depth(1).boost() as node2
with collect(node1) as nodes1, collect(node2) as nodes2
with size(nodes1) as s1, size(nodes2) as s2, size(intersection(nodes1, nodes2)) as inters
return inters / (s1 + s2 - inters)
```

图 7-20　杰卡德相似度的图查询语言实现（Ultipa 查询语言）

在 Twitter 数据集中，任意两个顶点间的杰卡德相似度计算的复杂度和被查询顶点的 1 度邻居的个数直接相关，以顶点 12、13 为例，它们都是典型的有百万邻居的"超级节点"，在这种情况下，手工验证结果的准确性并不现实。但是可以通过多组查询来校验结果是否正确，逻辑分为如下 5 步：

1）运行杰卡德相似度算法，如图 7-21 所示。

```
>>> find().nodes({_id in [12]}) as node1 find().nodes({_id in [13]}) as node2 algo(jaccard).params({ids: [node1],
ids2: [node2]}).stream() as sim return sim
2022/03/19 10:03:23 find().nodes({_id in [12]}) as node1 find().nodes({_id in [13]}) as node2 algo(jaccard).params
({ids: [node1], ids2: [node2]}).stream() as sim return sim
+----------+----------+---------------------+
| node1    | node2    |     similarity      |
+----------+----------+---------------------+
| 20108436 | 17031860 | 0.15362655682654502 |
+----------+----------+---------------------+
>>>
```

图 7-21　直接运行杰卡德相似度算法

2）（验证方法一）通过多句查询计算杰卡德相似度，如图 7-22 所示。

```
>>> khop().src({_id == 12}).depth(1).boost() as nodes return count(nodes)
2022/03/18 22:16:27 khop().src({_id == 12}).depth(1).boost() as nodes return count(nodes)
+--------------+
| count(nodes) |
+--------------+
| 1001159      |
+--------------+
>>> khop().src({_id == 13}).depth(1).boost() as nodes return count(nodes)
2022/03/18 22:16:35 khop().src({_id == 13}).depth(1).boost() as nodes return count(nodes)
+--------------+
| count(nodes) |
+--------------+
| 1031901      |
+--------------+
>>> khop().src({_id == 12}).depth(1).boost() as node1 khop().src({_id == 13}).depth(1).boost() as node2 with collect(node1) as nodes
1, collect(node2) as nodes2 with size(nodes1) as s1, size(nodes2) as s2, size(intersection(nodes1, nodes2)) as commons return common
s/(s1+s2-commons)
2022/03/18 22:16:42 khop().src({_id == 12}).depth(1).boost() as node1 khop().src({_id == 13}).depth(1).boost() as node2 with collect
(node1) as nodes1, collect(node2) as nodes2 with size(nodes1) as s1, size(nodes2) as s2, size(intersection(nodes1, nodes2)) as commo
ns return commons/(s1+s2-commons)
+------------------------+
| commons/(s1+s2-commons) |
+------------------------+
| 0.153626382480831      |
+------------------------+
```

图 7-22　杰卡德相似度算法——验证方法一

3）（验证方法二）查询顶点 12 的 1 跳邻居个数（图 7-23）。

4）（验证方法二）查询顶点 13 的 1 跳邻居个数（图 7-23）。

```
>>> khop().src({_id == 12}).depth(1).boost() as nodes return count(nodes)
2022/03/18 22:16:27 khop().src({_id == 12}).depth(1).boost() as nodes return count(nodes)
+--------------+
| count(nodes) |            顶点12的1跳邻居
+--------------+
| 1001159      |
+--------------+
>>> khop().src({_id == 13}).depth(1).boost() as nodes return count(nodes)
2022/03/18 22:16:35 khop().src({_id == 13}).depth(1).boost() as nodes return count(nodes)
+--------------+
| count(nodes) |            顶点13的1跳邻居
+--------------+
| 1031901      |
+--------------+
```

图 7-23　杰卡德相似度算法——验证方法二第 1 部分

5）（验证方法二）查询顶点 12 到 13 之间的全部深度为 2 的路径（图 7-24），这一结果就是两个顶点之间的全部共有邻居。

```
2022/03/18 22:54:51 n({_id == 12}).e().n({} as mid).e().n({_id == 13}) return count(distinct(mid))
+--------------------+
| count(distinct(mid)) |
+--------------------+
| 270739             |
+--------------------+
```

图 7-24　杰卡德相似度算法——验证方法二第 2 部分

6）（验证方法二）用以上第 5 步的结果除以（第 3 步结果 + 第 4 步结果 − 第 5 步结果）= 0.15362638。如果以上两种验证方法结果均一致，则图算法计算结果正确。

本节详细介绍了如何在图数据库上进行查询正确性验证的方法，希望可以为聪明的读者开阔思路，以达到举一反三、去伪存真的效果。

7.3 优化图系统

上一节为读者归纳总结了大量基于真实业务场景的图系统评测需求。在本节中，我们会对评测的结果进行分析，并把其中一些值得探讨的、并非显而易见的测试内容与读者分享，同时给出优化建议。

本节按照上一节中出现的测试内容以倒序的方式来摘选一些图系统执行测试项的结果进行分析。

❑ Node2Vec 算法

❑ 其他算法

在 Node2Vec 算法评测中，我们对比了 Neo4j 的企业级 4.x 版本与 Ultipa 3.x 版本的实现效果，两套系统的查询语句分别如图 7-25 和图 7-26 所示。

单纯从语法上看，并不能看出两个系统处理该算法的底层逻辑，但是我们知道 Neo4j 默认采样 1000 条路径（walkBufferSize = 1000），并在采样完成后直接返回。而评测的需求则是完成全图采样后，限定返回其中 1000 条路径。这两者之间的算法复杂度的差别在 10 亿级别的图上足足有 1 000 000 倍！因此，Neo4j 系统的默认采样 1000 条路径后随即返回是非常典型的错误，而在 10 亿数据量级和遍历深度与复杂度条件下，该系统无法完成 Node2Vec 算法评测。

```
/* Neo4j 4.x*/
CALL gds.alpha.node2vec.stream(
    'my_native_graph',
    {
    embeddingDimension: 128,
    iterations: 10,
    walkLength: 80,
    walksPerNode: 10,
    windowSize: 10,
    inOutFactor: 0.8,
    returnFactor: 0.2})
    YIELD
        nodeId
    WITH
        gds.util.asNode(nodeId) AS node
    RETURN node.v AS v
    LIMIT 1000;
```

图 7-25　Neo4j 企业级 4.x 版本测试实现效果

```
/* Ultipa 3.x */
algo(node2vec).params({
    buffer_size: 2000,
    limit: 1000,
    walk_num: 10,
    walk_length: 80,
    iter_num: 10,
    windowSize: 10,
    q: 0.8,
    p: 0.2,
    dimension: 128,
    learning_rate: 0.01,
    min_learning_rate:0.0001,
    sub_sample_alpha: 0.75,
    resolution: 10,
    neg_num: 5,
    min_frequency: 1,
})
```

图 7-26　Ultipa 3.x 版本测试实现效果

我们知道，如果采样 1000 条的深度路径需要 1s，全部采样 10 亿条路径则需要约 100 万 s（12 天），那么怎样优化图系统才能在有限的硬件资源条件下及时完成 Node2Vec 评测呢？笔者认为最主要的是以下两点：

❏ 高并发架构

❏ 低延时数据结构

以上两点隐含地表达了如下的优化路径：

❏ 最大限度降低磁盘（含硬盘）IO；

❏ 充分利用内存计算；

❏ 采用多级存储及缓存策略；

❏ 采用低延时、高并发友好的编程语言及计算架构。

显然，如果用 Python 来实现 Node2Vec，相信以现有的计算机体系架构能完成以上 Node2Vec 评测的概率为 0，最主要的原因无外乎其执行效率低下、串行，完全不适合作为数据库级别的系统编程语言。然而，换成 Java 可以吗？笔者认为在应用层 Java 构建了庞大而成熟的框架体系，但是作为数据库系统的底层语言，Java 和 C/C++/Go/Rust 相比，劣势较为明显，特别是在对算力要求高、延时低的环境下，无论是 JVM 还是 GC 都不利于完成

Node2Vec 类较复杂算法的评测。

　　类似地，在有一些算法评测中，例如 PageRank，较为复杂的（也更贴近真实应用场景）评测需求会要求全局迭代计算 PR 值完毕后，再对全量结果进行排序，并返回前 50 个结果。从算法正确性角度来看，PageRank 算法的正确实现要求进行全局迭代完成后才能得出每个顶点的 Rank 值。在最差的情况下，也要在每个顶点当前所处的连通分量内完成全局迭代。如果在一个远远大于 50 个顶点的连通分量中，仅计算 50 个顶点的 Rank 值即返回是明显的算法逻辑错误。即便我们很难手工去验证一张大图（10 亿级）中的每个顶点的 PR 值，但是如果该算法返回时间极短，且运行时系统资源（CPU、内存等）占用极低，可依此判断算法存在错误（或作弊）。

　　在 LPA 算法的评测中，有两种模式，一种是原生 LPA，另一种是增强 LPA。两个算法的运算逻辑分别如下，评测结果如表 7-21 所示。

　　❑ 原生 LPA：从 5 万个节点（label=1）出发，传播分类，迭代 5 轮后，结果回写；
　　❑ 增强 LPA：从 5×1 万个节点出发（label 分别为 1、2、3、4、5），传播分类，迭代 5 轮后，每个顶点保留 3 个最大概率的标签，回写结果。

表 7-21　两种 LPA 算法评测结果比较

评测项目	10 亿级图数据集上 LPA 算法的性能
普通 LPA 算法耗时（全图计算）	LPA 算法计算耗时 500s，回写属性并保存为文件耗时 140s
增强 LPA 算法耗时（全图计算）	LPA 算法计算耗时 590s，回写属性并保存为文件耗时 290s

　　图 7-27 示意了两种 LPA 算法调用语句，两种算法的调用方式非常接近。表 7-21 和图 7-28 记录了两种 LPA 算法的时效性，因为增强 LPA 的算法复杂度和回写内容较普通 LPA 更高（单标签与多标签），特别是回写内容，后者大概是前者的 3 倍，因此回写时间最终有约 2 倍的差异。

```
/* Regular LPA */
algo(lpa).params
({
    labeled_ids:"uql find().nodes({label:'1'}).limit(-1)",
    loop_num:5,
    node_property_name:"label",
    k:1
}).write_back();

/* Sophisticated LPA */
algo(lpa).params
({
    labeled_ids:"uql find().nodes({label1:{$in:['1','2','3','4','5']}}).limit(-1)",
    loop_num:5,
    node_property_name:"label1",
    k:3
}).write_back();
```

图 7-27　LPA 算法的两种调用方式及语句

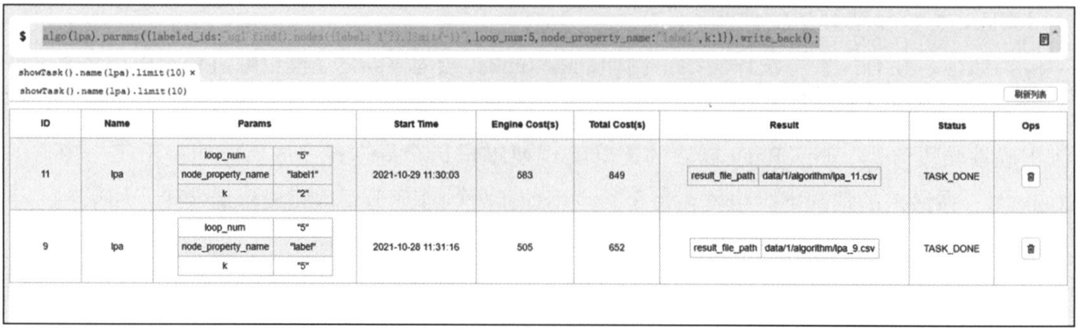

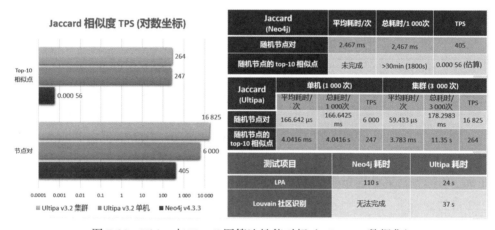

图 7-28　增强 LPA 算法与原生 LPA 结果示意图

在图 7-29～图 7-32 中罗列了 2021 年 8 月在某财富 500 中排名位于前 50 名的某知名跨国企业的先进实验室内对 Ultipa 与 Neo4j 两款图数据库系统在 Alimama 电商数据集（1.05 亿点＋边）上的图算法性能测试的对标结果。

图 7-29　Ultipa 与 Neo4j 图算法性能对标（Alimama 数据集）

从图 7-29 所示的结果中可以看出：

❑ Neo4j 在面对复杂算法（例如鲁汶）＋较大数据量级（亿级或以上）时会遇到很大挑战，经常无法完成映射（projection，即从硬盘持久化层数据映射到内存数据结构来进行算法的迭代计算）；

❑ Ultipa 的 3 节点集群模式下的 TPS 可达单节点的 3 倍左右，体现出一种系统吞吐率随资源增长而线性增长的能力。该特性在深度查询、元数据查询场景中体现得更加明显。

在全图度算法评测中，我们做了 3 个维度的 1000 次随机计算，包含随机入度计算、随机出度计算、随机度计算。我们可以清晰地看到 Ultipa 与 Neo4j 系统的单节点对标性能差异在 10 倍以上，集群差异则在 30 倍以上，而这只是最简单、最浅层的元数据级别的操作，在深度查询中，两个系统的性能会有成百上千倍的落差。

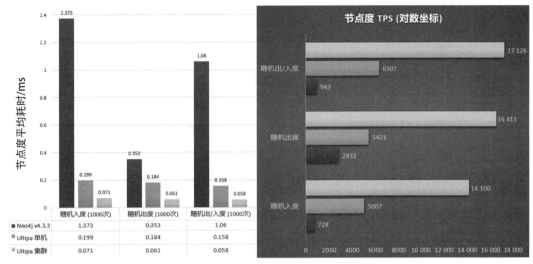

图 7-30　（全图）度计算 Ultipa 与 Neo4j 性能比较

在 K 邻查询与路径查询中（如图 7-31、图 7-32 所示），由浅及深地查询，Neo4j 与 Ultipa 系统的差异从 1 层的 5～10 倍，3 层时的 30 倍，再到 5 层时超出 1000 倍性能落差或完全无法返回结果。

在 K 邻查询中，有 6 个场景分别测试 1、3、5 层在无过滤和有过滤条件下查询操作的平均时延，因为测试数据集（alimama）属于连通度较高（E/V≥20，即点边数量比）的图集，在进行 5 度查询时，从每个顶点出发几乎会遍历全图，计算复杂度上升，这个时候 Neo4j 会骤然从 3-Hop 的平均 400ms（无过滤）、275ms（有过滤）时延到 10～30min 内无法返回结果，而 Ultipa 系统则从 14～17ms 的耗时增长到 558～791ms（理论上从 3-Hop 到 5-Hop 的计算复杂度变化为 $O((E/V)^2)≈400$）。在实际情况中，会因为点边的过滤条件导致动态剪枝，因为实际测试顶点的连通度而导致时耗增长仅为原来的 40～50 倍。

在路径查询中，我们用了 9 个子场景来测试 1、3、5 层深度的无过滤、最短路径以及有过滤条件下的两个系统的时耗比较。仔细观察在深度为 1 层的路径查询中，无论是 Neo4j 还是 Ultipa，有过滤条件下时耗会略长于无过滤条件查询；而在深度为 3 层的查询中，两个系统的有过滤的时耗都会显著低于无过滤查询（类似地，在深度为 5 层的查询中，Ultipa 系统也具有同样的特征）。出现以上特征的原因如下：

❑ 在 1 层路径查询中，过滤条件相当于增加了计算量，故时耗会增长（Ultipa：20%；Neo4j：40%）；

❑ 在 2 层及以上的路径查询中，过滤相当于动态地对需要遍历的图数据集进行剪枝，因此可能实现更高效的返回，故时耗可能会大幅缩短（Ultipa：15 倍；Neo4j：5 倍）；

❑ 在 5 层及以上的深度查询中，因为动态剪枝以及图的连通度特征（最长最短路径约为 5），Ultipa 的有过滤条件下的时耗依然维持了亚毫秒级（0.524ms），而无过滤则因为计算复杂度的飙升，耗时 12s 才返回结果。Neo4j 系统则自这个深度开始完全无法返回结果。

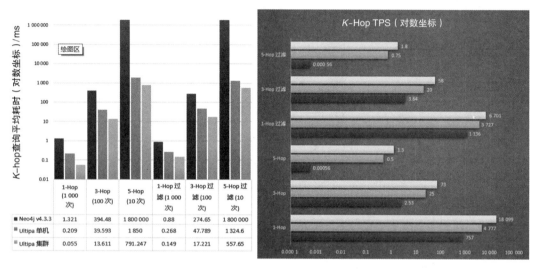

图 7-31　K 邻查询 Ultipa 与 Neo4j 性能比较

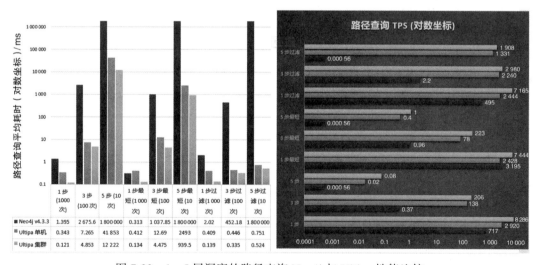

图 7-32　1~5 层深度的路径查询 Neo4j 与 Ultipa 性能比较

在大数据体量、复杂查询或复杂图算法场景中，Neo4j 经常会出现无法成功返回的问题，由此可以推断出 Neo4j 的核心系统应对高算力需求的场景非常吃力。但是，如果我们深究 Neo4j 的底层架构，就会明白它是基于 Java/JVM 架构的系统，在元数据计算和浅层计算时达到 Ultipa 系统的 10%～15% 已经代表了 Java 系统的极限（一般认为在相同的硬件基础上，Java 程序的算力约为 C++ 程序的 1/7）。如果我们去关注市面上其他基于 Java 体系构建的系统，性能大概率还要比 Neo4j 低很多。

在 GAP 性能评测中，有 5 套系统（GraphBLAS、Galois、GraphIt、GKC、NWGraph）分别与 GAP 参照（GAP reference）系统对标（如图 7-33 所示），从对标的结果和开源的代码中可以分析得到如下信息。

❑ GAP 在 3 个算法上保持领先——广度优先（BFS）、单源最短路径（SSSP）以及连通分量计算（CC），并存在较明显的性能优势；

❑ 其他图系统在另外 3 个算法（PR、BC、TC）上可能存在对 GAP 系统的性能优势；

❑ 所有系统都大量使用了内存计算，甚至是高度地利用连续内存存储空间来实现最优化算法（缺点是所有数据结构都是静态只读的，一次加载后不能变更）；

❑ 需要为每一个算法专门定制优化的数据结构，因此需要每套数据集单独加载入图，完成 5 套数据集上的 6 个算法，需要加载 30 次（5×6）。

		Baseline (speedup over GAP reference)					Optimized (speedup over GAP reference)				
		Real Graphs			Synthetic Graphs		Real Graphs			Synthetic Graphs	
		Web	Twitter	Road	Kron	Urand	Web	Twitter	Road	Kron	Urand
SuiteSparse GraphBLAS	BFS	39.98%	60.50%	13.74%	58.14%	51.09%	36.38%	54.04%	8.02%	53.71%	46.48%
	SSSP	8.50%	32.23%	0.35%	32.10%	40.51%	5.84%	31.18%	0.43%	23.95%	32.56%
	CC	12.66%	18.87%	7.40%	20.13%	43.45%	11.08%	15.65%	6.30%	15.96%	33.05%
	PR	92.86%	87.92%	137.50%	91.04%	91.45%	85.02%	91.21%	173.42%	96.53%	97.81%
	BC	54.00%	70.93%	3.96%	80.38%	92.40%	42.69%	69.64%	3.46%	85.74%	84.95%
	TC	48.76%	31.92%	12.86%	34.01%	61.51%	55.53%	34.49%	12.47%	37.46%	61.04%
Galois	BFS	54.18%	44.77%	351.04%	57.14%	8.93%	58.55%	41.88%	220.92%	62.16%	77.85%
	SSSP	46.13%	55.94%	54.40%	41.19%	49.47%	26.62%	45.11%	67.37%	58.06%	53.53%
	CC	64.43%	114.02%	84.11%	85.22%	66.06%	113.94%	75.16%	90.16%	85.53%	49.16%
	PR	157.54%	84.36%	331.66%	106.15%	117.35%	154.67%	108.96%	456.72%	110.63%	125.71%
	BC	102.90%	68.88%	54.66%	71.36%	30.88%	105.52%	73.18%	43.83%	72.87%	75.12%
	TC	113.14%	108.29%	111.57%	98.02%	81.26%	235.19%	140.02%	130.04%	106.39%	90.62%
GraphIt	BFS	64.24%	86.40%	37.14%	84.29%	88.59%	54.11%	83.92%	74.34%	88.59%	95.14%
	SSSP	106.50%	110.96%	94.74%	112.40%	107.56%	86.17%	104.35%	93.88%	96.13%	106.89%
	CC	19.60%	8.86%	0.17%	7.06%	16.92%	16.10%	19.55%	0.45%	16.45%	27.85%
	PR	194.40%	109.23%	307.38%	102.72%	101.64%	149.14%	196.47%	350.03%	211.61%	186.20%
	BC	73.23%	100.23%	45.98%	224.15%	272.49%	75.85%	189.21%	34.67%	223.41%	251.01%
	TC	99.30%	108.45%	67.67%	113.89%	101.73%	98.72%	107.06%	98.41%	106.97%	104.38%
Graph Kernel Collection (GKC)	BFS	68.68%	67.33%	157.85%	61.20%	67.47%	74.44%	60.29%	83.29%	56.75%	64.35%
	SSSP	113.22%	89.68%	18.38%	86.72%	119.25%	115.98%	98.23%	18.53%	77.29%	118.17%
	CC	31.87%	26.53%	14.29%	32.95%	295.12%	27.69%	19.76%	10.82%	23.46%	214.27%
	PR	191.32%	105.56%	358.54%	136.28%	142.03%	125.03%	104.14%	324.19%	137.15%	150.24%
	BC	106.98%	100.30%	101.55%	101.60%	102.33%	106.23%	97.49%	77.15%	101.34%	102.76%
	TC	107.36%	157.92%	149.43%	197.51%	123.19%	106.98%	160.46%	176.41%	187.20%	113.98%
NWGraph	BFS	23.78%	65.85%	53.02%	65.34%	42.54%	26.59%	66.57%	33.97%	67.28%	48.74%
	SSSP	47.62%	85.35%	4.61%	114.86%	54.25%	46.33%	109.46%	6.58%	102.53%	55.39%
	CC	59.89%	69.09%	62.36%	61.50%	99.63%	49.60%	64.33%	60.34%	57.21%	87.41%
	PR	230.67%	110.38%	373.94%	108.16%	120.65%	175.33%	119.14%	499.59%	112.20%	124.68%
	BC	139.07%	135.88%	41.49%	163.21%	92.44%	117.33%	139.02%	38.15%	151.84%	90.77%
	TC	249.06%	132.30%	60.61%	108.27%	124.01%	228.14%	129.97%	51.35%	109.45%	112.77%

图 7-33　GAP 评测中 6 大算法、5 大数据集结果图

上面最后一点尤为令人难以接受。在实际的业务场景应用中，不可能为每一款算法去

重新加载数据集，如若这样效率就太低了。GAP 的整个测试也因此弥漫着浓郁的学术气息，不过大多源自学术界的图系统都有类似的问题，GAP 并非特例。

我们把 Ultipa v3.2 系统做了一定的算法优化后与 GAP 参照系统进行了对标，Ultipa 系统对每个数据集仅加载一次，在运行任何算法时无须单独加载。GAP 较大的几个数据集全部运行完 6 个算法，每个数据集仅加载就需要 1～2h 的时间，而 Ultipa 则仅需 5～27min，加速达 7～19 倍，节省了 77%～95% 的数据加载时间，如图 7-34 所示。

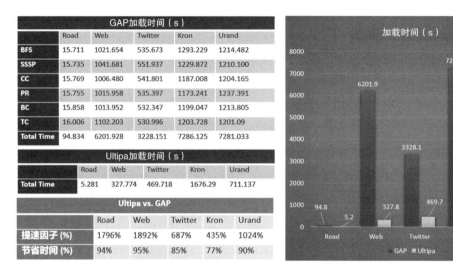

图 7-34　GAP 数据加载测试：GAP 与 Ultipa

GAP 参照系统（以及其他对标系统）为了达到性能的极致做了很多优化，具体如表 7-22 所示。

表 7-22　GAP 参照系统优化一览

GAP 参照系统优化项	优　点	缺　点
只读数据结构	查询效率高	无法动态更改
近邻存储	图检索查询效率高	与常见链表编程逻辑迥异
为每个算法定制数据结构	查询效率高	代码复用性差、更换算法需重新加载数据
并发架构（OpenMP）	算法运行高效	代码实现逻辑复杂
数据预处理（边去重、邻居排序）	计算和查询效率高	无法满足工业界需求
预先分配内存空间	高效	无法适配工业界真实场景
浅层图计算加速与优化	1-Hop（近邻）计算的性能大幅优化（预分配、预加载、预粗粒）	2-Hop 及以上的深度、复杂计算性能会显著下滑

以上性能优化项中，很多是依赖明确的前提条件的，例如静态只读的数据、无须考虑

并发读写上锁隔离的问题、可忽略的预处理数据时延问题、内存中使用连续存储数据结构，以及假设全部顶点都在同一连通分量中等。GAP 参照系统在其 BFS 与 BC 算法实现中，假设全图只有 1 个连通分量，并在预处理的时候，预先在内存中分配需要自下而上遍历全部顶点的连续存储数据结构以获得极高的遍历效率——从图 7-33 的 GAP 系统与其他图系统的对标结果中也能看到其在 BFS 与 BC 算法上的性能优势达十几倍甚至二十几倍。在真实的业务场景中，预分配、预排序、完全连续（顺序）存储的可能性以及全图仅单一连通分量等情况都是可遇而不可求的。

相信不少读者和笔者一样，在对 GAP 系统进行了一些分析后，也好奇通用的图数据库系统在与 GAP 参照系统对标时，两者的差异性又是怎样的呢？我们对 Ultipa 系统做了一些简单的改造（主要是新增实现了 SSSP 算法，关闭了算法文件系统回写功能，并在 ULA license 中对系统最大可并发规模进行了调整以充分利用底层硬件的多核并发能力）后，对标结果如图 7-35 所示，具体有以下几点值得一提：

❑ 不出所料，GAP 参照系统的 BFS 最短路径算法的优势为 30%～800%；BC 中介中心性算法的优势为 40%～400%；

❑ TC（三角形计算）算法在 Ultipa 系统中有显著的优势，为 200%～7600%；

❑ 对于 PR 网页排序、SSSP 单源最短路径与 CC 连通分量算法，两套系统则各有千秋。在 SSSP 与 CC 算法的大数据集场景下，以及在 PR 算法的中小数据集场景下，Ultipa 系统具有优势；在其他场景下，GAP 系统则较有优势。

GAP faster		*Ultipa faster*							
	Road		Web		Twitter		Kron		Urand	

	Road		Web		Twitter		Kron		Urand	
BFS	0.352	*0.482*	0.349	*1.065*	0.132	*0.985*	0.228	*1.767*	0.421	*1.421*
SSSP	0.227	*2.940*	0.685	*1.278*	2.007	*1.684*	2.982	*1.837*	4.129	*2.118*
CC	0.042	*0.044*	0.185	*0.194*	0.128	*0.079*	0.321	*0.215*	0.906	*0.245*
PR (16 loop)	0.269	*0.233*	2.76·	*2.611*	3.841	*4.288*	7.504	*10.350*	9.597	*18.222*
BC	2.708	*12.095*	2.711	*9.841*	4.733	*15.033*	16.52	*27.512*	23.292	*38.264*
TC	0.030	*0.013*	12.60	*0.165*	39.368	*4.170*	247.486	*7.599*	12.303	*6.736*

图 7-35　GAP 评测中 6 大算法比较之 GAP 与 Ultipa

最后来总结一下图系统的规划、评测与优化中的"要素"，有如下几点。

1）准确性与近似性：除了在一些特殊的图算法中通过近似计算来获得结果外，其他所有图上的查询与计算操作，准确性是第一位的。

2）集中式与分布式：分布式更适合浅层、简单查询；集中式适合深层、复杂查询。两者的有机融合是图系统的发展趋势。

3）架构 – 服务与真实业务场景结合：脱离业务的架构与服务都是空中楼阁，对于系统的构建毫无助益。

4）循序渐进的业务与场景规划：把图系统先用于增量场景、创新场景，而后再规划存量场景的替代问题。

5）真正影响图系统的受众规模和接受度取决于两点：

❑ 系统易用性、工具易用性，是否直观、高效；

❑ 图思维方式，把受众从二维关系表中拉出来进入到高维的图思维世界中是至关重要的。

可以预见，在图（数据库）系统（GQL-DB）与 SQL 类数据库的互动和博弈中，一定是个此消彼涨的过程。SQL 类数据库经过 40 年的发展，对业务的渗透极为广泛，入门门槛已经非常低了，但是绝大多数的使用都停留在浅层，随着应用场景的复杂度增加，SQL 代码（和应用）的开发难度指数级上升，运行效率指数级下降，这也是为什么今天我们到处都能看到 $T + N$（$N \geqslant 1$）的批处理场景。图数据库的特点是随着应用场景的复杂度增加，其应用开发与编程的复杂度相对 SQL 来说是降低的——两者会存在一个交汇点（如图 7-36 所示），在这个转折交汇点之后，GQL 会快速地攻城略地。未来，GQL-DB 一定会成为新一代的主流数据库。让我们拭目以待！

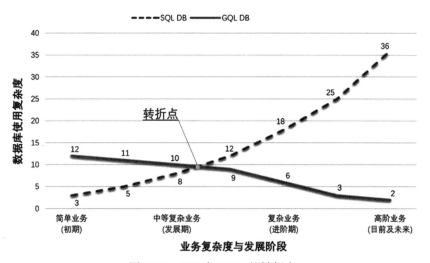

图 7-36　SQL 与 GQL 的转折点